中国建筑业碳排放：

特征与机理

杜　强／著

U0390784

中国财经出版传媒集团

经济科学出版社
Economic Science Press

图书在版编目（CIP）数据

中国建筑业碳排放：特征与机理/杜强著 . —北京：
经济科学出版社，2019. 8
ISBN 978 - 7 - 5218 - 0780 - 6

Ⅰ. ①中…　Ⅱ. ①杜…　Ⅲ. ①建筑业 - 二氧化碳 -
排气 - 研究 - 中国　Ⅳ. ①X511②F426. 9

中国版本图书馆 CIP 数据核字（2019）第 175616 号

责任编辑：程辛宁
责任校对：杨　海
责任印制：邱　天

中国建筑业碳排放：特征与机理
杜　强　著
经济科学出版社出版、发行　新华书店经销
社址：北京市海淀区阜成路甲 28 号　邮编：100142
总编部电话：010 - 88191217　发行部电话：010 - 88191522
网址：www. esp. com. cn
电子邮件：esp@ esp. com. cn
天猫网店：经济科学出版社旗舰店
网址：http：//jjkxcbs. tmall. com
固安华明印业有限公司印装
710×1000　16 开　15 印张　240000 字
2019 年 8 月第 1 版　2019 年 8 月第 1 次印刷
ISBN 978 - 7 - 5218 - 0780 - 6　定价：76. 00 元
（图书出现印装问题，本社负责调换。电话：010 - 88191510）
（版权所有　侵权必究　打击盗版　举报热线：010 - 88191661
QQ：2242791300　营销中心电话：010 - 88191537
电子邮箱：dbts@ esp. com. cn）

前　言

近年来，中国在取得巨大经济发展成就的同时，所消耗的能源以及由此带来的碳排放显著增加等问题日益凸显。建筑业是国民经济重要支柱产业，其低碳化发展已经成为我国发展低碳经济的重要组成部分，对我国社会经济可持续发展具有举足轻重的作用。

现有碳排放研究多立足于国家或区域层面的测算及影响因素分析，面向特定行业进行的系统性研究相对较少，特别是对建筑业这一碳排放显著的行业指导作用有限。本书依托低碳经济学、能源经济学、计量经济学等相关理论，将空间计量模型、LMDI因素分解模型、超效率SBM模型、系统动力学、能源－经济－环境CGE模型等低碳经济理论与分析模型引入建筑行业。从行业研究的视角出发，进行不同空间尺度的实证研究，构建建筑业碳排放核算体系；识别建筑业碳排放特征，解析碳排放影响因素，揭示建筑业碳排放演化机理，量化建筑业的碳减排潜力；构建建筑业碳排放政策评价基本框架，尝试夯实建筑业低碳理论体系基础，为在国家碳减排总目标下科学制定与动态调整建筑业减排任务、有效制定建筑业碳减排引导政策与管理办法提供可靠依据。

全书分为七章。第一章在介绍研究背景、梳理国内外相关研究的基础上，阐释研究意义，总述本书研究内容及主要贡献。第二章对建筑业碳排放研究领域的重要概念与指标进行明确界定并构建量化模型，面向全国及省域的行业碳排放量和碳排放强度进行核算；分析省域间的碳排放空间差异与分布状况，刻画我国建筑业碳排放的时空分布格局和动态演化特征。第三章从长期和短期两方面描述建筑业碳排放与经济发展间的关系，面向各省特点探究建筑业碳排放影响因素，进一步揭示影响因素的空间异质性。第四章从静态与动态两个角度对建筑业碳排放效率进行测评，结合实证分析探讨各省减排潜力，并从全国与区域层面提出政策建议。第五章在不同经济增长率和政策因子情景下对建筑业碳排放进行模拟，分析建筑业碳排放系统内部变量的因果关系，尝试为碳排放政策制定提供参考依据。第六章分析建筑业能源结构调整对建筑业能源使用、碳排放以及行业产出的动态影响。第七章阐明本书的主要结论，并从关联产业网络等视角对建筑业未来低碳发展进行了进一步思考。

在本书的撰写过程中，许多专家给予了无私的支持，在此表示衷心的感谢。王宁、卫婧、孙强、冯新宇、李毅、武敏、许雅丹、陆欣然、李喆、邵龙、韩潇、郭曦倩、吴佼、燕云庆等研究生参与了相关内容的研究。白礼彪、吕晶、史金召、邢一亭等老师参与了校核工作并提出了宝贵意见，在此特别致谢。

本书的相关研究与出版得到了国家社会科学基金青年项目（16CJY028）、教育部人文社会科学基金项目（15YJC790015）、陕西省"青年拔尖人才"项目（陕组通字［2018］33号）及长安大学卓越青年基金项目（300102238303）的支持。

限于水平与时间，书中尚有诸多不足之处，敬请大家批评指正。

杜　强

2019 年 8 月

目　录

第1章
绪　论

1.1　研究背景及意义

1.1.1　研究背景

人类社会在快速发展的同时对能源的依赖也不断增强，石油、煤炭与天然气等化石能源的大量消耗使全球碳排放量急剧增长，由此带来的全球气候变暖问题日益显著，已经严重制约着人类社会的可持续发展。2017 年世界气象组织（World Meteorological Organization，WMO）在《温室气体公报》中指出，过去 70 年来碳排放量几乎是末次冰期结束时的 100 倍，更是达到数百万年来的最高水平。碳排放问题已经逐步成为社会关注的焦点，而隐藏在碳排放问题背后的也不单单是气候变化这一科学问题，更包含着发展空间、经济发展质量等诸多问题，所以各国政府纷纷围绕着碳排放权与能源安全展开了激烈的竞争与博弈，使碳排放问题从科学层面上升到社会、经济与政治层面。

国际社会为应对碳排放问题采取了积极行动。1987 年，联合国发表《我们共同的未来》工作报告，从全球视角探讨了环境与社会发展问题，并对"可持续发展"理念进行了阐释。1988 年，联合国环境规划署与世界气象组织一同组建了联合国政府间气候变化专门委员会（Intergovernmental Panel on Climate Change，IPCC），以便对全球碳排放状况和气候变化对人类社会的影响进行评估，提出减缓气候变化的可行方案。随后，在 1992 年巴西里约热内卢联合国环境与发展会议上，联合国组织各国进行协商，并制定了《联合国气候变化框架公约》，为世界各国在应对气候变化问题上进行合作提供了基本依据。1997 年，《联合国气候变化框架公约》的补充条款《京都议定书》明确了各参与国温室气体减排的责任与时间。

国际能源署（International Energy Agency，IEA）所公布的数据显示，中国能源消耗所排放的二氧化碳在 2015 年达到了 1064179 万吨，已远远超过排名第二美国的 517234 万吨，占世界总比重达 29.51%，中国已成为国际最大的碳排放国家，面临着前所未有的减排压力。为实现可持续发展，我国提出了节能减排的低碳经济发展目标，主动承担起碳减排任务。在 2015 年巴黎世界气候大会上，我国政府承诺"将于 2030 年左右使碳排放达到峰值并争取尽早实现，2030 年单位国内生产总值碳排放比 2005 年下降 60% ~65%"。2017 年，中共十九大报告明确提出，推进绿色发展，加快建立绿色生产和消费的法律制度和政策导向，建立健全绿色低碳循环发展的经济体系。并在《"十三五"节能减排综合工作方案》中进一步细分减排目标，即到 2020 年，全国万元国内生产总值能耗比 2015 年下降 15%，并且将节能减排责任目标明确落实到省级和行业层面。

建筑业是我国国民经济的重要产业部门之一，具有产业关联性强、能耗高与资源利用率较低等特点，承担着较大的减排压力。根据中国建筑节能协会发布的《中国建筑能耗研究报告（2017 年）》，2015 年我国建筑业能源消费量为 8.57 亿吨标准煤，占全国能源消费总量的 20%。建筑业吸收了其他产业部门大量的物质产品，对关联行业具有显著的辐射与带动作用，尤其是与冶金、建材、石化、机电和轻工业等行业联系紧密。其产生的直接与间接碳排放量已经占据全国碳排放总量的 30% ~40%，对生态环境造成了不良影响，并且随着我国城镇化建设的不断推进，建筑业碳排放量或将进一步走高。同时，现阶段各省份的建筑业发展并不均衡，不同省份建筑业碳排放效率存在较大差异，其影响因素与减排潜力也不尽相同，面向建筑业碳排放开展相关研究对建筑业节能减排和低碳发展具有重要的现实意义。

1.1.2　研究意义

建筑业亟须通过节能减排促进行业的健康可持续发展。迄今为止，面向我国建筑业碳排放的相关研究主要基于国家层面展开，从省域角度对建筑业碳排放进行全面、系统研究的相对较少。鉴于我国各地区发展不平衡，各省份建筑业碳排放差异较大。本书从多角度对我国建筑业碳排放特征及机理进行研究，所得结论可为我国各省建筑业制定差异化的减排政策提供科学依据。本书的研究意义主要体现在以下两点：

（1）理论意义。目前国内外对碳排放研究已经形成了一定的理论基础，但具体行业范畴内的碳排放特征、影响因素及政策模拟等相关研究较为有限。本书的选题依托低碳经济学、能源经济学、计量经济学、统计和政策研究等相关理论，从关联产业链及终端产品消耗视角，全面、准确计算了建筑业碳排放，丰富了建筑业碳排放核算体系研究；识别建筑业碳排放特征，解析碳排放影响因素，明确碳减排关键点，构建建筑业碳排放研究与政策评价基本框架，揭示建筑业碳排放演化机理，为建筑业低碳理论体系的形成奠定基础。

（2）实践意义。建筑业发展低碳化已经成为我国发展低碳经济的重要组成部分，建筑业低碳转型对我国经济发展与环境保护具有举足轻重的作用。本书解析建筑业碳排放特征及其影响因素，量化建筑行业的碳减排潜力与所需资源，评价建筑业减排政策，为在国家碳减排总目标下科学制定与动态调整的建筑行业减排任务、有效制定建筑行业碳减排引导政策与管理办法提供可靠依据，进而提高政策制定与管理系统的可靠性、自适应性和高效性。

1.2 国内外研究现状

近年来，随着温室效应的不断加剧，环境问题已成为人类社会关注的重点话题，建筑业作为高能耗、高污染行业的代表，消耗能源的同时排放出大量的二氧化碳气体。有效控制建筑业碳排放已经成为研究重点课题，实现建筑业低碳发展，是未来需要进一步探索的重点领域。本书从碳排放特征、碳排放影响因素、碳排放预测、碳排放情景模拟和减排政策等方面梳理现有的国内外文献，为后文开展建筑业碳排放相关研究奠定理论基础。

1.2.1 碳排放特征相关研究

1.2.1.1 碳排放核算

针对建筑业碳排放，国外较早地意识到建筑活动会产生大量碳排放，对生态环境造成较大影响。从 20 世纪 80 年代开始，大量的气候商讨会及相关政策的召开与颁布，引起了全世界对建筑能耗与建筑减排的重视。例如，英国作为低碳经济的倡导者，发布的《可持续发展住宅规范》中面向零碳排放住宅制订了各个阶段的目标与计划。关于建筑业碳排放的研究主要聚焦到建筑业节能减排与全生命周期建筑业碳排放特征，相关学者从不同区域的多个角度对建筑业碳排放展开了研究。卡萨尔斯（Casals，2006）从建筑节能减排法规条例与评价认证方案角度，将欧盟与西班牙节能减排一般实施条件进行对比分析，目的在于有效的监控建筑业能源消耗，从而减少其碳排放量。李军等（Li Jun et al.，2009）对在中国城市建筑业中实施与执行的低碳可持续的节能改造技术的情况进行探究，并预测分析了这些措施对改善气候变化的作用。费兰特（Ferrante，2011）研究了零能源平衡效应在地中海气候地区域的探索与实践。零能源平衡是建筑设计阶段中最基本且重要的组成部分，通过使用风能转化设备、高热量砖结构、高反射材料、太阳能等高效率低能耗的节能建造技术，可以大范围的在城市中推广。同时，部分学者采用全生命周期法评估建筑建造与环境的关系。例如，沃哈根（Wallhagen，2011）以瑞士某办公大楼为研究对象，将其全生命周期划分为设计阶段、建造阶段、运营阶段与拆除阶段，研究了各阶段活动碳排放情况。

国内针对建筑业碳排放的研究较晚，多数研究主要从国家、省域或市域层面进行横向比较，或者从时间维度纵向比较建筑业碳排放特征的演变。这些研究都从侧面验证了建筑业节能减排的重要性，并提出相应的措施及政策建议。姜宏等（2010）运用系统科学思想探究了我国城镇化进程当中以高碳排放为发展代价的原因，分析了中国建筑业能源消耗与碳排放的增长趋势，并提出了推广建筑业低碳化的必要性、存在的问题及改进政策建议。蔡富强等（2010）针对建筑业提出可再生能源利用、节能减排专项基金的建立、低碳建筑产业的规划、合理调控房地产行为等建议，从而健康有序的促进建筑业低碳化发展。尚春静等（2011）以全生命周期思想为基础，建立了面向建筑业的生命周期碳排放核算方法模型，定量核算和对比分析了全生命周期内钢筋混凝土、木结构与轻钢结构 3 种不同形式结构的碳排放情况，为制定有效的减排指标与政策提供了理论支持。祁神军等（2016）以投入产出分析框架为基础，针对建筑业碳排放特点，提出关联产业完全消耗系数、碳排放完全分配系数、碳排放感应度与感应度系数、碳排放影响度与影响力系数等指标，从而定量分析了建筑业碳排放与关联产业的前向后向关系及其波及性。储诚山（2011）等选取建筑业能源消耗强度与碳排放强度等指标描述建筑业碳排放的发展趋势，通过对比分析指出我国建筑业在可持续发展道路中存在的机遇与挑战，并探究了建筑业在节能减排工作中存在的主要问题，并针对这些问题分别从宏观与微观两个视角提出建筑业低碳化的对策与建议。

1.2.1.2 碳排放区域差异及空间效应

由于研究区域在科学技术水平、人口规模、经济发展水平等方面的不同导致其碳排放水平也存在较大的差异，如何合理有效地评价碳排放在区域间的差异成为关键，因此，碳排放区域差异及空间格局演化成为研究的热点。

国外学者针对区域差异碳排放特征的变化研究，按照不同地理尺度可将研究范围划分为国家层面与州或省域层面。在国家层面的碳排放差异研究中，金姆等（Kim et al.，2002）为了探究工业化发达国家、发展中国家、新兴工业化国家钢铁行业碳排放的差异，选取中国、印度、巴西、墨西哥、美国与韩国等国家作为核算对象。研究结果表明，不同区域的国家能源利用效率存在着显著的差异，提高能源的利用效率是减少碳排放的有途径之一。斯特恩等（Stern et al.，2010）通过随机前沿模型，对两个发展中国家——中国与印度提出的 2020 年减排目标进行了难易程度的评估。面向州或省域层面，罗奇（Roach，2013）采用美国 2000 ~ 2010 年各州的面板数据，探究了各州碳排放总量、能源消耗总量与人均 GDP 之间的关系。结果表明在产业结构、社会偏好、经济发展及资源禀赋方面存在明显的差异，这些差异为节能减排政策的制定提供了大量的经验。大卫斯多迪尔等（Davidsdottir et al.，2011）对 1980 ~ 2000 年美国 48 个州（不包括阿拉斯加州、夏威夷州与华盛顿特区）的碳排放与经济增长的动态关系进行探究，研究结果表明碳排放与经济之间存在明显的双向因果关系，具体表现为合理的节能减排政策既可以有效地降低碳排放强度也可以促进经济的良性发展。

当面向中国区域的碳排放差异研究时，国内部分学者依据地理分布和经济水平，将我国研究区域划分为八大区域（南部沿海、东部沿海、北部沿海、中部、东北、京津、西南、西北）或者三大区域（中部、东部、西部）。例如，岳超等（2010）、付云鹏等（2015）、尹伟华等（2017）均将研究区域划分为东部、中部及西部三大区域或八大区域，对各区域碳排放的增长趋势与特征进行研究。邓吉祥等（2014）基于区域间投入产出分析框架，对1995～2010年我国八大区域的碳排放的空间格局演变及变化特征进行了深入的探讨。还有部分学者参照碳排放量的相对高低水平将区域碳排放差异划分为高碳排放区、低碳排放区与中等碳排放区三个层次进行分析。李国志等（2010）通过对我国1995～2007年各省份平均碳排放量的核算，将研究对象区域划分为高碳排放区、低碳排放区与中等碳排放区，研究表明各层次碳排放水平区域存在显著的差异且差异呈现继续扩大的趋势。张珍花等（2011）依据各省份年均碳排放量将区域碳排放划分为轻度、中度与重度区域，并探讨了形成碳排放区域差异的影响因素，其中能源结构、产业结构与经济水平为最主要因素。

空间效应以空间计量经济理论为基础，通过对研究对象空间特征进行定量分析，从而探究经济活动在空间中动态变化规律。大多数研究集中在采用空间自相关分析模型对碳排放的空间聚集及异质效应进行研究。林伯强等（2011）采用空间计量分析框架，对我国碳排放空间动态演变特征进行分析，结果表明区域碳排放强度与人均碳排放均呈现明显的空间集聚现象。程叶青等（2013）通过空间自相关分析模型及影响因素分析方法，对我国在省域层面能源消耗引起的碳排放的时空演变特征进行分析，其中碳排放强度产生较明显空间聚集的现象，造成该现象的主要因素有能源结构及强度水平、产业结构与城镇化率等。赵巧芝等（2018）以我国能源碳排放强度为研究对象，运用核密度与空间自相关理论探究碳排放空间格局的动态变化趋势，结果表明各省份碳排放强度表现出正相关关系的空间集聚现象，其中高碳排放强度与低碳排放强度区域呈现聚集且状态较为稳定。

部分学者也通过其他分析模型对碳排放的动态变化机制进行探究。胡艳兴等（2016）采用地理加权回归（geographic weighted regression，GWR）模型与经验正交函数（empirical orthogonal function，EOF），对我国省域层面碳排放与碳排放强度的变化趋势及空间异质性进行描述。梁中等（2017）、乔健等（2017）、李兰兰等（2017）均将重心概念运用到碳排放动态变化研究中，探讨了经济重心、能源重心与碳排放重心的迁移轨迹。

碳排放的空间趋同问题也是碳排放研究的重要课题之一，目前针对碳排放的空间趋同研究相对有限，大多研究主要集中在验证碳排放空间的绝对趋同与条件趋同。布罗克（Brock，2010）等选取 173 个国家的面板数据，通过优化后的索洛模型进行验证分析，结果表明各个国家的人均碳排放存在明显的绝对趋同与条件趋同。约伯特等（Jobert et al.，2010）以 22 个欧洲国家为研究对象，验证得到碳排放存在绝对趋同效应，同时分析了各因素对碳排放趋同速率的影响，其中产业结构调控可以明显减小其趋同速率，而人口规模对其趋同速率影响较小。张翠菊与覃明锋（2017）采用我国碳排放样本数据，验证得到碳排放强度表现出绝对 β 趋同与条件 β 趋同，其中东部、西部与中部地区存在显著的俱乐部趋同效应，通过调节能源消费结构与产业结构可影响其趋同效应。孙慧与邓小乐（2018）通过对我国碳排放生产效率进行分析，验证了碳排放生产效率不具备显著的 σ 趋同条件，但表现出显著的条件 β 趋同与绝对 β 趋同。

1.2.1.3　碳排放效率

碳排放效率作为环境效率研究的热点问题，成为国内外众多学者的关注点。面向碳排放效率的核算研究可分为静态研究、动态研究两个方面。

在碳排放静态研究方面，扎伊姆与塔斯金（Zaim and Taskin，2000）利用数据包络分析法（data envelopment analysis，DEA）对经济合作与发展组织（Organization for Economic Co-operation and Developmen，OECD）各成员国的碳排放效率进行了测度，并对各国间的差异进行了分析。2001 年，托恩（Tone，2001）建立了基于松弛变量的数据包络分析（slacks-based measure，SBM）模型，解决了松弛变量会对效率测度结果产生影响的问题。随后，杨宇等（Yang Yu et al.，2019）分别运用径向 DEA 模型、SBM 模型、方向性距离函数（directional distance function，DDF）模型对中国省域碳排放效率进行了测度。孟凡一等（Meng Fanyi et al.，2016）针对中国省域能源效率与碳排放效率，利用 6 种广泛使用的 DEA 模型进行了测度，结果表明东部地区相比其他地区拥有较高的能源效率与碳排放效率，并且实证表明非径向 DEA 模型具有更强的分析识别能力。伊夫蒂哈尔等（Iftikhar et al.，2016）通过 SBM 模型对全球 26 个主要经济体的能源效率与碳排放效率进行了评价，表明中国的碳排放效率拥有巨大的提升空间。在单要素碳排放效率视角下，许俊杰等（2011）将我国单位国内生产总值碳排放量、人均碳排放量、累积碳排放量与碳排放总量等指标同国际水平进行了比较，揭示了当下我国碳排放问题的严峻性。在全要素碳排放效率研究方面，王群伟等（2010）通过构造前沿函数模型对区域碳排放效率进行了评价并对减排潜力进行了测度。刘亦文等（2015）基于超效率 DEA 模型，对省域碳排放效率展开实证研究，结果显示碳排放效率整体呈上升态势但增长速度缓慢。张金灿等（2015）、余敦涌等（2015）采用随机前沿方法（stochastic frontier approach，SFA）对省域碳排放效率进行了分析，并给出相应的政策建议。相天东（2017）、孙秀梅等（2016）、陈晓红等（2017）尝试使用不同的 DEA 模型对碳排放效率进行三阶段分析。王勇等（2017）分别构建了零和收益 DEA 模型对 2030 年碳排放峰值目标进行了省域分解。郭炳南等（2017）基于包含非期望产出的超效率 SBM 模型面向省域碳排放效率与减排潜力展开实证研究，结果表明大多数省份的减排潜力超过 50%。建筑业碳排放效率静态研究方面，冯博等（2017）从全要素能源效率视角进行了分析，并将碳排放量作为非期望产出纳入 DEA 模型。陆宁等（2013）确定了建筑业碳排放效率的评价指标并阐明了其内涵。陆菊春等（2015）将建筑业总能耗作为产出指标，构建了 DEA - Malmquist 模型对省域建筑业低碳行为效率进行研究并提出对策建议。陈钢等（2017）将广义 DEA 模型应用于省域建筑业碳排放效率的测度与评价中。

碳排放效率的动态研究与静态研究相比较少。周鹏等（Zhou Peng et al.，2010）在全要素生产率框架下提出了 Malmquist 碳排放效率指标（malmquist CO_2 emission performance index，MCPI），并对全球 18 个碳排放大国的碳排放效率动态变化进行了对比研究。张宁等（Zhang Ning et al.，2015）针对交通运输业建立了非径向的 Malmquist 碳排放效率指标（non-radial malmquist CO_2 emission performance index，NMCPI）进行研究，结果表明交通运输业碳排放效率有所降低。林伯强等（Lin Boqiang et al.，2015）将 Malmquist 指数模型应用于区域农业与工业的碳排放效率动态测度中。另有学者将 DEA 模型与 Malmquist 指数模型相结合，对碳排放效率从动态与静态双视角进行研究。王群伟等（2010）利用包含非期望产出的 Malmquist 指数模型对各省碳排放效率的动态变化进行了测度，发现 1996 ~ 2007 年间效率不断提高，平均改善率为 3.25%，累积改善率为 40.86%。吴贤荣等（2014）对省域农业碳排放效率的测算、动态变化及影响因素进行了全面研究。高鸣等（2014）将 Malmquist 指数模型与空间计量模型相结合，并面向省域农业碳排放效率展开研究，反映出区域间效率水平不均衡的问题。孙秀梅等（2016）将 Malmquist 指数模型应用于市域层面碳排放效率动态研究，认为应根据其技术效率变化指数与技术进步指数的实际情况采取相应的减排政策。刘金培等（2017）基于交叉效率 DEA 模型进行了实证研究，结果表明我国大部分地区碳排放效率呈缓慢上升趋势，其中西部地区上升速度较快。

国内外学者在碳排放效率的静态研究及动态研究两个方面形成了大量结果，为本书研究的开展提供了有力支撑。在碳排放效率的静态研究中，由于 DEA 模型无需对决策单元内部的生产关系预先判断，受到了广泛使用。传统的 DEA 模型对于相对无效程度的测度只考虑了投入与产出要素的等比例缩减或增加，没有考虑到松弛变量会对效率测度产生影响，而 SBM 模型则可以解决这个问题。利用传统的 DEA 模型进行包含非期望产出的效率测度时，需要将非期望产出变为投入要素，或者使用距离函数法、数据转换函数法或曲线测度评价法进行处理，而使用包含非期望产出的 SBM 模型则无须再对非期望产出另做处理。在效率测度中还会出现多个决策单元处于有效状态，其效率值均为 1 的情况，此时若要在决策单元间进行比较，只有使用超效率 DEA 模型。考虑到上述问题，本书将在全要素生产率框架下采用包含非期望产出的超效率 SBM 模型对碳排放效率进行静态与动态分析。但单一的 SBM 模型无法剔除环境因素与随机误差对效率值的影响，使效率评价结果产生偏差，基于此，弗里德等（Fried et al.，2002）提出三阶段 DEA 研究方法，在效率测算后引入 SFA 法，通过其衡量环境变化和随机误差对 DEA 投入指标的影响，进而将影响较大的环境因素剔除，分析此时效率测算结果同最初结果的差异。

三阶段 DEA 方法被提出来后在资源与环境效率评价领域得到了广泛的应用，主要体现在产业与研究地域的不同：董锋等（2014）构建三阶段 DEA 模型测算区域碳排放效率，并将三阶段 DEA 模型测算结果与经典 DEA 模型测算结果进行对比，发现碳排放作为环境投入指标时，前后效率出现显著性差异，与我国经济发展实际和预期结果更加吻合。同时，三阶段 DEA 效率测算模型也为区域与省域之间平衡发展提供新的思路：陈钢等（2016）运用三阶段 DEA 模型对区域建筑业碳排放效率进行了评价；郭四代等（2018）基于 2006～2015 年省际区域的面板数据，采用三阶段 DEA 模型剥离了外部环境因素与随机误差因素的影响，评价了相同环境下各区域的环境效率水平差异性及其变化趋势，探讨了我国环境效率的影响因素；赵爽等（2018）利用三阶段 DEA 分析方法对长江经济带工业碳排放效率进行研究，环境变量分析前后对比结果发现优化规模，统筹区域发展，提高科技创新能力是提高长江经济带工业碳排放效率的主要途径。以上学者的研究结果均表明在效率测算过程中，随机误差与环境变量对不同地区效率值影响程度不同，深入分析可对地区发展提供指导性建议，因此利用回归方式提出环境变量对效率测评的研究是十分必要的。

1.2.2　碳排放影响机理相关研究

1.2.2.1　碳排放与行业发展关系

碳排放与经济增长之间关系的现有研究，主要集中在对碳排放的环境库兹涅茨曲线（environmental kuznets curve，EKC）和塔皮奥（Tapio）脱钩理论的探讨。在格罗斯曼和克鲁格（Grossman and Krueger，1995）提出的用于描述经济增长与环境污染之间关系的 EKC 曲线后，部分西方学者通过一系列的验证研究发现碳排放与区域经济增长之间存在倒"U"型关系，拐点出现在人均国内生产总值 1 万～8 万美元的范围内；而对加拿大的研究发现碳排放与人均 GDP 并不相关。近年来，国内学者运用计量经济模型对我国碳排放 EKC 曲线的存在性进行了研究，林伯强等（2010）认为我国存在碳排放 EKC 曲线，在 2020 年左右达到理论拐点；胡宗义等（2015）利用非参数 EKC 模型研究发现，二者之间不存在倒"U"型曲线关系，而是近似表现为线性关系；许广月等（2010）则认为中国中部及其东部地区存在碳排放 EKC 曲线，而西部地区则不存在；邵锋祥等（2012）在原有 EKC 曲线的基础上建立模型进一步分析影响碳排放的主要因素，实证研究结果显示技术进步是抑制碳排放增加的主要因素，而经济增长是促进碳排放增加的重要驱动因素。

碳排放与经济增长"脱钩"概念由 OECD 提出并用脱钩指数来衡量经济

发展与环境质量下降之间的脱钩关系。塔皮奥（Tapio，2005）在脱钩理论的基础上提出弹性脱钩理论，对交通运输业构建经济发展与环境质量的关系链并将脱钩指标细化，研究了 1970～2001 年之间欧洲的交通业经济增长与运输量、温室气体之间的脱钩情况。国内学者对 OECD 脱钩理论和 Tapio 弹性脱钩理论的运用主要集中在个别产业或区域经济与碳排放脱钩状况的研究。在区域经济研究方面，王琴梅（2013）以华中地区碳排放为研究对象，运用 LYQ 分析框架对 2001～2010 年华中三省碳排放与区域经济增长之间脱钩指标进行因果链分解并进行指标测评。在产业研究方面，李忠民等（2010）应用 Tapio 脱钩理论和 OECD 脱钩指标对山西省工业碳排放与经济增长之间的脱钩弹性效应进行了分析，找出脱钩的影响因素，为同类分析提供方法借鉴。现有研究多数将脱钩指数应用于碳排放与经济增长的关系，主要成果分别从中国整体、区域以及具体的行业展开。丁道（Dinda，2004）估计了人均 GDP 与碳排放排放量之间的因果关系，结果表明北美地区碳排放量降低，经济增长与碳排放呈现脱钩状态。李忠民等（2010）对 Tapio 模型予以修正，构建了我国产业低碳发展 LYQ 分析框架，从中国整体角度上研究经济增长与碳排放脱钩情况；肖宏伟等（2014）则通过构建 LYQ 分析框架从中国区域的角度研究碳排放与经济增长的关系。多数学者则针对某一地区或省份研究碳排放与经济增长的关系，例如，王琴梅（2013）以华中地区碳排放为研究对象，运用 LYQ 分析框架对 2001～2010 年三省碳排放与区域经济增长之间脱钩指标进行因果链分解并进行指标测评；龚惠萍等（2013）构建了武汉经济增长与碳排放的 LYQ 分析框架；邵桂兰等（2018）对山东省碳排放与经济增长的关系进行 LYQ 分析；岳立等（2013）利用 LYQ 分析框架分析了西部碳排放与经济增长的脱钩情况。还有部分学者从行业的角度进行分析，例如，徐盈之等（2015）对中国制造业碳排放进行 LYQ 分析；杨浩哲（2012）基于 LYQ 分析框架对流通产业及其细分行业的低碳问题进行了分析。

1.2.2.2 碳排放影响因素

目前，国内外相关学者多采用指数分解分析和结构分解分析研究碳排放的影响因素。指数分解分析是运用数理公式对各影响因素进行逐一分解，在碳排放领域应用较为广泛。卡莫勒斯等（Karmellos et al.，2016）运用对数平均迪氏指数模型（logarithmic mean divisia index，LMDI）模型分解了电力强度、电力贸易等因素对欧盟 28 个国家电力部门碳排放的影响，结果表明电力强度是碳排放的主要驱动因素。柯裴多等（Kopidou et al.，2017）面向欧洲南部 4 个国家，运用 LMDI 模型研究发现经济活动和能源强度是工业碳排放的主要驱动因素。索里曼妮（Solaymani，2019）采用 LMDI 模型分解了 7 个碳排放大国交通运输业碳排放的影响因素，结果表明电力结构和经济产出是碳排放的主要驱动因素。穆萨维等（Mousavi et al.，2017）基于 LMDI 分解模型研究发现伊朗能源消费碳排放的关键驱动因素是化石燃料燃烧。沙赫巴兹等（Shahbaz et al.，2016）以马来西亚为研究对象，利用 STIRPAT 模型研究表明城市化水平与碳排放之间呈"U"型关系。国内学者也利用指数分解法对碳排放影响因素进行了大量研究。陈晨等（Chen Chen et al.，2019）基于 LMDI 模型对中国 30 个省域碳排放强度进行了因素分解，结果表明能源强度是碳排放强度的主要驱动因素。陈邦丽等（2018）采用中国各省面板数据，基于扩展的 STIRPAT 模型研究发现人均 GDP、城市化水平为碳排放的主要驱动因素。李卫东等（2017）也采用 STIRPAT 模型对中国碳排放的影响因素进行了研究。其他学者面向不同行业探索了碳排放的影响因素。何小钢等（2012）利用改进的 STIRPAT 模型探索了中国工业碳排放的影响因素。曹俊文等（2017）采用 LMDI 模型分析了江西省电力碳排放的影响因素。

结构分解分析以投入产出模型为基础，是经济、能源和环境领域常用分析方法，在碳排放领域也有较多应用。坎斯尼奥等（Cansinoe et al.，2016）运用结构分解模型研究了西班牙碳排放的主要驱动因素。王会娟等（2017）基于结构分解模型分析了中国居民消费碳排放的影响因素，结果表明碳排放增长的关键因素是人均消费规模。尹伟华等（2017）运用结构分解模型探索了中国八大区域碳排放强度的影响因素，发现各因素对碳排放的影响表现出区域差异性。张艳平等（2018）基于结构分解法研究发现中国各省居民碳排放影响因素的作用机制存在差异性，其中人口城镇化在东南地区为负向作用，在北部地区为正向作用。孙艳芝等（2017）运用结构分解方法，研究发现中国碳排放的主要驱动因素是经济规模和人口规模，技术进步是抑制碳排放增加的关键因素。此外，刘云枫等（2018）、谢锐等（2017）、李新运等（2014）也运用结构分解模型探索了中国碳排放的影响因素，王利娟（2014）、王长建等（2016）基于结构分解模型分别研究了江苏和新疆碳排放的影响因素。

随着空间计量经济学的发展，部分学者将空间计量模型应用于碳排放影响因素的研究中，且大部分研究集中在区域和省域层面。在区域层面上，杨宇等（Yang Yu et al.，2019）基于空间计量模型对中国八大区域碳排放强度的影响机制进行了空间分析，研究表明城镇化水平、经济发展等因素对不同区域的影响存在显著差异。李建豹等（2015）采用空间面板模型探索了长江经济带碳排放的影响因素，发现人口总量是碳排放时空演化的关键因素。在省域层面上，范建双等（Fan Jianshuang et al.，2019）面向中国 30 个省区市，运用空间面板数据模型研究了城镇化和房地产投资对各省市碳排放的影响，结果表明不同省份碳排放驱动机制存在差异。王少剑（Wang Shaojian et al.，2014）计算了中国各省碳减排指标，并运用空间杜宾模型探索了城市化、人均 GDP、能源强度等因素对各省碳排放的影响。王雅楠等（2016）基于地理加权回归模型探索了城镇化、工业结构和能源强度对中国各省碳排放的影响，研究发现各因素对不同省份碳排放的影响存在差异，如城镇化对东部地区碳排放影响较大。曹洪刚等（2015）采用空间面板数据模型研究了中国各省份碳排放影响因素的差异性。部分学者运用空间计量模型针对不同行业碳排放的影响因素开展了研究。王兆华等（Wang Zhaohua et al.，2013）基于空间面板数据模型研究了非化石燃料发电对中国各省份电力部门碳排放的影响。张诗青等（2016）构建了中国各省份交通运输碳排放影响因素的地理加权回归模型，研究发现各因素对碳排放的影响存在区域差异，城镇化率和交通运输结构是碳排放的主要驱动因素。

1.2.2.3　碳排放效率影响因素

碳排放效率影响因素的研究是在能源效率影响因素研究的基础上进行的。在能源效率影响因素研究方面，巴特查里亚等（Bhattacharyya et al.，2010）对 15 个欧盟国家开展实证研究，表明能源结构是主要影响因素。斯特恩等（Stern et al.，2010）通过 SFA 模型研究了技术水平因素的影响。魏楚等（Wei Chu et al.，2009）的研究显示第二产业在 GDP 中的占比阻碍了能源效率的提升。崔强等（Cui Qiang et al.，2014）对中国交通运输业能源效率进行了研究，结果表明运输结构与管理措施影响显著。国内对能源效率的研究也形成了大量成果。冯博等（2015）通过 Tobit 模型研究了建筑业发展度、能源结构、人口数量与科技水平因素对建筑业全要素能源效率的影响，结果显示建筑业发展度、能源结构与科技水平促进了中国建筑业能源效率的提升。

碳排放效率影响因素研究方面，姚昕等（Yao Xin et al.，2015）考虑了生产技术的不同，从技术水平与管理无效两个视角对中国碳排放效率进行了分析。屈小娥等（2018）对区域碳排放效率进行了测度，并通过 Tobit 模型对产业结构、能源结构、工业结构、开放程度、政府规制、产权结构与环保意识 7 个因素进行了分析。许士春（2016）等使用扩展的 STIRPAT 模型进行影响因素分解，然后通过 Tobit 模型进行了因素回归。周洁等（2016）研究了经济发展、能源结构、能耗强度、技术水平、城镇化率与产业结构因素对碳排放效率的影响程度大小。

1.2.3 碳排放预测相关研究

对碳排放进行预测能确定碳排放未来趋势，为政府制定减排政策提供讯息，现有碳排放预测相关研究多与影响因素分析相结合，根据因素数量可分为单因素碳排放预测研究和多因素碳排放预测研究。

单因素碳排放研究方面，滕欣等（2012）在总结国内外碳排放预测模型方法的基础上，建立离散二阶差分方程预测模型，对中国 2020 年的碳排放量与 GDP 进行预测，结果表明未来 10 年中国碳排放增长速度呈继续增长态势，单位 GDP 的碳减排潜力巨大。刘广为等（2012）应用离散二阶差分法，对中国碳排放和 GDP 进行预测，经过计算得出降低中国碳排放强度的潜力巨大。杜强等（2013）在"碳排放量与能源消费成正比"假设成立的基础上，运用 Logistic 模型预测中国 30 个省份 2011 ～ 2020 年的碳排放，结果表明该预测模型精度适中，预测值具有较高的可信度。岳超等（2010）在对中国未来 GDP 和 GDP 碳强度预测的基础上，以 2005 年为起始年，对中国 2050 年前碳排放进行了预测。劳等（Lau et al.，2014）提出一种基于双曲正切函数自适应季节性模式，运用布鲁内尔大学光伏发电数据，估计发电机的碳排放量。格罗特等（Grote et al.，2014）测算民用航空器的碳排放，结果显示空中交通的强劲增长将导致民航日益成为碳排放量的显著贡献者。席细平等（2014）运用 IPAT 模型研究发现在经济社会发展的同时保持能源强度和碳排放强度合理下降，江西省的碳排放峰值到达时间约在 2032 ～ 2035 年。柴麒敏和徐华清（2015）运用 IAMC 模型对中国碳排放总量控制和峰值的四种路径及情景进行深入分析，得出了碳排放出现峰值需要的条件。方德斌和董博（2015）运用高斯过程回归（gaussian progress regression，GPR）模型预测中国"十三五"时期碳排放趋势，研究表明与其他方法相比，GPR 模型具有明显的精度优势，中国能够实现 2020 年碳排放强度较 2005 年下降 40%～45% 的目标。

部分学者考虑多因素影响进行碳排放预测研究，邓小乐和孙慧（2016）运用 STIRPAT 模型预测西北五省区碳排放峰值，研究发现若碳排放强度下降速度与经济社会发展速度不能同步增长，则不能在 2030 年内出现峰值。朱勤等（2010）基于人口、城市化率、人均消费、碳排放强度等因素应用岭回归方法构建我国碳排放的 STIRPAT 模型。聂锐等（2010）运用 IPAT 模型与情景分析相结合，研究发现低碳情景是江苏省发展最现实、最合适的方案。宋杰鲲和张宇（2011）采用 STIRPAT 模型分析影响碳排放预测的指标，选取人口、城镇化率、人均 GDP、第三产业 GDP 比例、能源消耗强度、煤炭消费比例 6 项因素为自变量，运用 BP 神经网络方法构建了我国碳排放预测模型，并对 2010～2015 年我国碳排放进行预测。吴振信和石佳（2012）利用 STIRPAT 模型对影响北京市 1990～2010 年的碳排放因素进行了分析，并利用灰色 GM（1，1）模型预测了北京市 2011～2015 年碳排放强度，研究结果显示人口、城市化率、人均 GDP、煤炭消费比例和机动车保有量对碳排放有促进作用，而能源消耗强度和第三产业比例对碳排放有抑制作用。王宪恩等（2014）结合不同因素，根据低碳社会发展各个不同阶段设定低碳情景、节能低碳情景、节能情景和基准情景 4 种情景，基于扩展 STIRPAT 模型对能源消费碳排放进行预测。陈亮等（2018）基于 STIRPAT 模型选取旅客周转量、货物周转量、人均 GDP、机动车保有量、碳排放强度、能源结构和城市化率 7 项指标作为我国区域交通碳排放影响因素，建立基于支持向量回归机的碳排放预测模型。段福梅（2018）运用基于粒子群优化算法的 BP 神经网络分析，在 8 种发展模式下对中国碳排放峰值进行预测研究，研究发现人均 GDP、城市化率、研发强度、非化石能源消费量比重对二氧化碳排放的影响较大，人口、能源强度的影响较小。

也有少数学者基于两个或多个模型构建组合模型进行碳排放预测研究，国内外代表性研究有：赵成柏等（2012）根据 ARIMA 模型和 BP 神经网络的特性，建立预测碳排放强度的 ARIMA - BP 神经网络模型，结果显示我国碳排放强度在未来 10 年内逐步下降，但到 2020 年我国碳排放强度仅比 2005 年下降34%，离减排目标还有一定差距。周建国和颖雪（2012）从区域碳排放量预测问题的离散灰色、非线性等特征出发，建立了基于离散灰色预测模型和广义回归神经网络模型的变权组合预测模型。刘畅（2013）梳理国内外碳排放发展预测理论，建立融合趋势分析协调灰色预测的碳排放 MV 预测模型，并通过实例验证了该融合预测模型的有效性，提出做好碳排放发展预测工作是建设低碳城市有效保障。纪广月（2014）采用灰色关联方法，对影响中国碳排放指标进行筛选，进而应用误差反向传播算法进行预测，大大提高了 BP 神经网络算法的训练速度以及模型预测精度。胡林林和贾俊松（2014）以江西省为例，采用指数平滑模型、综合 ARIMA 模型及组合的 ES – ARIMA 模型对其在 1999～2011 年的旅游业碳排放数据进行拟合与预测。曹飞（2014）基于三次 ES 模型、灰色模型、二次指数模型用标准差法进行非负权重分配，建立了组合预测模型进行碳排放预测，结果表明组合预测模型的精度高于单项预测模型。张峰（2015）基于 GM(1，1) 模型、Verhulst 模型和 SCGM(1，1)。模型建立组合灰色预测模型，运用预测有效度方法分析指标得到融合预测模型的权重系数，最终预测山东省 2013～2017 年各行业碳排放量。王艳旭（2016）针对世界碳排放预测指标的复杂性与多样性，构建系统聚类与 BP 神经网络的融合预测模型，并验证了该模型在世界碳排放预测中的适用性。陈国庆等（2017）选取 1980～2015 年中国碳排放量为样本数据，构建诱导有序加权几何平均算子的组合预测模型对中国未来五年的碳排放量进行预测。刘炳春等（2018）构建了一个基于主成分分析模型和支持向量回归（support vector regression，SVR）模型的中国碳排放量组合预测模型，且该模型预测结果的平均绝对百分误差和均方根误差都显著小于其他模型误差。

1.2.4　碳排放情景模拟相关研究

碳排放受能源消耗、经济发展等内在因素以及政府的宏观调控等多种环境因素影响。为确定这些因素对碳排放的量化影响，国内外大量研究设置了不同的情景对区域或行业的碳排放系统进行模拟，涉及国家、省域、市域、行业等多个层面。根据所使用的建模方法，碳排放情景模拟相关研究可分为三大类：自上而下、自下而上和混合模型。

自上而下的方法被广泛用于宏观经济能源分析和政策规划研究，重点关注国民经济与能源之间的关系。典型的自上而下方法主要包括可计算的一般均衡模型（computable general equilibrium，CGE），系统动力学（system dynamics，SD），MACRO 和 GEM - E3 模型。雅虎和奥斯曼（Yahoo and Othman，2017）建立了一个 CGE 模型来评估马来西亚实施两种碳减排政策对整个经济的影响。郭正权等（Guo Zhengquan et al.，2012）以 2010 年中国投入产出表为基础，运用 CGE 模型研究了碳税对中国经济和碳排放的影响。梁巧梅和魏一鸣（Liang Qiaomei and Wei Yiming，2012）则通过建立 CEEPA 模型研究了碳税对碳减排的影响。此外，斯科恩等（Thepkhun et al.，2013）建立 AIM/CGE 模型，用于分析和评估碳减排措施的影响。叶等（Yeh et al.，2016）建立一个 MACRO 模型研究制定减少温室气体排放的政策，为加利福尼亚州政策制定者提供信息。另外，欧尼特等（Onat et al.，2014）利用 SD 模型研究了稳定美国住宅部门碳排放的相关政策，并确定以改造为重点的政策更有效。

自下而上的方法主要包含 POLES，LEAP，AIM/End-use，MARKAL，MESSAGE 模型。蔡妙珊和常素丽（Tsai Miaoshan and Chang Ssuli，2015）利用 MARKAL 模型模拟我国台湾地区不同发展情景对碳减排的影响。何旭波（2013）运用 MARKAL 能源系统模型对陕西省 2010～2030 年的能源生产、主要大气污染物及碳排放进行情景模拟，认为实施可再生能源生产补贴和大气污染物排放限制可以有效地加快陕西省可再生能源的发展，从而减少温室气体排放。阿莫里姆等（Amorim et al.，2014）使用集成的 MARKAL - EFOM 系统为葡萄牙设计了 2050 年的低碳路径。埃莫等（Emodi et al.，2017）根据四个低碳情景，应用 LEAP 模型探究尼日利亚从 2010～2040 年的能源和相关温室气体排放。阿泰（Ates，2015）利用 LEAP 模型评估土耳其钢铁工业的能源效率和碳减排潜力，结果显示如果采取必要措施，工业能源消耗和相应的温室气体排放可以大大减少。凯努玛等（Kainuma et al.，2000）为预测温室气体排放和评估减少温室气体排放的政策措施，建立了 AIM/End-use 模型，假设了两种社会经济情景，并基于这些情景模拟碳排放量。研究发现，在不降低日本生活水平的情况下，将碳排放量在 1990 年的水平上减少 6% 是可能的。

混合模型集成了上述两种模型的优点，并建立在二者的联结之上。应用较广泛的混合模型主要有 IPAC 和 NEMS，还包含一些自上而下和自下而上组合而成的模型，例如，MARKAL – MARCO 和 MESSAGE – MACRO。克伦瓦德等（Cullenward et al.，2016）提出了一个 NEMS 模型，通过假设在排放定价情景下家庭能源需求不变，动态评估美国分布式气候政策影响，研究结果表明，收取碳污染费用将在减少与能源有关的碳排放方面发挥重要作用。希克曼等（Hickman et al.，2010）考虑了伦敦交通部门在减少碳排放方面的作用，通过建立交通和碳模拟模型研究了可能减少伦敦排放影响的一系列政策。

综上所述，自下而上的方法在经济分析方面具有局限性，得到的经济分析通常高估经济发展的潜力。而使用混合模型的研究一般认为能源消耗和碳排放的演化结构是已知的，未能反映能源消耗和碳排放的动态过程。因此，将自上而下的方法应用于建筑业碳排放的研究更合适。相比之下，SD 模型结合了定性和定量分析，并通过系统综合推理描述了这些未定义的行为特征，可以更好地处理高阶复杂和非线性系统。在梳理前人研究的基础上，本书选择 SD 模型对中国建筑业的碳排放进行情景模拟。

目前，SD 模型已被广泛应用于许多研究领域，包括经济—能源—环境系统、生态系统研究以及政策制定和规划。在能源和碳排放领域，SD 模型被用于模拟中国等多个国家的能源消耗和碳排放表现。肖博文等（Xiao Bowen et al.，2016）建立了 SD 模型来研究中国的能源消耗、碳排放和减排方案，设置了基本情景、碳税情景、可再生能源情景和综合情景，结果显示中国在碳税情景和综合情景下能实现 2020 年的减排目标。刘敦楠和肖博文（Liu Dunnan and Xiao Bowen，2018）建立了一个扩展 STIRPAT 模型，并与 SD 模型相结合，研究了中国碳排放的驱动因素、碳排放峰值以及环境库兹涅茨曲线假说。刘喜等（Liu Xi et al.，2015）运用 SD 模型模拟 2013～2020 年中国的碳排放总量和碳排放强度，并设置不同情景分析经济增长率和可再生能源政策因素的影响。巴里沙等（Barisa et al.，2015）也将该模型分别应用于拉脱维亚和美国的碳排放研究中。在市域层面，刘雪等（Liu Xue et al.，2015）、郭玲玲等（Guo Lingling et al.，2016）应用 SD 模型分别对北京市和辽宁省的碳排放进行了分析。在行业层面，李强等（Li Qiang et al.，2017）建立了基于历史数据的 SD 模型，模拟不同的政策情景下中国原铝行业的碳排放趋势。刘菁和赵静云（2018）以 SD 模型为基础分析建筑碳排放的影响因素，设置不同仿真情景预测建筑碳排放的未来发展趋势。

1.2.5 减排政策相关研究

随着我国经济发展，能源节约、环境恶化等问题受到各界的关注。同时，我国"十三五"规划提出强化引导和约束机制，提升能源消费清洁化水平，逐步构建高效、清洁低碳的社会用能模式的思路。确定了在 2020 年能源消费总量控制在 50 亿吨标准煤内，煤炭消费比重降低到 58% 以下，发电用煤占煤炭消费比重提高到 55% 以上等目标，着力推动能源生产利用方式转变，建设清洁低碳、安全高效的现代能源体系。因此，在现行国家宏观经济政策下，探究不同能源政策下的节能减排、经济发展影响将是能源政策的研究方向。

20 世纪 20 年代，苏联首先展开对能源与经济的综合研究，这在当时被称为能源经济学。1973 年，世界能源危机爆发，发达国家经济发展受到严重影响，西方学者开始注重能源经济学的研究。科夫特等（Kraft et al.，2000）分析了美国 20 世纪 40 年代到 70 年代的能源消费和经济增长的关系。索洛（Solow，1957）利用经济增长模型完成了对能源资源开采及利用的最优路径的探索。在能源经济的两元研究中，能源消费和经济增长的双向因果关系被认为是切实存在的。随着工业化进程的加快，化石能源的大量开发利用导致了生态环境的恶化，学者们开始逐渐从经济学视角探究环境问题，环境经济两元研究体系逐渐形成。诺德浩斯等（Nordhans et al.，1992）对环境约束与经济增长之间关系的研究被认为是开创环境经济两元研究的先河。20 世纪 90 年代，库若斯曼和库兰格（Grossman and Krueger，1991）对 66 个国家的 14 种污染物质在 12 年间的变动趋势进行了深入的研究，结果显示环境污染程度与人均收入的变动情况呈现倒"U"型关系，这就是著名的环境库兹涅茨曲线假说。在随后的十几年时间里，国内外不少学者均对该假说做了充分的论证，斯托克（Stokey，1998）利用内生经济增长模型对收入及环境质量关系的研究以及刘荣茂（2006）、王敏等（2015）对中国环境污染与经济增长之间倒"U"型关系的验证。进入 20 世纪 90 年代，随着计算机软件的不断开发，作为政策分析工具的 CGE 模型得到了广泛发展。国外学者开始运用CGE 模型进行能源环境问题研究。博尼奥等（Burniaux et al.，1992）利用GREEN 模型比较碳税、能源税和排放权贸易等碳减排政策；格鲁德（Goulder，1995）运用动态 CGE 模型模拟了美国实施碳税政策对经济的影响；库巴格鲁（Kumbaroglu，2003）考察能源环境政策是否具有"双重红利"效应，共同提高环境和经济运行绩效。

21世纪以来，经济—能源—环境（3E）系统的研究受到越来越多的重视，国外是从经济学角度展开对3E系统协调研究的，而对3E系统定量的模型研究是现今研究的主要方向，并把理论研究与实证研究相结合不断推动3E系统的发展。诺瓦比等（Nwaobi et al.，2004）采用多部门动态CGE模型量化分析尼日利亚减少温室气体排放的政策的经济和环境成本，模拟结果支持碳税、可贸易许可证的有效性，但经济收入分配效应因此被削弱。海雷等（Hanley et al.，2006）认为能源效率的提高将降低能源成本，可能会刺激以实物单位衡量的能源消费和生产，从而提高污染，因此，以提高能源使用效率为导向的政策本身并不足以改善环境，需要以适度引导能源消费的政策为补充。奥利弗瑞和安图斯（Oliverira and Antunes，2004）通过建立多目标多部门的3E模型分析了经济结构和能源系统变化时分别对环境产生的影响，并为政策制定提供建议，分析结果对理解碳减排技术的作用、能源利用计划等非常关键。博迪和艾巴瑞安（Boyd and Ibarraran，2002）建立一个动态的CGE模型，用来模拟分析墨西哥征收碳税的综合影响，实证结果表明在假定技术进步率不变的条件下，征收碳税会对宏观经济和居民福利产生不利的影响，只有假定征收碳税可以促进技术进步率提高5%以上条件时下，碳排放增长率的下降和所有不同收入类型居民收入的上升才能同时实现。谭显东（2008）根据电力工业的特点构建了电力CGE模型，以碳税作为政策变量，详细分析其对我国国民经济和福利水平的影响，重点研究了电力需求的变化，提出政策的变动将对各部门的生产用电和居民用电产生影响。谭丹（2009）根据历年来我国工业各行业的碳排放量，利用灰色关联度方法证实了我国工业行业碳排放量与产业发展之间存在着密切联系。林伯强等（2010）分别从经济、政策、能源的发展及气候四个方面对能源战略进行了研究，讨论了调整能源结构的必要性，构建了碳排放约束条件下的我国能源结构的调整模型，预测了我国最优的能源结构，并利用可计算一般均衡模型，同时考虑到宏观经济方面的因素，得出了目前我国能够接受的能源结构，认为可再生能源的发展规划有助于实现减排的目标，但是目前我国调整能源结构的成本较大，所以减排的潜力不大。张士强等（2004）以山东省为研究对象，分析了山东省经济发展与能源结构之间的关系，并在此基础上提出了山东省能源结构优化的发展思路。娄峰（2014）通过构建动态 CGE 模型，模拟分析了 2007～2020 年不同碳税水平、不同能源使用效率、不同碳税使用方式对碳减排强度、碳排放强度边际变化率、部门产出及其价格、经济发展、社会福利等变量的影响。研究结论表明：随着碳税税率的增加，单位碳税碳排放强度边际变化率呈现逐渐减小的变化趋势，相比较而言，能源使用效率越高，单位碳税的碳排放强度边际变化率越大；在能源消费环节征收碳税，同时降低居民所得税税率，并保持政府财政收入中性，可以实现在减少碳排放强度的同时使得社会福利水平有所增加，从而可以实现碳税的"双重红利"效果。

1.2.6 研究评述

碳排放空间特征方面的研究已经较为丰富和成熟，但是现有大部分研究却忽视了一些问题，主要表现在以下几个方面：现有研究多是在时间序列尺度上对碳排放进行研究，忽视了截面数据空间依赖效应方面的研究；在国家和区域层面碳排放研究上，研究者多将各地区视为空间均质单元，忽略了空间单元之间的联系和差异，缺乏对空间溢出效应和辐射作用的研究；虽然空间计量经济学方法和 GWR 模型在碳排放的研究中已有初步应用，但是在建筑业碳排放尤其是建筑业碳排放强度研究中的应用较少。因此，基于空间计量经济学和 GWR 模型，从时间角度和空间角度分析我国各省份建筑业碳排放特征，进而开展建筑业碳排放强度影响因素空间差异方面的研究，对于清晰认识我国各省建筑业碳排放差异，明确各省份建筑业减排潜力，科学制定各省建筑业减排政策，促进我国建筑业可持续发展具有重要意义。

碳排放效率方面，由于碳排放受各种环境因素影响，在区域差异较大的情况下，单一分析某一效率值则会因为区域特征性对效率研究的产生影响，进而无法深入剖析真实效率所反映的区域发展问题，即无法真正剥离地区经济环境因素的影响，揭示产业由自身内部生产过程作用的真实效率。单一效率值是对某地区产出一定指标所需投入的衡量，并不能直接指导地区采取相应政策应对效率低下问题，因此用生产前沿面的距离与实际产出比值表示地区提高潜力，正向反馈达到最大生产情况，可以减少的投入量水平，有利于直观指导政策制定。以上两方面的研究欠缺使得我国省域范围下建筑业碳排放效率的研究不够深入。因此，三阶段 DEA 的效率评测方法对于弥补上述影响十分有效，进而可以得出更加准确的测度结果，对省域、区域建筑业碳排放效率研究提供新的视角和政策依据。同时，前期对不同行业碳排放效率的研究也为本书投入产出指标的选取提供多方面的参考。

碳排放预测方面，国内外面向碳排放预测的研究已经较为丰富和成熟，能够较全面地分析碳排放未来趋势及影响指标。以上学者在建立碳排放预测模型时基本涵盖了所有影响碳排放的因素，但每个学者在影响因素分解和模型建立中所选取的影响因素不尽一样。在碳排放预测过程中，每个影响因素对未来碳排放预测的影响程度是不一样的；此外，以上研究在样本数据选取上时间跨度较大，没有剔除受偶然因素影响的样本数据，使得所选取的样本数据不能很好地解释未来碳排放趋势。在此，本书根据相关学者研究所得结论，选取对碳排放影响权重较大的几个因子，引入能够表征科技进步的变量，对国内外碳排放预测中获得认可并广泛使用的 IPAT 模型进行改进，提高预测模型精准性。运用改进后的 IPAT 模型预测和分析中国建筑业碳排放，有利于政府准确把握碳排放趋势，及时制定合理的减排政策。

碳排放情景模拟方面研究，现有应用 SD 模型的研究主要集中在国家层面或城市层面的碳排放。然而，通过使用 SD 模型来模拟单个行业的碳排放的研究很少，特别是建筑行业。虽然刘菁和赵静云（2018）应用 SD 模型对建筑业能源和碳排放进行情景分析，但该研究忽视了建筑业产业关联度大的特点、未考虑建筑业的间接碳排放。因此，本书建立 SD 模型对建筑业碳排放系统进行仿真模拟，设置三种情景进行分析，并探究中国建筑业能否实现2020 年碳排强度的减排目标，为降低建筑能源消耗、减少碳排放总量、实现建筑业的绿色可持续发展提供理论依据和减排路径。

减排政策研究方面，现有研究成果虽已证实了经济—能源—环境 CGE 模型之间的各种协同关系，但从微观层面具体分析经济—能源—环境 CGE 模型影响因素，进而给出最优化的政策组合建议的相关研究较少；从研究方法看，多数研究成果多集中于投入产出模型、因素分解模型等单一模型。CGE 模型通常由涵盖一个经济体系中生产、需求、贸易、收入等各种经济要素的一组庞大的联立方程式构成，在投入产出分析的基础上用以描述经济体中各产业部门间与最终需求部门的关联性。国内目前使用 CGE 模型的减排政策研究方法和成果仍存在一定的局限性，每个模型必须在一些特定假设的前提下运行，但参数的设定和基线情景的各种假设通常不能符合中国能源系统的现实状况。

此外，对于建筑业相关减排政策的研究，缺乏深入讨论，研究成果十分有限，导致无法为实践提供更深层的指导。因此，本书基于中国 42 个行业部门的投入产出数据，以能源使用量、能源强度、碳排放量、碳排放强度、GDP 等具体参数指标，设计满足建筑业特定需求的减排政策组合方案，进而深入分析建筑业减排政策的实施效果并提出减排政策建议，以期实现建筑业节能减排。

1.3　研究内容与主要贡献

1.3.1　研究内容

本书基于建筑业低碳发展，以行业减排为目标，从碳排放时空演变特征、影响因素、碳排放预测及减排情景模拟入手，探究行业减排路径：

第 1 章为绪论。在介绍研究背景的基础上，从理论意义和现实意义两个方面总结研究意义；从建筑业碳排放特征、影响因素、碳排放预测及减排政策评价等方面，梳理和评述国内外建筑业碳排放相关研究，为分析我国建筑业碳排放特征与机理提供理论基础及实证经验，总结本书研究内容及主要贡献。

第 2 章为中国建筑业碳排放特征。界定建筑业碳排放范围，构建我国各省域建筑业碳排放核算模型，对我国 30 个省域的建筑业碳排放量和碳排放强度进行核算；以各省域建筑业为研究对象，分析省域间的碳排放强度空间差异与分布状况，明确我国建筑业碳排放在时空分布格局和动态演化特征。

第 3 章为中国建筑业碳排放影响因素。建立建筑业环境库兹涅茨曲线和弹性脱钩模型，定性分析中国建筑业与经济发展之间的关系；采用 LMDI 模型对建筑业碳排放影响因素进行分解，定量分析所选因素对建筑业碳排放的影响；构建建筑业碳排放强度 GWR 模型，研究不同因素对各省份建筑业碳排放强度的影响程度及差异性。

第 4 章为中国建筑业碳排放效率。以建筑业碳排放效率为研究对象，基于非期望产出的三阶段 SBM - DEA 模型与 Malmquist - Luenberger（ML）指数模型构建建筑业碳排放效率分析模型，从静态与动态两个角度对建筑业碳排放效率进行分析，丰富研究视角。通过 Tobit 模型探索静态效率的影响因素，并结合实证分析挖掘各省减排潜力，从全国与区域层面提出政策建议。

第 5 章为中国建筑业碳排放预测与情景模拟。引入能够表征产业结构以及科技技术水平的变量——劳动者报酬率，对 IPAT 模型进行改进，利用改进的 IPAT 模型对建筑业 2016～2025 年碳排放进行预测；运用系统动力学模拟不同经济增长率和政策因子下碳排放情景，对建筑业碳排放进行情景分析，为政府和决策者在碳减排政策制定方面提供参考依据，以促进建筑业的低碳发展。

第 6 章为中国建筑业碳减排政策探讨。通过构建经济—能源—环境 CGE 模型，模拟分析建筑业能源结构调整对建筑业能源使用、碳排放以及行业产出的变动影响。选择煤炭、石油、天然气三类化石能源及清洁能源——电力作为模拟对象，针对模拟结果展开深入分析并提出政策建议，以期实现建筑业减排目标。

第 7 章为主要结论与思考。总结与归纳全书主要研究内容与结论，并分析了建筑业碳排放的波及路径，在"创新、协调、绿色、开放、共享"五大发展理念背景下，结合"中国建造 2035"战略研究，对建筑业未来低碳发展提出了一些思考。

1.3.2　主要贡献

现有的研究多立足于国家或区域层面的碳排放测算及影响因素研究，缺乏行业针对性；虽有少量针对行业碳排放的研究，但对建筑业的指导作用有限。本书从行业角度出发，对建筑业碳排放核算、特征及影响因素进行较为全面的研究。同时，系统性地将标准差椭圆、空间计量模型、LMDI 因素分解模型、超效率 SBM 模型、系统动力学、经济—能源—环境 CGE 模型等低碳经济理论与分析模型引入建筑行业，以不同空间尺度范围内的实证研究数据和分析结论来印证理论分析的准确性与可行性，形成具有理论及实践应用价值的研究结论。

本书的贡献主要体现在以下六个方面：

（1）较为全面地考虑建筑活动的关联关系，分别采用碳排放系数法与投入产出法对建筑业直接与间接碳排放进行核算，且根据二次能源的排放特点，对间接碳排放进一步细分，提高了建筑业碳排放核算的准确性。

（2）将标准差椭圆这一空间计量分析方法引入建筑业碳排放的研究中。与以往碳排放空间特征相对静态的分析方法相比，该方法可从多个角度精确刻画建筑业碳排放的空间格局动态演变过程，丰富了碳排放空间特征研究的手段，为把握区域建筑业碳排放分异规律、制定区域低碳化协调发展战略提供依据。

（3）考虑我国各省建筑业发展不均衡的客观事实，基于空间计量经济学理论，从空间尺度对我国 30 个省域的建筑业碳排放特征进行分析，丰富了建筑业碳排放的研究内容；通过构建中国建筑业碳排放强度 GWR 模型，多方面揭示了各因素对建筑业碳排放强度的影响机理，研究结论可为各省域制定差异化的减排政策提供科学依据。

（4）对建筑业碳排放特征进行多视角多层面分析。在实证分析过程中对直接、间接碳排放进行分类分析；并采用三阶段超效率 SBM – DEA 模型与 ML 指数模型构建静态、动态结合的分析方法，并通过对环境变量的回归分析，对比剔除环境变量前后建筑业碳排放效率变化，并对各省建筑业碳排放动态效率进行分类讨论，深入分析产生建筑业碳排放区域差异的原因。

（5）现有应用 SD 模型模拟分析能源消耗和碳排放的研究多聚焦在国家和城市层面，行业层面较少，尤其是建筑业。在因素分析基础上，本书构建建筑业系统动力学模型，设置基本情景、经济增长率情景和政策因子情景，对建筑业碳排放进行情景分析，并评估了中国建筑业实现 2020 年碳排强度减排目标的可能性，一定程度上丰富了现有研究内容，研究结果也能为降低建筑业能源消耗、减少碳排放总量、实现建筑业的低碳可持续发展提供理论依据和减排路径。

（6）建立经济—能源—环境的 CGE 模型，从宏观角度探讨建筑业减排政策。目前经济—能源—环境 CGE 模型多用于国家或省域层面的能源环境政策与能源效率方面的研究，本书在模型中针对能源政策模块进行改动，将建筑业作为研究主体，模拟能源结构调整建筑业能源消耗、碳排放、行业产出及其对宏观经济的影响。在不同政策下设定多种情景，丰富了影响效果的探讨，从而为建筑业提供更准确地减排政策参考。

第 2 章

中国建筑业碳排放特征

本章结合建筑生产活动特点，清晰界定建筑业、碳排放、碳排放强度与建筑业碳排放的概念，合理选择建筑业碳排放核算方法。在此基础上，核算各省建筑业碳排放量与碳排放强度；从空间数据分析角度出发，选取合适的空间权重矩阵和相关性度量方式，研究建筑业碳排放的空间关联关系；为进一步揭示建筑业碳排放在空间上的分布规律，选取空间重心和标准差椭圆两种空间计量分析法，对我国建筑业碳排放空间分布格局及动态变化趋势进行描述和分析，探究建筑业碳排放强度与碳排放量的时空演变过程与相邻区域环境的内在联系。

2.1　概　念　界　定

2.1.1　建筑业

在国际标准行业分类体系（International Standard Industrial Classification，ISIC）中，针对建筑业的范围和含义做出了明确的定义。截至目前，已经颁布了多个版本的国际标准行业分类体系，其中包括：ISIC 初稿（1948 年）、ISIC 1.0（1958 年）、ISIC 2.0（1968 年）、ISIC 3.0（1990 年）、ISIC 3.1（2002 年）、ISIC 4.0（2008 年）。不同版本的行业分类体系对建筑业的定义有所差异，在 ISIC 4.0 中，用大写字母 F 表示建筑业，将建筑业细分为建筑的建造（代码 39）、土木工程（代码 40）和专门的建造活动（代码 41），其中专门的建造活动又细分为场地准备（代码411）、建筑安装（代码412）、建筑装修装饰（代码413）、其他专门建造活动（代码414）和建造或拆除设备的租赁（代码415）（VND ESASD，2008）。

在国家标准《国民经济行业分类》中，针对建筑业的定义也进行了详细的解释。该国家标准首次颁布于1984年，分别在1994年、2002年和2011年进行修订。各修订版本的《国民经济行业分类》对建筑业的分类有所差别。例如，在《国民经济行业分类》（GB/T 4757–2002）中将建筑业划分为E门类，具体细分为房屋和土木工程建筑业（代码47）、建筑安装业（代码48）、建筑装饰业（代码49）和其他建筑业（代码50）等四大类（国家统计局，2002）。而《国民经济行业分类》（GB/T 4757–2011）将建筑业划分为：房屋建筑业（代码47）、土木工程建筑业（代码48）、建筑安装业（代码49）、建筑装饰和其他建筑业（代码50）（国家统计局，2011）。由此可得，针对建筑业的定义，2011年的行业分类标准在各大类的内涵和规范方面与2002年有较大的差异。

在中国投入产出表中，对建筑业的定义及范围也做出了明确的界定。投入产出表中对建筑业的分类名称与对应的《国民经济行业分类》一致。例如，依据《国民经济行业分类》（GB/T4757–2002）中的分类原则，2007年中国投入产出表部门分类解释与代码中将建筑业分为房屋和土木工程建筑业、建筑装饰业、建筑安装业和其他建筑业（国家统计局，2009）。但投入产出表中的建筑业分类与对应的国民经济行业分类所包含的产品内容有明显的差别，在投入产出表中，通常会把消耗结构相同，用途功能相同和工艺流程相似的产品组成一个产品部门，故投入产出实现了按照产品的属性进行分类。

综上所述，参照最新的国民经济行业划分标准，建筑业主要由土木工程建筑业、房屋建筑业、建筑安装业、建筑装饰和其他建筑业构成，这些组成被定义为"狭义建筑业"。而"广义建筑业"的内容覆盖内容较为广泛，在此基础上还包括工程咨询、规划管理和勘察设计等与建筑业相关的生产服务活动。虽然"广义建筑业"的定义更符合建筑业的实际发展态势，但数据的获取难度较大，"狭义建筑业"定义在国民经济统计核算体系中被广泛接纳，鉴于此，本书中以"狭义建筑业"定义为基础进行后续的分析讨论。

2.1.2 碳排放与碳排放强度

《京都议定书》中规定的温室气体包含二氧化碳、甲烷、氮氧化物等气体。根据《IPCC 第四次评估报告》，二氧化碳、甲烷、氧化亚氮、氟类及其他气体对温室效应的贡献率分别为 76%、14.3%、7.9% 和 1.8%，由此可见，二氧化碳是造成温室效应的主要气体。

在学术研究中，"碳排放"和"二氧化碳排放"两个概念并不是完全相同。碳排放是二氧化碳、甲烷、氮氧化物等各种温室气体的排放总量，是温室气体排放的总称，最终均通过转化为二氧化碳当量来进行度量。然而，二氧化碳排放只是指二氧化碳气体的排放量，其包含的范围没有碳排放的范围广。

碳排放强度是指每单位国民生产总值的增长所带来的碳排放量。该指标主要是用来衡量一国经济同碳排放量之间的关系，如果一国在经济增长的同时，每单位国民生产总值所带来的碳排放量在下降，那就说明该国实现了低碳的发展模式。

2.1.3 建筑业碳排放

世界资源研究所与世界可持续发展工商理事会共同合作，颁布了一套被国际社会广泛接受的温室气体测算和报告标准。在该标准 2004 年的修订版中，温室气体被具体划为三个范围：范围 1 指直接温室气体排放，其排放源通常包括固定与移动燃烧，过程排放和逃逸排放；范围 2 指间接温室气体排放，即生产过程中因固定燃烧消耗电力、热力和蒸汽而排放的温室气体；范围 3 指其他的间接温室气体排放，其排放源自固定与移动燃烧，过程排放和逃逸排放。但该标准并未针对建筑业碳排放进行详细的说明，相关学者依据该标准对建筑业碳排放进行了划分，库库瓦尔和塔塔里（Kucukvar & Tatari, 2013）将建筑业范围 1 的碳排放定义为在施工现场消耗化石能源所产生的碳排放；范围 2 建筑业碳排放是指建筑业消耗的电力热力等二次能源在其生产过程中化石能源燃烧的碳排放；而范围 3 碳排放是范围 2 与范围 1 供应链活动产生的碳排放。

另外一些学者对建筑业碳排放的分类与标准推荐的方法有所差异，通常将建筑业碳排放分为直接碳排放与间接碳排放。阿奎一（Acquaye，2010）等人将建筑业环境排放划分为直接与间接碳排放，其中建筑业直接碳排放是指施工现场生产活动直接产生的碳排放，而间接碳排放是施工生产过程的上游活动消耗能源产生的碳排放。张智慧和刘睿劼（2013）同样认为建筑业碳排放由直接和间接两部分组成，直接碳排放是由建设活动产生，间接碳排放是指建筑活动引起其他行业产生的碳排放。然而这两种分类方法原理是相同的，范围 1 的建筑业碳排放与直接碳排放相对应，范围 2 与范围 3 对应间接碳排放。然而很多学者将范围 2 的碳排放归类到直接碳排放，即将建筑活动消耗的电力热力等能源作为直接碳排放的一部分，这使得建筑业直接碳排放量被严重高估，而对间接碳排放量有所低估，同时也低估了电力等行业对建筑业碳排放的贡献率。

综上所述，为了较全面地对建筑业碳排放进行核算，本书将建筑业碳排放划分为直接碳排放与间接碳排放，其中建筑业直接碳排放是指建筑活动直接消耗能源而产生的碳排放。间接碳排放是指建筑业拉动其他相关行业而导致产生的碳排放之和。本书中提到的建筑业碳排放是建筑业二氧化碳排放的简称，是指建筑业产生的二氧化碳气体排放量。建筑业碳排放强度指建筑业产生的二氧化碳气体排放量与建筑业生产总值的比值，即表示单位建筑业生产总值所能产生的二氧化碳气体排放量。

2.2　建筑业碳排放核算

现阶段，针对建筑业碳排放的常见核算方法主要有排放系数法、生命周期评估法、投入产出法、实测法和物料衡算法等。其中碳排放系数法与实测法是碳排放核算的基本方法，投入产出法与生命周期法是核算碳排放的系统方法。在碳排放核算的实际应用中，这些方法都具有一定的优劣性，也有其适用的范围，故要根据实际需求选择合适的核算方法。通过对各种方法的比选，投入产出法可以较为有效且全面的衡量建筑业间接碳排放，故本书首先基于碳排放系数法对建筑业直接碳排放进行核算，再全面考虑建筑业的产业关联关系，利用投入产出法核算建筑业间接碳排放。基于此对中国建筑业碳排放特征进行描述和分析。

2.2.1 建筑业直接碳排放核算模型

由于缺少建筑业碳排放的直接监测数据，故本书依据《2006 年 IPCC 国家温室气体清单指南》提供的方法进行估算，即基于建筑业主要的能源消耗量，包括煤炭、原油、焦炭、汽油、煤油、柴油、燃料油和天然气等八种化石能源，通过碳排放系数将其折算为直接碳排放量，公式如下：

$$CD = E \times \rho \tag{2.1}$$

式中，CD 为建筑业直接碳排放量，E 是以标准煤为标度的建筑业综合能源消耗量，单位为万吨标准煤，ρ 代表综合能源的碳排放因子，即每消耗 1 吨标准煤所产生的碳排放量，为 2.4567。在数据收集过程中，由于统计口径不一致，许多省份建筑业缺乏对综合能源消耗量的统计，因此要将建筑业消耗的各类能源，通过各自的平均低位发热值和碳排放系数转换，得到建筑业直接碳排放量，公式如下：

$$CD = \sum_{i=1}^{8} Q_i \times NCV_i \times D_i \times O_i \times \frac{44}{12} \tag{2.2}$$

式中，i 为第 i 种能源，Q_i 为建筑业对能源 i 的消耗量，NCV_i 为第 i 种能源的平均低位发热值，D_i 为第 i 种能源每单位热值的碳排放因子，O_i 为燃烧第 i 种能源的氧化率。公式中的具体系数如表 2.1 所示。

表 2.1　消耗能源的平均低位发热值、单位热值碳排放因子和氧化率

变量	煤炭	原油	焦炭	汽油	柴油	煤油	燃料油	天然气
平均低位发热量（TJ/10⁴）	209.08	418.16	284.35	430.70	426.52	430.70	418.16	3893.10
碳排放因子（t/TJ）	26.37	20.10	29.50	18.90	20.20	19.50	21.10	15.30
氧化率	0.94	0.98	0.93	0.98	0.98	0.98	0.98	0.99

2.2.2 建筑业间接碳排放核算模型

本书将建筑业间接碳排放分为两个部分，第一部分间接碳排放是对建筑业消耗电力和热力所产生碳排放量的核算，是由于电力和热力作为二次能源在建筑生产活动中被大量消耗，且自身在生产过程中也会排放出大量碳排放，因此将电力和热力单独核算，计算公式如下：

$$CI_1 = E_1 \times \rho_1 + E_2 \times \rho_2 \qquad (2.3)$$

式中，CI_1 为第一部分建筑业间接碳排放量，E_1 为建筑业对电力的消耗量，ρ_1 为电力的碳排放因子，E_2 为建筑业对热力的消耗量，ρ_2 为热力的碳排放因子。

第二部分间接碳排放选取与建筑业生产活动关联度较大的九个行业，分别为石油和天然气开采业、石油加工、炼焦和核燃料加工业、煤炭开采和洗选业、金属矿选业、金属冶炼及压延加工业、金属制品业、化学燃料及化学制品制造业、非金属矿物制品业、运输邮电业等。计算这些行业的直接碳排放量，通过投入产出法，结合建筑业对九大关联行业的完全消耗系数，计算得到第二部分建筑业间接碳排放量，计算公式如下：

$$CI_2 = \sum_{j=1}^{9} (CD_j/P_j) \times (P \times y_j) \qquad (2.4)$$

式中，CI_2 为第二部分建筑业间接碳排放量，CD_j 为关联 j 行业的直接碳排放量，P_j 为关联 j 行业的总产值，P 表示建筑业总产值，y_j 为建筑业对关联行业 j 的完全消耗系数，数据来源于国家统计局发布的投入产出表。

综上所述，建筑业总碳排放量 C 为直接碳排放与间接碳排放的数量之和，计算公式如下：

$$C = CD + CI = CD + CI_1 + CI_2 \qquad (2.5)$$

2.2.3 建筑业碳排放强度计算模型

建筑业碳排放总量反映了碳排放的总体规模，为了客观的衡量建筑业低碳发展质量，本书引入单位建筑业产值的碳排放量表征碳排放强度，即建筑业碳排放总量与建筑业产值的比值，计算公式如下：

$$S = \frac{C}{P} = \frac{CD + CI_1 + CI_2}{P} \qquad (2.6)$$

式中，S 表示建筑业碳排放强度，C 为建筑业碳排放总量，本书所指的建筑业碳排放总量包括自身建筑活动产生的直接碳排放量与关联紧密的九个其他行业产生的间接碳排放量，P 为建筑业总产值。

2.2.4 数据来源

为了保证数据的统计口径一致，根据统计数据的连续性和可得性，本研究以我国 30 个省份为研究对象（由于西藏、香港、澳门和台湾的相关数据匮乏，故不计入研究范围，下同），采用的数据包括各省份的建筑业总产值、各省份的建筑业能源消耗量、各种能源的平均低位发热量以及各种能源的碳排放系数等，样本数据的时间跨度为 2005 ~ 2015 年。样本数据来源主要包括：《中国统计年鉴》（2006 ~ 2016 年）、《中国建筑业统计年鉴》（2006 ~ 2016 年）、《中国能源统计年鉴》（2006 ~ 2016 年）、《综合能耗计算通则》（GB/T 2589 - 2008）、《2006 年 IPCC 国家温室气体清单指南》及《省级温室气体排放指南》。

2.3　建筑业碳排放统计性描述

2.3.1　全国建筑业碳排放总量及强度的发展趋势

根据上述方法可以测算出 2005 ~ 2015 年间全国、东中西三大区域、30 个省份建筑业的直接碳排放量、间接碳排放量与碳排放总量，根据式（2.6）可以得到建筑业碳排放强度，计算结果如表 2.2 与图 2.1 所示。

表 2.2　　　　　　　2005 ~ 2015 年我国建筑业碳排放情况

年份	直接碳排放量（万吨）	间接碳排放量（万吨）	碳排放总量（万吨）	直接碳排放量占比（%）	间接碳排放量占比（%）	建筑业产值（亿元）	碳排放强度（吨/万元）
2005	8563.39	245015.11	253578.50	3.38	96.62	34552.10	7.34
2006	9126.64	255435.49	264562.13	3.45	96.55	41557.16	6.37
2007	9904.11	272120.58	282024.69	3.51	96.49	51043.71	5.53
2008	9366.24	276675.87	286042.11	3.27	96.73	62036.81	4.61
2009	11207.52	342365.51	353573.03	3.17	96.83	76807.74	4.60
2010	15296.15	358692.97	373989.12	4.09	95.91	96031.13	3.89
2011	13593.40	380761.13	394354.53	3.45	96.55	116463.32	3.39
2012	15569.11	325921.81	341490.92	4.56	95.44	137217.86	2.49

续表

年份	直接 碳排放量 （万吨）	间接 碳排放量 （万吨）	碳排放总量 （万吨）	直接碳排 放量占比 （%）	间接碳排 放量占比 （%）	建筑业产值 （亿元）	碳排放强度 （吨/万元）
2013	17238.62	374459.14	391697.76	4.40	95.60	160366.06	2.44
2014	18474.38	417669.75	436144.13	4.24	95.76	176713.42	2.47
2015	18865.00	420091.40	438956.40	4.30	95.70	180757.47	2.43

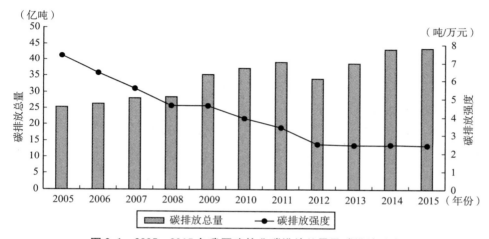

图 2.1 2005～2015 年我国建筑业碳排放总量及碳排放强度

由表 2.2 可以看出，从 2005～2015 年，随着我国建筑业产值的不断增长，我国建筑业的碳排放总量一直呈较快上升的趋势。我国建筑业碳排放总量从 2005 年的 253578.50 万吨增加到 2015 年的 438956.40 万吨，增长了约 1.7 倍。根据建筑业碳排放情况可以看出，从 2005 年开始建筑业产生的总碳排放量大约以每年 6.04% 的速度持续增长。

从图 2.1 碳排放总量整体的发展趋势可以看出，2005～2011 年建筑业碳排放总量是持续上升的，特别是 2008 年以后，受益于国家加大对固定资产的投资，从而使建筑业规模不断扩大，建筑业呈现较快的增长趋势，带动了上下游关联企业的快速发展，能源消耗需求量不断增加，碳排放总量也随之上升。但在 2012 年建筑业碳排放总量出现了较大的回落，是由于受到对房地产市场宏观调控政策以及国家逐步经济刺激政策的影响，建筑业规模投资力度相对减弱，建筑业碳排放增长呈现温和回落的态势。

2005～2015年，作为建筑业碳排放的重要组成部分，建筑业间接碳排放量随着建筑业的发展而不断增加，但建筑业碳排放的组成结构并没有发生较大的变化，各年建筑业间接碳排放量在当年建筑业碳排放总量中的占比均保持在95%以上，而直接碳排放量的占比均保持在5%以内。说明建筑施工活动阶段产生的碳排放量很小，建筑业碳排放主要集中在关联产业材料物化阶段，其中施工生产所需的钢铁、水泥等建筑材料为建筑业碳排放间接量的重要来源。由此可得，建筑业的发展对相关产业的碳排放拉动是引起建筑业碳排放量增长的主要原因。

作为我国国民经济的重要支柱产业之一，建筑业创造的产值一直处于增长的态势，其中2005～2011年全国建筑业产值的增长速度均高于20%，建筑业产值由2005年34522.10亿元增长到2011年的116463.32亿元。但2011年后，随着建筑业投资力度减弱，我国建筑业总产值增速明显放缓，但建筑业的发展仍然处于较快的增长时期，2015年建筑业总产值规模是2005年的5倍左右。

本章以单位建筑业产值所产生的碳排放量表征建筑业碳排放强度，与碳排放总量相比，建筑业碳排放强度能客观的衡量建筑业低碳发展质量。由图2.1所示，从2005～2015年，全国建筑业碳排放强度呈现逐年下降的趋势，但不同阶段建筑业碳排放强度的下降趋势存在明显的差异，其中2005～2008年，建筑业碳排放强度以高于13%的下降速度快速下降，这是由于国家节能减排政策的不断落实和深入；2009～2012年，建筑业碳排放强度的下降速度较前一阶段有所放缓，这一阶段由于国家的投资拉动的刺激，建筑业投资和规模不断扩大，建筑业碳排放量快速增长，碳排放强度的下降趋势也会有放缓；2012年以后，我国建筑业碳排放强度基本处于一个相对平稳的状态，但仍然处于下降的趋势，这一阶段国家的宏观调控政策更加注重建筑业发展的质量和稳健性。随着建筑业产值的增长，建筑业碳排放量也随之增加，但伴随节能减排政策的推进和技术的进步，建筑业碳排放强度呈现明显的下降趋势。结合碳排放量与碳排放强度，如图2.1所示，从2005～2015年建筑业低碳发展主要分为三个阶段，2008年之前，我国建筑业碳排放量稳步上升，但碳排放强度呈现快速下降的趋势；2008～2012年之间，建筑业碳排放迅速增长，碳排放强度的下降有所放缓；2012年以后，建筑业碳排放量持续增长但有所减慢，碳排放强度趋于平稳。

2.3.2 区域建筑业碳排放量及强度的发展趋势

综合考虑各地区的经济发展状况及自然地理分布，将我国经济区域划分为中部、东部、西部三大区域，其中东部沿海地区包括：北京、天津、河北、辽宁、吉林、黑龙江、上海、江苏、浙江、福建、山东、广东、海南13个省份；中部内陆地区包括：山西、安徽、江西、河南、湖北、湖南6个省份；西部地区包括：内蒙古、广西、重庆、四川、贵州、云南、陕西、甘肃、青海、宁夏、新疆11个省份。图2.2展示了东部、中部和西部三大区域2005~2015年的碳排放水平及碳排放强度。

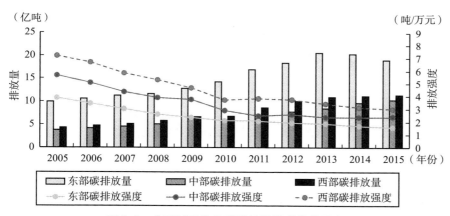

图2.2 分区域建筑业碳排放量及碳排放强度

由图2.2可知，三大区域的建筑业碳排放量均呈现逐年上升的态势，但区域间存在明显的差异。东部地区各年建筑业碳排放量均高于其他两个区域，2005~2013年，东部地区碳排放量以9.63%的年均增长率快速增长，2013年以后碳排放量出现了一定程度的回落。中部地区除2010年以外，建筑业碳排放量一直保持增长的趋势，年均增长率为10.90%，且中部地区6个省份的碳排放略低于西部地区11个省份所产生的碳排放之和。西部地区的建筑业碳排放量以10.46%的年均增长率持续增长，2015年西部地区建筑业碳排放量为2005年的2.6倍。区域之间建筑业碳排放量所产生的差异是由于区域经济发展不均衡造成的，东部地区发展较早且发展较快，中部和西部地区的发展相对较为落后，经济的快速增长将带动建筑业的快速发展，同时也伴随着能源的消耗快速增长，产生大量碳排放。随着国家战略政策逐步向中西部倾斜，推动了中部和西部地区的经济发展，故建筑业碳排放增长较快，且中部和西部区域技术水平相对较低，能源依赖性较高且利用率较低，也加剧了能源消耗和碳排放的增加。因此，中部和西部区域建筑业碳排放的年均增长率比东部地区高。

从分区域的建筑业碳排放强度来看，东部区域碳排放强度长期处于相对较低水平，且保持逐步降低的趋势。西部区域碳排放强度最高，这是由于西部区域建筑业增长方式较为粗放和单一，关联的产业耗能较高，能源依赖性较高但利用率较低，但随着西部区域经济的不断发展，技术水平的不断提高，其建筑业碳排放强度的下降幅度最为明显，从 2005 年的 7.97 吨/万元下降到 2015 年 3.34 吨/万元，降低了 2.39 倍。中部地区建筑业碳排放强度处于其他两个区域之间，碳排放强度下降较为明显，2015 年碳排放强度比 2005 年下降了 2.32 倍，该区域产业结构良好，发展潜力较大。

2.3.3 省域建筑业碳排放量及强度的发展趋势

核算得到 2005～2015 年 30 个省域的碳排放量及其碳排放强度，表 2.3 表示 30 个省域建筑业碳排放量均值从高到低的排序。

由表 2.3 可得，从整体趋势来看，我国大部分省份建筑业碳排放量在 2005～2015 年这 11 年的样本跨度内处于上升的趋势，各省建筑业的碳排放特征基本符合"东部区域碳排放量较高，中部区域较低，西部区域居中"的规律。

从均值角度分析，在 2005～2015 年这 11 年样本周期内碳排放量均值排在第一位的是江苏，浙江碳排放量紧随其后，这两个省份位于东南沿海地区，是建筑业发展较早且发展较快的地区。而海南碳排放量较低，这与其经济地理环境导致的产业结构和发展模式有关。

表2.3 2005～2015年30个省份建筑业碳排放量

省份	2005年（万吨）	2006年（万吨）	2007年（万吨）	2008年（万吨）	2009年（万吨）	2010年（万吨）	2011年（万吨）	2012年（万吨）	2013年（万吨）	2014年（万吨）	2015年（万吨）	均值（万吨）	占比（%）
江苏	18096.4	19804.4	24023.0	24345.8	27434.0	30777.0	38936.5	44754.4	52224.4	52989.2	48861.5	34749.7	11.80
浙江	20035.3	21064.9	23176.0	23239.0	25800.7	26811.6	29122.6	31423.4	37897.5	42666.6	39154.5	29126.6	9.89
辽宁	14048.7	14749.8	13725.5	14502.3	15961.1	20414.0	27141.1	29189.3	30012.8	28392.7	27375.1	21410.2	7.27
四川	12190.6	13363.4	14273.1	15475.6	18545.1	18682.2	22836.5	27222.3	27744.5	28997.6	29309.2	20785.5	7.06
湖北	8495.1	9459.4	10623.6	11433.6	13910.1	14065.5	15339.9	19569.6	21956.1	26228.8	24719.6	15981.9	5.43
河南	7754.5	10215.3	12186.1	15377.8	18093.6	15512.0	16233.9	21583.5	18709.4	20001.5	20023.9	15972.0	5.42
山东	10239.6	11017.2	11054.7	10228.1	12062.4	14674.7	19133.8	19935.6	22331.9	18067.9	17928.7	15152.2	5.15
山西	9503.3	9575.6	9017.7	9527.2	13683.5	12995.3	12399.6	15470.5	17481.8	19062.6	22578.7	13754.2	4.67
安徽	5411.3	5206.0	6798.7	6586.9	7831.8	8231.1	10949.5	13178.3	15690.1	18412.5	16978.7	10479.5	3.56
重庆	4896.4	5531.0	6409.2	7814.2	8520.1	9238.6	10414.0	11827.2	12751.7	14171.0	14076.8	9604.6	3.26
陕西	3912.1	4998.7	6234.0	7793.4	9341.4	7776.8	10630.2	11144.5	12790.6	11937.0	15022.8	9234.7	3.14
河北	10130.7	9469.6	6427.3	6735.8	7740.3	8685.7	9797.9	10181.8	10093.6	9840.4	9979.1	9007.5	3.06
广东	6033.7	6059.8	6395.0	6215.8	7119.5	8247.3	10692.5	11992.7	12704.4	11378.4	11695.5	8957.7	3.04
云南	4871.4	4955.5	4852.6	5502.2	6712.7	6860.1	8584.2	10164.2	10114.8	10601.9	11024.2	7658.5	2.60
新疆	2838.7	3349.6	3356.6	3921.3	5143.7	5382.3	7270.3	9437.4	12331.9	13423.1	14441.3	7354.2	2.50
吉林	4311.4	5396.3	5854.4	6422.8	6559.2	7011.1	7027.2	8782.7	9246.4	9041.5	5942.4	6872.3	2.33
内蒙古	4455.3	4442.5	5243.0	5940.4	5154.0	5821.6	8799.5	9377.5	9638.1	8135.5	6759.5	6706.1	2.28

续表

省份	2005 年 （万吨）	2006 年 （万吨）	2007 年 （万吨）	2008 年 （万吨）	2009 年 （万吨）	2010 年 （万吨）	2011 年 （万吨）	2012 年 （万吨）	2013 年 （万吨）	2014 年 （万吨）	2015 年 （万吨）	均值 （万吨）	占比 （%）
上海	5156.1	5826.6	6152.1	7393.3	7226.1	8169.1	7430.7	6948.2	6905.4	6411.9	5777.8	6672.5	2.27
贵州	3122.7	3436.6	3393.2	3019.9	4060.9	4143.4	5174.3	7068.3	7423.2	8268.5	6343.6	5041.3	1.71
黑龙江	3431.9	2150.3	4161.4	4473.0	4369.6	4665.1	6265.0	5264.1	7544.4	6961.2	5460.1	4976.9	1.69
江西	3421.8	3605.2	3387.0	3446.7	4345.1	4909.0	3638.5	3994.3	6412.7	8207.7	7435.8	4800.4	1.63
湖南	2952.2	3541.4	3443.6	4521.8	4204.9	4197.9	4310.1	4137.9	4733.8	5081.5	11500.9	4784.2	1.62
福建	2306.4	2976.7	3304.9	4286.4	4825.3	3681.4	4819.8	5620.2	6390.9	6783.1	6939.6	4721.3	1.60
天津	1885.2	3354.3	3612.9	3783.9	4581.5	4765.4	5110.4	4794.8	6299.0	6551.0	6988.1	4702.4	1.60
甘肃	2777.2	2621.7	2971.9	3007.7	3320.7	3617.7	4387.2	5991.3	7305.8	6945.2	7865.8	4619.3	1.57
广西	2599.8	3213.2	3075.7	4335.1	3807.6	4058.0	5533.6	5089.4	5571.5	5323.4	5473.6	4371.0	1.48
北京	3443.2	3737.3	4256.7	4197.4	3512.9	3832.5	3813.5	4732.2	3717.4	3845.9	3856.7	3904.2	1.33
宁夏	698.5	792.9	852.2	983.5	1310.5	1450.9	1637.7	1700.8	2000.6	2272.5	2089.9	1435.5	0.49
青海	711.0	774.3	786.3	780.2	1102.5	1207.9	1293.1	1434.1	1604.6	1665.0	1540.5	1172.7	0.40
海南	227.8	240.4	252.6	366.4	385.8	553.0	590.6	633.6	629.2	568.3	562.4	455.5	0.15

在宏观经济背景下，各省建筑业碳排放量的规模与自身经济发达程度呈现一定的相关性，发达省份建筑业碳排放量较高，如江苏和浙江等，欠发达地区建筑业碳排放量较低，如宁夏和青海等。这是由于建筑业属于投资拉动下的周期行业，经济形势越好，对建筑业投资动力越强，建筑业产值增速越高，能源需求量及碳排放量越大。各省经济水平及建筑业发展状况不同，其在建筑业碳排放特征上的表现也有所差异。

具体来看，部分省份建筑业碳排放量近些年出现下降的趋势，其中上海在 2010 年碳排放量达到峰值 8169.10 万吨，以年均 6.6% 的下降速度下降到 2015 年的 5777.80 万吨，累计下降 29.3%；山东建筑业碳排放在 2013 年达到峰值后逐年下降，到 2015 年累计下降 19.7%；海南建筑业碳排放从 2012 年峰值 633.60 万吨下降到 2015 年 562.40 万吨，累计下降 11.3%。浙江、辽宁、湖北、安徽、重庆、广东、江西等省份建筑业碳排放量均出现小范围降低的现象。

建筑业碳排放量的绝对数值不能综合反映一个省份建筑业的碳排放特征，本章计算得到 30 个省份建筑业碳排放强度，用碳排放强度衡量建筑业低碳发展质量。从表 2.4 中可得，除了个别年份的波动，就总体而言，2005～2015 年各省建筑业碳排放强度基本呈现下降的趋势，这表明节能减排政策具有一定的效果。各省建筑业的碳排放强度特征基本符合"东部较低，西部较高，中部区域居中"的规律。

表 2.4			2005～2015 年 30 个省份建筑业碳排放强度						单位：吨/万元		
省份	2005 年	2006 年	2007 年	2008 年	2009 年	2010 年	2011 年	2012 年	2013 年	2014 年	2015 年
北京	1.82	1.72	1.65	1.37	0.87	0.74	0.63	0.72	0.50	0.47	0.46
天津	2.50	3.41	2.96	2.60	2.40	1.97	1.71	1.47	1.70	1.59	1.56
河北	7.88	6.54	3.98	3.29	3.07	2.69	2.47	2.09	1.92	1.75	1.90
山西	11.19	10.19	8.50	7.03	7.49	6.06	5.33	5.80	5.76	6.14	7.70
内蒙古	11.68	9.51	7.70	7.62	5.34	5.17	6.31	6.51	6.13	5.80	6.02
辽宁	9.48	8.31	6.54	5.79	4.72	4.35	4.37	3.87	3.48	3.62	5.06
吉林	8.88	8.88	7.93	6.46	5.74	5.20	4.32	4.41	4.18	3.59	2.68
黑龙江	5.99	3.07	4.75	4.31	3.26	2.64	3.09	2.22	3.05	3.24	3.25
上海	2.73	2.55	2.44	2.28	1.89	1.90	1.62	1.43	1.33	1.17	1.02

续表

省份	2005 年	2006 年	2007 年	2008 年	2009 年	2010 年	2011 年	2012 年	2013 年	2014 年	2015 年
江苏	4.14	3.65	3.43	2.83	2.67	2.48	2.57	2.43	2.37	2.15	1.97
浙江	4.25	3.72	3.32	2.85	2.69	2.23	1.95	1.81	1.88	1.88	1.63
安徽	5.62	4.46	4.48	3.55	3.50	2.87	3.04	3.12	3.16	3.36	2.98
福建	2.64	2.56	2.14	2.31	2.19	1.25	1.31	1.27	1.17	1.01	0.91
江西	6.05	5.39	4.31	3.34	3.28	2.90	1.74	1.43	1.85	1.99	1.62
山东	4.08	3.95	3.36	2.68	2.63	2.67	2.95	2.74	2.64	1.94	1.91
河南	7.27	6.67	5.66	5.45	5.03	3.52	3.07	3.59	2.67	2.53	2.49
湖北	6.30	5.67	5.03	4.39	4.07	3.24	2.75	2.78	2.59	2.61	2.33
湖南	2.42	2.42	1.88	2.14	1.68	1.33	1.10	0.94	0.90	0.84	1.73
广东	2.74	2.34	2.13	1.90	1.87	1.75	1.85	1.84	1.62	1.36	1.32
广西	6.11	6.27	5.02	5.76	4.08	3.32	3.56	2.73	2.43	2.04	1.85
海南	3.82	3.70	3.07	3.30	2.68	2.77	2.31	2.24	2.20	2.06	2.02
重庆	6.25	6.18	5.68	5.22	4.45	3.65	3.13	2.97	2.70	2.55	2.25
四川	8.30	7.62	6.76	5.97	5.56	4.49	4.34	4.36	3.85	3.59	3.34
贵州	11.51	11.00	9.73	7.67	7.75	6.65	6.27	6.80	5.38	5.04	3.26
云南	9.03	7.37	6.41	6.07	5.61	4.54	4.59	4.26	3.48	3.47	3.37
陕西	5.94	6.02	5.31	4.72	4.05	2.54	3.30	3.16	3.20	2.62	3.16
甘肃	8.86	7.61	6.80	6.25	5.73	4.81	4.74	4.39	4.25	3.83	4.25
青海	7.82	7.15	6.27	5.46	5.40	4.32	4.05	4.40	3.88	3.85	3.76
宁夏	6.18	6.06	5.50	5.13	5.06	4.23	3.83	3.64	3.52	3.64	3.98
新疆	7.90	8.74	7.45	6.27	6.54	5.58	5.51	5.82	5.93	5.82	6.40

　　具体来看，各省份建筑业碳排放强度仍然存在明显的差异。北京建筑业碳排放强度较低，从 2005 年的 1.82 吨/万元下降到 2015 年 0.46 吨/万元，累计下降 74.7%；山西多数年份碳排放强度处于较高的水平，且下降幅度较小，从 2005 年的 11.19 吨/万元下降到 2015 年 7.70 吨/万元，累计下降 31.2%。2015 年山西建筑业碳排放强度是北京的 16 倍左右。

　　由于 30 个省份的经济发展水平存在较大的差异，以 2015 年为例，将各省份建筑业总产值与建筑业碳排放强度的关系进行对比分析，如图 2.3 所示。

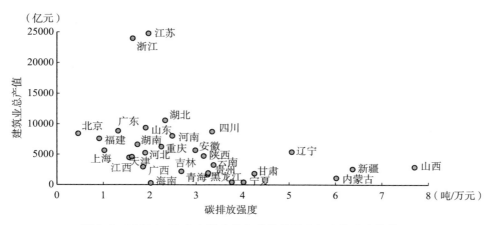

图 2.3　2015 年 30 个省份建筑业碳排放强度与建筑业产值关系

图 2.3 直观反映了各省份建筑业发展水平与碳排放强度特征的关系，可以得到如下结论：

（1）北京、福建建筑业碳排放强度均小于 1 吨/万元，处于全国较低水平，其中北京碳排放强度最低，为 0.46 吨/万元。

（2）山西、新疆、内蒙古建筑业碳排放强度均大于 6 吨/万元，处于全国较高水平，且建筑业产值水平较低，表明这些省份单位产值附加的碳排放较高，建筑业发展质量较低。

（3）江苏与浙江建筑业产值明显高于其他省份，比其他省份的高出 2 倍多。但其建筑业碳排放强度一直保持较低水平，表明这些省份边际产值增长对应的碳排放量较少，建筑业低碳发展水平位于全国前列。

（4）相同建筑业产值水平的省份碳排放强度存在明显的差异。这表明每个省份节能减排政策力度和技术水平不同，建筑业碳排放强度降低的空间较大，应当根据每个省份不同的建筑业碳排放强度，制定差异化的节能减排政策。

2.4　建筑业碳排放时空特征

上节测算了建筑业碳排放量及强度，结果显示在全国、区域和省域三个层面都存在较大的差异，建筑业碳排放规模受到空间的影响，而地理空间是非均质的，碳排放增长表现出明显的空间差异。为了探究这种差异性是否在空间呈现一定的分布规律及相邻空间区域之间的碳排放强度是否有空间效应产生，并且揭示建筑业碳排放强度在空间上分布规律，本章从探索性空间数据分析的角度出发，选取合适的空间权重矩阵和相关性度量方式，研究建筑业碳排放强度与碳排放量的空间相关性；为进一步刻画碳排放强度空间分布的聚集性和异质性，从空间分布的"点"和"面"两个角度出发，运用空间重心和标准差椭圆的方法，对我国建筑业碳排放强度的空间格局分布动态特征和空间格局演变进行描述和分析。

2.4.1　建筑业碳排放空间相关性分析

2.4.1.1　模型构建

探索性空间分析方法（exploratory spatial data analysis，ESDA）中的空间自相关包括全局空间自相关和局部空间自相关，本章引入莫兰（Moran's I）指数探讨我国各省域建筑业碳排放强度在 2005～2015 年间的空间变化特征。

（1）全局空间自相关分析。

Moran's I 是最早应用于全局聚类检验的方法，它可以检验出整个研究区域中邻近地区间是相似、相异（空间正相关、空间负相关），还是相互独立的，主要包括两部分内容：空间权重矩阵的构建和全局空间自相关度量。对空间权重矩阵的构造选择方式较多，依据空间计量经济理论与空间统计学原理，通常要考虑研究区域之间的实际地理关联及其经济联系，空间权重矩阵的构造选择方式主要有以下几种：

① 临近标准原则。依据临近标准原则，可以构造出一个简单的二进制邻接矩阵，其基本的判断标准如下：

$$w_{ij} = \begin{cases} 1 & \text{当区域 } i \text{ 与区域 } j \text{ 相临近} \\ 0 & \text{当区域 } i \text{ 与区域 } j \text{ 相临近} \end{cases} \tag{2.7}$$

该空间权重矩阵的构造原则是根据研究区域的相对地理位置判断的，当两区域在地理上相邻，则其矩阵中的元素记为 1；反之，矩阵中对应的元素记为 0。

② 距离标准原则。所谓距离标准原则，就是预先设定一个标准距离 d，以该标准距离来定义空间权重，如果两个研究区域的实际距离在标准距离 d 的范围之内，则权重元素定义为 1，如果两个研究区域的实际距离大于标准距离 d，则区域之间的相互作用可忽略不计，权重元素为 0。该空间权重矩阵的判断标准如下：

$$w_{ij} = \begin{cases} 1 & \text{当区域 } i \text{ 与区域 } j \text{ 在距离 } d \text{ 之内} \\ 0 & \text{当区域 } i \text{ 与区域 } j \text{ 在距离 } d \text{ 之内} \end{cases} \quad (2.8)$$

在空间权重矩阵的构造过程中，一般需要满足"空间单元的相关性随着距离的增加而减弱"的原则，原则中所指的"距离"即可以表达为地理空间上的距离，也可以由区域经济合作关系的疏远来表示，甚至是社会活动中人际关系的远近关系，这些均为广义上的"距离"。

在实际的空间计量分析中，由于研究区域 i 与研究区域 j 之间还包含其他的外生信息，不需要通过模型估计得到，故空间权重矩阵的构造设定是外生的。在空间权重矩阵中，处于对角线上的元素通常被设定为 0，且为了减少外在因素对区域权重的影响，一般要对空间权重矩阵标准化处理，使矩阵各行元素之和为 1，计算公式如下：

$$w_{ij}^{*} = \frac{w_{ij}}{\sum_{j=1}^{n} w_{ij}} \quad (2.9)$$

③ 邻近标准原则。以邻近标准原则构建的空间权重矩阵主要分为两种：一种为一阶邻近矩阵，另一种为高阶邻近矩阵。

一阶邻近矩阵的标准原则通常假定两个区域存在空间相互联系的条件为区域之间有共同的边界，如果两个邻近区域 i 与 j 拥有共同的边界，则将其定义为 1；反之，若没有共同的边界，则定义为 0。一般包括两种计算方式：Rook 邻近矩阵与 Queen 邻近矩阵。以 Rook 邻近为构建原则具体是指具有共同边界的邻近区域，以 Queen 邻近为构建原则的区域不仅具有共同边界还需要有共同的顶点。显然采用 Queen 邻近原则构建的空间权重矩阵具有更多的邻近区域，与相邻区域的联系更加的紧密。且公共边界的不同长度代表不同的空间作用强度，故还可将公共边界不同长度的测度作为空间权重矩阵构建的原则之一，可以通过假定合适的公共边界长度来提高矩阵构建的精确性。

邻近原则还包含高阶邻近矩阵，例如，二阶邻近矩阵描述了相邻近区域内的空间信息，是一种具有空间滞后条件的邻近矩阵。当研究区域出现特定的初始效应或随机冲击，不仅会影响与其邻近的区域，还会随时间变化对其邻近区域的相邻近区域产生一定的影响。

④ K 值邻近空间矩阵。由于采用门槛标准距离的空间权重矩阵通常会导致矩阵结构产生一种不平衡的状态，K 值邻近空间矩阵将研究空间区域周围最相邻的 K 个区域的权数定义为 1，反之其余区域权数定义为 0。通常情况下，为研究区域选择 4 个最邻近的区域，进行权重的计算。

⑤ 距离衰减原则。距离衰减原则是根据研究区域 i 与区域 j 的空间距离 d_{ij} 而建立的矩阵原则，可以通过距离的远近来对区域间不同的影响进行判断，研究区域之间的关联联系随着距离的增大而减弱，其基本表达式为：

$$w_{ij*} = \begin{cases} d_{ij}^{-2} & i \neq j \\ 0 & i = j \end{cases} \qquad (2.10)$$

因为邻近空间权重矩阵具有对称和计算简单的特点，适合运用于测算地理空间效应的影响，而且基于 Queen 邻近的空间权重矩阵通常与周围地区具有更为紧密的关联结构（拥有更多的邻区），所以本章中选择基于邻近概念的一阶邻近 Queen 矩阵来构建空间权重矩阵，其形式如下：

$$W = \begin{bmatrix} \omega_{11} & \omega_{12} & \cdots & \omega_{1n} \\ \omega_{21} & \omega_{22} & \cdots & \omega_{2n} \\ \vdots & \vdots & \vdots & \vdots \\ \omega_{n1} & \omega_{n2} & \cdots & \omega_{nn} \end{bmatrix} \qquad (2.11)$$

式中，ω_{ij} 表示区域 i 与区域 j 的邻近关系。一阶邻近 Queen 矩阵假设如果 2 个地区有共同边界或顶点时空间关联才会发生，即当相邻地区 i 和 j 有共同边界或顶点时用 1 表示，反之以 0 表示。

本章选取 Moran's I 统计量度量我国建筑业碳排放强度的空间自相关性，计算公式如下：

$$I = \frac{n \sum_{i=1}^{n} \sum_{j=1}^{n} w_{ij}(x_i - \bar{x})(x_j - \bar{x})}{\sum_{i=1}^{n} \sum_{j=1}^{n} w_{ij} \sum_{i=1}^{n}(x_i - \bar{x})^2} = \frac{\sum_{i=1}^{n} \sum_{j \neq 1}^{n} w_{ij}(x_i - \bar{x})(x_j - \bar{x})}{S^2 \sum_{i=1}^{n} \sum_{j=1}^{n} w_{ij}} \qquad (2.12)$$

式中，n 是研究区内省域总数，w_{ij} 是空间权重（如以省域 i 和省域 j 是否相邻设定 w_{ij}：省域 i 和省域 j 相邻时，$w_{ij} = 1$；省域 i 和省域 j 不相邻时，$w_{ij} = 0$）；

x_i 和 x_j 分别是省域 i 和省域 j 的属性；$\bar{x} = \dfrac{1}{n} \sum\limits_{i=1}^{n} x_i$，是属性的平均值；$S^2 = \dfrac{1}{n} \sum\limits_{i} (x_i - \bar{x})^2$，是属性的方差。Moran's I 指数可以被看做成观测值和它的空间滞后（spatial lag）之间的相关系数。其中，变量 x_i 的空间滞后是 x_i 在邻域 j 的平均值，表达式为：

$$x_{i,-1} = \frac{\sum\limits_{j} w_{ij} x_{ij}}{\sum\limits_{j} w_{ij}} \tag{2.13}$$

因此，Moran's I 指数的取值范围一般在 [-1，1] 之间，大于 0 时，表示空间正相关，当其值接近 1 时，说明具有相似的碳排放强度值的区域集聚在一起（即碳排放强度高值地区与碳排放强度高值地区相邻、碳排放强度低值地区与碳排放强度低值地区相邻）；小于 0 时，表示空间负相关，当其值接近 -1 时，说明具有相异的碳排放强度值的地区集聚在一起（即碳排放强度高值地区与碳排放强度低值地区相邻、碳排放强度低值地区与碳排放强度高值地区相邻）。如果 Moran's I 指数的值接近于 0，则说明各地区的碳排放强度是随机分布的，即不存在显著的空间自相关性。

（2）局部空间自相关分析。

为进一步检验各个省域建筑业碳排放强度与周边省域建筑业碳排放强度是否存在集聚性分布，本章还选取局部莫兰（local Moran）指数对 30 个省域进行检验，并以 Moran 散点图的形式将结果输出。省域 i 的 Moran's I 指数用来度量省域 i 和与它相邻的省域之间的关联程度，表达式为：

$$I_i = \frac{(x_i - \bar{x})}{S^2} \sum_{j \neq 1} w_{ij} (x_i - \bar{x}) \tag{2.14}$$

式中，I_i 为正值表示一个高碳排放强度值被高碳排放强度值所包围（高—高），或者是一个低碳排放强度值被低碳排放强度值所包围（低—低）。I_i 为负值表示一个低碳排放强度值被高碳排放强度值所包围（低—高），或者是一个高碳排放强度值被低碳排放强度值所包围（高—低）。

Moran's I 统计量可看作各省域建筑业碳排放强度的乘积之和，其取值范围在 [-1，1] 之间，如果各地区的碳排放强度为空间正相关，其数值应当较大；反之，若为负相关，其数值则较小。当目标省域的建筑业碳排放强度在空间地理位置上相似的同时也有相似的属性值时，就会显示出空间正相关的空间模式；而当在空间地理位置上邻接的目标省域的建筑业碳排放强度不同寻常地具有不相似的属性值时，就表现出空间负相关性；零空间自相关性出现在当属性值的分布与各区域建筑业碳排放强度的分布相互独立时。

Moran 散点图中的第一、第三象限代表碳排放强度的正空间相关性，第二、第四象限代表碳排放强度的负空间相关性，并且第一象限代表了碳排放强度高的省域被高值省域所包围（H－H）；第二象限代表了碳排放强度低的省域被高值省域所包围（L－H）；第三象限代表了碳排放强度低的省域被低值省域所包围（L－L）；第四象限代表了碳排放强度高的省域被低值省域所包围（H－L）。

2.4.1.2　计量分析

（1）空间分异特征。

为了直观地从地理位置上反映出建筑业碳排放的空间分布格局，且充分考察不同年份省域建筑业碳排放的空间演变，本节运用 ArcGIS 软件对 2005年、2008 年、2012 年和 2015 年 30 个省份建筑业碳排放强度与碳排放量进行空间表达。为更清晰展示碳排放空间分布特征，本节对碳排放强度与碳排放量进行分级，并根据软件所出地图颜色深浅进行整理，结果如表 2.5所示。

表 2.5　　　　　　　　　　　　建筑业碳排放强度空间分布

年份	碳排放强度 （吨/万元）	省域
2005	1.82～2.74	湖南，福建，广东，上海，北京，天津
	2.75～4.25	山东，江苏，浙江，海南
	4.26～8.30	新疆，青海，四川，重庆，湖北，江西，安徽，河南，河北，宁夏，陕西，黑龙江
	8.31～11.68	云南，贵州，甘肃，内蒙古，山西，吉林，辽宁，广西
2008	1.37～2.31	湖南，福建，广东，上海，北京
	2.32～3.55	江西，浙江，安徽，江苏，海南，河北，山东，天津
	3.56～5.79	青海，广西，宁夏，陕西，河南，湖北，重庆，辽宁，黑龙江
	5.80～7.67	新疆，内蒙古，甘肃，吉林，山西，四川，云南，贵州

续表

年份	碳排放强度 （吨/万元）	省域
2012	0.72 ~ 1.47	湖南，福建，江西，上海，北京，天津
	1.48 ~ 2.43	广东，海南，浙江，江苏，河北，黑龙江
	2.44 ~ 3.87	广西，重庆，湖北，宁夏，陕西，山东，辽宁，安徽，河南
	3.88 ~ 6.80	新疆，青海，四川，云南，贵州，甘肃，内蒙古，山西，吉林
2015	0.46 ~ 1.32	广东，福建，北京，上海
	1.33 ~ 2.68	海南，广西，江西，湖南，重庆，湖北，河南，江苏，浙江，山东，河北，吉林，天津
	2.69 ~ 4.25	青海，甘肃，宁夏，陕西，四川，云南，贵州，黑龙江，安徽
	4.26 ~ 7.70	新疆，内蒙古，山西，辽宁

通过对比分析，可以得到如下结论：在时间维度上，从 2005 ~ 2015 年，处在第一等级的省份有所增加。这表明随着技术进步及节能减排政策的深化改革，我国建筑业碳排放强度水平整体呈现下降的趋势。但部分省份建筑业碳排放强度在不同年份保持一定的波动状态，表明该地区建筑业发展较为不稳定，受政策调控及投资力度影响较大；在空间维度上，2005 ~ 2015 年我国建筑业碳排放强度的空间分异格局基本保持稳定，碳排放强度从东向西呈阶梯状变化，基本符合"东部较低，西部较高，中部区域居中"的规律。这表明由于经济发展与地理环境的不同，建筑业碳排放强度在空间上存在一定的差异。每个梯次群体成员在空间上呈现一定的聚集现象，即高碳排放强度省份基本与高碳排放强度省份相邻，低碳排放强度省份与低碳排放强度省份相邻。此外，低碳排放强度省份由区域聚集逐渐向外围扩散，向均衡状态转移。

表 2.6 反映了各省份碳排放量的大小，通过对比分析，可以得到如下结论：在时间维度上，从 2005 ~ 2015 年，处在第一、第二等级省份的数量先减少后增加，表明我国建筑业碳排放量整体呈现先增加后减少。但大多数省份建筑业碳排放量随年份变化呈现波动状态，表明地区建筑业发展较为不稳定；在空间维度上，2005 ~ 2015 年我国建筑业碳排放量的空间分异格局发生了一定变化，2012 年以前碳排放量从东向西呈阶梯状变化，基本符合"中部、东部区域较高，西部、南部区域较低"的规律，2012 年之后西部地区的建筑业

碳排放量增加，东北部地区的建筑业碳排放量减少。这表明不同地区建筑业碳排放量在空间上存在一定的差异，每个梯次群体成员在空间上同样呈现一定的聚集现象。

表 2.6   建筑业碳排放量空间分布

年份	碳排放量（万吨）	省份
2005	0.00 ~ 700.00	海南，宁夏
	700.01 ~ 3912.10	新疆，青海，甘肃，陕西，北京，天津，黑龙江，贵州，湖南，江西，福建，广西
	3912.11 ~ 7754.50	内蒙古，吉林，河南，安徽，上海，重庆，云南，广东
	7754.51 ~ 14048.70	四川，湖南，山东，山西，河北，辽宁
	14048.71 ~ 20035.30	江苏，浙江
2008	0.00 ~ 780.00	海南
	780.01 ~ 5502.20	新疆，青海，甘肃，宁夏，黑龙江，北京，天津，云南，广西，贵州，湖南，江西，福建
	5502.21 ~ 10228.10	内蒙古，辽宁，河北，山东，山西，陕西，重庆，安徽，广东，上海
	10228.11 ~ 15475.60	四川，河南，湖北，辽宁
	15475.61 ~ 24345.80	江苏，浙江
2012	0.00 ~ 1430.00	海南
	1430.01 ~ 7068.30	青海，甘肃，宁夏，北京，天津，黑龙江，上海，广西，贵州，湖南，江西，福建，吉林
	7068.31 ~ 13178.30	新疆，内蒙古，辽宁，河北，陕西，安徽，云南，重庆
	13178.31 ~ 21583.50	山西，山东，河南，湖北
	21583.51 ~ 44754.40	辽宁，浙江，江苏，四川
2015	0.00 ~ 1540.00	海南
	1540.01 ~ 9979.10	广西，贵州，福建，江西，青海，内蒙古，宁夏，甘肃，河北，北京，天津，黑龙江，吉林，上海
	9979.11 ~ 17928.70	新疆，陕西，山东，安徽，云南，广东，湖南，重庆
	17928.71 ~ 29309.20	四川，湖北，山西，河南，辽宁
	29309.21 ~ 48861.50	江苏，浙江

（2）全局空间自相关分析。

本部分基于 Queen 标准的一阶空间权重矩阵，利用 GeoDa 软件的空间分析功能，对全国 2005～2015 年 30 个省份的碳排放强度进行全局空间自相关分析，得出各年份的全局 Moran's I 指数。由表 2.7 可知，2005～2015 年间全局空间自相关 Moran's I 指数都显著为正，且 P 值都通过了显著性检验，在 95% 的置信水平下均显著，表明中国各省域的建筑业碳排放强度在空间上存在明显的空间集聚现象。

表 2.7　　　2005～2015 年各省份建筑业碳排放强度全局 Moran's I 指数

年份	Moran's I	P 值	Z 值
2005	0.304	0.002	2.970
2006	0.283	0.002	2.770
2007	0.298	0.002	3.034
2008	0.335	0.002	3.053
2009	0.275	0.002	2.805
2010	0.272	0.002	2.672
2011	0.288	0.002	3.008
2012	0.255	0.005	2.578
2013	0.271	0.004	2.562
2014	0.254	0.005	2.590
2015	0.248	0.007	2.608

从图 2.4 可以看出，2005～2008 年全局空间自相关 Moran's I 指数上升明显，并于 2008 年达到最高值 0.335 之后在 2009 年迅速降低到 0.275，2007～2009 年间指数波动较大，这是因为在此期间建筑业受到 2008 年金融危机的直接影响，发展速度减缓，全国建筑施工面积减少，缩小了各省域之间的差异，导致各省碳排放强度空间集聚性迅速降低。

整体上看，全局空间自相关 Moran's I 指数在 2005～2015 年间呈波动性下降的趋势，表明我国各省域间的建筑业碳排放强度空间集聚性在逐渐减弱，但目前全局空间自相关 Moran's I 指数都显著为正，说明碳排放强度仍存在明显的空间集聚性。

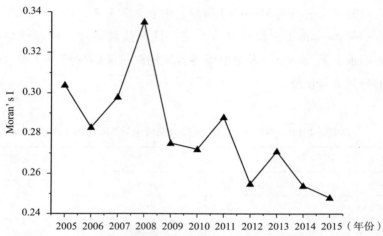

图 2.4　2005～2015 年建筑业碳排放强度全局 Moran's I 指数变化趋势

（3）局部空间自相关分析。

全局空间自相关分析仅能描述研究数据整体空间格局与集聚特征，具有一定的局限性，且可能出现指数正负相抵的现象，影响结果准确性。因此，本节在 GeoDa 软件中绘制出 Moran 散点图，以更清晰的展示我国建筑业碳排放强度局部空间分布特征，如图 2.5 所示。

Moran 散点图中，四个象限表示的含义分别是：第一象限（HH）表示中心省域和相邻省域的建筑业碳排放强度都较高；第二象限（LH）表示中心省域的建筑业碳排放强度较低，而其相邻省域的建筑业碳排放强度较高；第三象限（LL）表示中心省域与相邻省域的建筑业碳排放强度都较低；第四象限（HL）表示中心省域的建筑业碳排放强度较低，而其相邻省域的建筑业碳排放强度较高。

其中，第一和第三象限内各省域的建筑业碳排放强度表现出较强的空间正相关（均质性），而第二和第四象限内各省域的建筑业碳排放强度存在较强的空间负相关（异质性），四个象限内的各个点所对应的省域具体如表 2.8 所示。

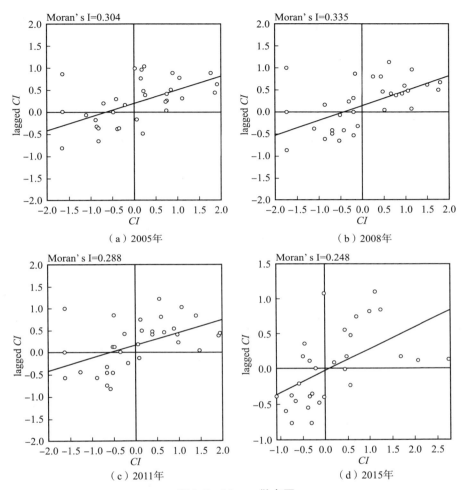

图 2.5　Moran 散点图

表 2.8　　　　　　　　　各省份建筑业碳排放强度演化路径

年份	象限	数量	省域
2005	一（H‐H）	17	河北，山西，内蒙古，辽宁，吉林，黑龙江，河南，广西，重庆，四川，贵州，云南，陕西，甘肃，青海，宁夏，新疆
	二（L‐H）	3	山东，湖北，湖南
	三（L‐L）	7	北京，上海，江苏，浙江，福建，广东
	四（H‐L）	2	安徽，江西

年份	象限	数量	省域
2008	一（H-H）	16	山西，内蒙古，辽宁，黑龙江，山东，河南，广西，重庆，四川，贵州，云南，陕西，甘肃，青海，宁夏，新疆
	二（L-H）	4	吉林，河北，湖北，湖南
	三（L-L）	9	北京，天津，上海，江苏，浙江，安徽，福建，江西，广东
	四（H-L）	0	
2011	一（H-H）	16	山西，内蒙古，辽宁，黑龙江，山东，河南，广西，重庆，四川，贵州，云南，陕西，甘肃，青海，宁夏，新疆
	二（L-H）	4	吉林，河北，湖北，湖南
	三（L-L）	8	北京，天津，上海，江苏，浙江，福建，江西，广东
	四（H-L）	1	安徽
2015	一（H-H）	14	山西，内蒙古，辽宁，黑龙江，河南，重庆，四川，贵州，云南，陕西，甘肃，青海，宁夏，新疆
	二（L-H）	5	吉林，河北，山东，湖北，广西
	三（L-L）	9	北京，天津，上海，江苏，浙江，福建，江西，湖南，广东
	四（H-L）	1	安徽

从 Moran 散点图中可以看出，大部分省域落在第一、第三象限内。经统计，2005 年、2008 年、2011 年和 2015 年落在第一、第三象限内的省域数分别占到总省域数的 90%、83%、80% 和 93%，并且在地理位置上，2015 年呈高高集聚特征（H-H）的省域（山西、内蒙古、辽宁、黑龙江、河南、重庆、四川、贵州、云南、陕西、甘肃、青海、宁夏、新疆）主要集中在中国的北部和中西部区域，呈低低集聚特征（L-L）的省域（北京、天津、上海、江苏、浙江、福建、江西、湖南、广东）主要集中在东部和南部沿海省域，进一步说明了中国各省建筑业碳排放强度在空间上集聚特征显著。

通过对以上 Moran 散点图的分析，已较为清晰的认识了中国各省建筑业碳排放强度的集聚特征，为进一步揭示碳排放强度的热区（hot spot）和盲区（blind spot），借助 GeoDa 软件绘制出 LISA 集聚图，为更清晰展示结果，本节将软件得到的碳排放聚散图结果总结如表 2.9 所示。

表 2.9　　　　　　　　　　　　LISA 集聚图汇总

年份	集聚特征	数量	省域
2005	不显著	21	新疆，青海，宁夏，黑龙江，吉林，辽宁，河北，北京，天津，山东，江苏，上海，安徽，河南，湖北，湖南，重庆，贵州，广西，广东，福建
	高 – 高	5	内蒙古，甘肃，山西，四川，云南
	低 – 低	2	江西，浙江
	低 – 高	1	陕西
	高 – 低	0	
	不相邻	1	海南
2008	不显著	21	新疆，黑龙江，吉林，辽宁，河北，北京，天津，山东，江苏，内蒙古，山西，上海，安徽，河南，湖北，湖南，重庆，贵州，广西，广东，福建
	高 – 高	6	甘肃，四川，云南，宁夏，青海，陕西
	低 – 低	2	江西，浙江
	低 – 高	0	
	高 – 低	0	
	不相邻	1	海南
2011	不显著	19	新疆，黑龙江，吉林，辽宁，河北，北京，山东，江苏，内蒙古，山西，上海，安徽，河南，湖北，湖南，重庆，贵州，广西，广东
	高 – 高	5	甘肃，四川，云南，宁夏，青海
	低 – 低	4	江西，浙江，天津，福建
	低 – 高	1	陕西
	高 – 低	0	
	不相邻	1	海南
2015	不显著	24	新疆，青海，宁夏，黑龙江，吉林，辽宁，河北，北京，浙江，山东，江苏，上海，安徽，河南，湖北，湖南，重庆，贵州，广西，广东，福建，山西，四川，云南
	高 – 高	2	内蒙古，甘肃
	低 – 低	2	江西，天津
	低 – 高	1	陕西
	高 – 低	0	
	不相邻	1	海南

2.4.2 建筑业碳排放空间重心演化足迹分析

通过碳排放强度空间可视化展示，得出建筑业碳排放强度具有一定的空间分异特征。本节从整体视角出发，借鉴物理学中物体重心的概念，将整个研究区域视为一个几何体，基于各个省域研究单元的面积和距离等要素，得出整个研究区域的重心位置。

2.4.2.1 模型构建

重心源自物理学中的概念，是指物体内各部分所受重力之合力的作用点。应用于空间地理中，重心是指在研究区域空间中各个方向能够维持平衡的一点。本章将重心的概念引入到建筑业碳排放的空间分布研究当中，用碳排放强度重心来表示在地理空间中使各个方向上的碳排放权重保持均衡的一点。通过观察建筑业碳排放强度重心的迁移轨迹，可以了解建筑业碳排放增长在研究区域中的发展方向和均匀程度。

在研究碳排放强度重心时，将整个研究区域划分为 n 个研究子单元，其中第 i 个研究子单元的地理中心坐标为 (x_i, y_i)，则建筑业碳排放强度的区域重心坐标可以通过下列计算公式的加权平均得出，即：

$$\bar{x} = \frac{\sum_{i=1}^{n} w_i x_i}{\sum_{i=1}^{n} w_i} \tag{2.15}$$

$$\bar{y} = \frac{\sum_{i=1}^{n} w_i y_i}{\sum_{i=1}^{n} w_i} \tag{2.16}$$

式中，$(\bar{x}, \bar{y})$ 表示整个研究区域的重心坐标，w_i 表示第 i 个研究子单元的空间权重。如果 W_i 等于该研究子单元的面积，则建筑业碳排放强度的重心与该区域的几何中心重合，表明该区域是分布均匀的。显然我国建筑业碳排放规模呈现较大的区域差异，其重心明显偏离区域几何中心，偏离的方向为建筑业碳排放空间分布的集中方向。

2.4.2.2 计量分析

根据上述空间中心计算方法，得到 2005～2015 年间 30 个省份建筑业碳排放强度及碳排放量的重心，探究历年碳排放强度的空间重心足迹的演化。

由于重心的地理位置会随着碳排放强度的变化而变化，可以发现，我国建筑业碳排放强度的空间重心基本位于山西与陕西交界地带，从整体来看，碳排放强度重心位于我国中部偏北的地区。2005 年建筑业碳排放强度重心位于山西境内，2015 年碳排放强度重心移动到陕西境内，总体上重心向西北方向移动，且有持续向该方向偏移的趋势。从 2005～2015 年，在样本周期内 10 次重心移动中，向西北方向移动的次数为 4 次，在所有移动方位次数中占比最高，分别出现在 2010～2011 年、2011～2012 年、2013～2014 年、2014～2015 年；有 3 次向西南方向移动，分别为 2005～2006 年、2007～2008 年、2008～2009 年；向东北方向移动的次数也为 3 次，分别出现在 2006～2007 年、2009～2010 年、2012～2013 年。由此可见，建筑业碳排放强度重心向西北地区移动的频率较高。

在样本研究周期的初期，碳排放强度重心主要向西南方向偏移，在末期主要向西北方向偏移，且偏移幅度更大。2005 年初期，在经济增长带动下，虽然东部区域建筑业发展迅速，碳排放量增长较快，但随着该区域技术水平不断提高，节能减排政策执行较早且逐渐完善，建筑业碳排放强度呈现逐年下降的趋势，因此碳排放强度重心没有向东南方向移动。随着西部大开发战略的不断推进，带动西部地区经济发展，前期西南地区建筑业发展较快，故碳排放强度重心向西南方向移动，后期西北地区建筑业发展也取得了较大的进步，但该地区技术水平相对落后，节能减排政策执行力度不够，导致建筑业碳排放强度偏高，故重心后期较大幅度向西北地区移动。

此外，本章描绘了 2005～2015 年我国建筑业碳排放量的重心演化足迹，进一步分析建筑业碳排放的空间格局演变。我国建筑业碳排放量的空间重心位于河南境内，处于我国中部偏北方向。2005～2015 年，建筑业碳排放量的重心总体向西南方向移动。在 2005～2015 年间，建筑业碳排放量的重心移动次数为 11 次，向东南方向和西北方向各移动 1 次，分别出现在 2006～2007 年和 2010～2011 年；向东北方向的重心移动为 2 次，分布在 2009～2010 年、

2012～2013 年；重心移动方向为西南的次数为 6 次，分别为 2005～2006 年、2007～2008 年、2008～2009 年、2011～2012 年、2013～2014 年、2014～2015 年，占总重心移动次数比例最高。由此可见，我国建筑业碳排放量的重心向西南方向移动频率最高。

在 2005 年初，东部地区经济增长迅速，建筑行业发展较快，碳排放量较大，但伴随着经济技术的不断发展以及节能减排政策的实施，建筑业碳排放强度持续下降。西部大开发战略的实施及不断深入，促进了西部地区经济较快发展，前期西南地区建筑业发展更为迅速，因此建筑业碳排放量和碳排放强度的重心均向西南方向移动，后期，西北地区建筑业取得了一定的发展，但由于其经济水平和技术水平较低，减排政策实施和推广力度不足，建筑业碳排放强度相对较高，使得建筑业碳排放量的重心仍向西南方向移动、碳排放强度重心向西北方向移动。

2.4.3　建筑业碳排放空间展布范围分析

通过研究建筑业碳排放强度的重心足迹变化，探究了碳排放强度的空间权重的聚集性。为了对其空间展布范围、方向和形状进行进一步的精确描述，本节通过运用标准差椭圆（standard deviational ellipse，SDE）分析方法，从多重角度揭示建筑业碳排放强度空间整体特征及空间演化过程。

2.4.3.1　模型构建

标准差椭圆方法是空间计量分析中能够精准地揭示各地理或经济要素空间整体分布多方面特征的有效途径。如图 2.6 所示，标准差椭圆方法通过长轴、短轴和方位角等椭圆参数多重角度展示研究对象的空间形态、方向性和展布范围。将正北方向与长轴方向的顺时针夹角定义为标准差椭圆的方向角，以此展示要素空间分布方位的变化，具体计算公式如下：

$$\tan\theta = \frac{\left(\sum_{i=1}^{n}\bar{x}_i^2 - \sum_{i=1}^{n}\bar{y}_i^2\right) + \sqrt{\left(\sum_{i=1}^{n}\bar{x}_i^2 - \sum_{i=1}^{n}\bar{y}_i^2\right)^2 + 4\left(\sum_{i=1}^{n}\bar{x}_i\,\bar{y}_i\right)^2}}{2\sum_{i=1}^{n}\bar{x}_i\,\bar{y}_i}$$

$$(2.17)$$

式中，θ 为标准差椭圆的方位角，n 表示研究要素的个数，x_i 代表研究要素在空间区位中的横坐标，y_i 则代表研究要素在空间区位中的纵坐标，$(\bar{x}_i, \bar{y}_i)$ 代表研究要素的加权平均中心。

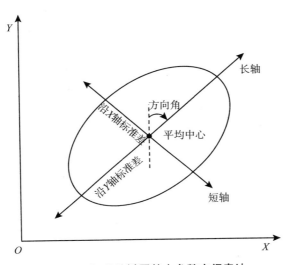

图 2.6　标准差椭圆基本参数空间表达

分别计算椭圆在 X 方向和 Y 方向的标准差，以此定义在空间分布中包含要素的短轴和长轴，用长轴表征要素在主趋势方向上的离散程度，用短轴表示要素在次趋势方向上的离散程度，如果标准差椭圆被拉长，说明要素在主趋势上成离散趋势，如果标准差椭圆成"圆化"状态，说明要素在长轴和短轴方向上差距较小，分布较为集中。通过长短轴的变化说明分布要素在空间上的收缩或扩张，其中 X 轴和 Y 轴标准差的计算公式如下：

$$\delta_x = \sqrt{\frac{\sum_{i=1}^{n} (\bar{x}_i\cos\theta - \bar{y}_i\sin\theta)^2}{n}} \qquad (2.18)$$

$$\delta_y = \sqrt{\frac{\sum_{i=1}^{n} (\bar{x}_i\sin\theta - \bar{y}_i\cos\theta)^2}{n}} \qquad (2.19)$$

式中，δ_x 表示要素沿 X 轴的标准差，δ_y 表示要素沿 Y 轴的标准差。

2.4.3.2 计量分析

根据上述方法可以计算出从 2005～2015 年 30 个省份的碳排放强度空间分布标准差椭圆的转角 θ、沿主轴的标准差 δ_x 和沿辅轴的标准差 δ_y，结果如表 2.10 所示。整体而言，2005～2015 年建筑业碳排放强度标准差椭圆的展布面积覆盖了大部分地区且移动轨迹较为规律，基本沿着顺时针的方向转动且逐年向西北方向偏移，这表明我国建筑业碳排放强度空间展布较为规律，空间分异格局较为稳定，强度权重逐渐向西北方向偏移。这是由于国家西部大开发等一系列战略政策的实施促进了西部地区建筑业的快速发展，西部地区能源资源较为丰富，但其技术水平相对较低，过度依赖能源消耗且能源利用率较低，使得建筑业碳排放强度相对较高，从而引起建筑业碳排放强度标准差椭圆逐渐向西北方向移动。

表 2.10　　　　　　　　　　碳排放强度标准差椭圆主要参数

年份	X 轴	Y 轴	沿 X 轴的标准差（千米）	沿 Y 轴的标准差（千米）	方向角（°）
2005	519.277	4260.408	1000.509	1210.276	43.799
2006	489.699	4240.122	1034.398	1178.776	51.600
2007	500.120	4253.081	1030.704	1211.443	49.421
2008	495.448	4232.177	1033.369	1212.068	43.232
2009	464.417	4221.550	1054.045	1187.216	56.284
2010	478.531	4232.523	1065.794	1204.255	52.556
2011	468.999	4258.158	1066.008	1216.763	50.364
2012	440.733	4258.618	1073.858	1196.624	59.435
2013	459.868	4296.783	1091.664	1217.530	62.509
2014	454.305	4305.830	1092.353	1223.577	64.197
2015	440.158	4352.591	1080.894	1221.322	72.935

从标准差椭圆方位角 θ 的变化趋势可得，建筑业碳排放强度的方位角在 2005～2015 年这 11 年整体上呈现波动增大的趋势，最大转角约为最小转角

1.7 倍。具体表现为方位角 θ 从 2005 年的 43.799°增加到 2006 年的 51.600°，2006 年以后，方位角逐渐变小，减少到 2008 年的 43.232°。2009 ~ 2011 年，标准差椭圆的方位角逐渐减小，从 56.284°增减少到 50.364°。从 2012 年起，方位角逐渐出现增大的趋势，从 2012 年的 59.435°增加到 2015 年的 72.935°。标准差椭圆的方位角增大，表明东南沿海低碳排放强度的地区对西北高碳排放强度地区的拉动性增强，低碳排放强度省份由区域聚集逐渐向外围扩散，方位角向均衡状态转移。这是由于东南沿海地区资本较为充裕，建筑业技术进步带来的溢出效应较为明显。同时，我国建筑业碳排放强度的空间分布逐渐呈现东北—西南格局，且这种格局呈现强化的态势，由于区域建筑业发展的差异，建筑业碳排放强度在空间上呈现梯次变化的趋势。

在标准差椭圆长轴方向上，沿 Y 轴的标准差由 2005 年的 1210.276 千米到 2015 年的 1221.322 千米，长轴长度变化不大，说明我国建筑业碳排放强度在东北—西南方向上变化不大，碳排放强度在空间上呈现稳定的东北—西南分异格局。在标准差椭圆短轴方向上，沿 X 轴的标准差由 2005 年 1000.509 千米到 2015 年的 1080.894 千米，短轴长度变大，表明我国建筑业碳排放强度的空间分布在 X 轴方向上趋于发散，即碳排放强度在西北—东南方向上有扩张的趋势。这也从侧面证明了建筑业碳排放强度重心向西北方向偏移的结论。特别是 2008 ~ 2010 年，沿 X 轴的标准差由 1033.369 千米增加到 1065.794 千米，短轴增长较快，这是由于 2008 年为了应对经济危机，国家加大了基础设施投资力度，西部地区建筑业得到了较快的发展，但是由于西部地区技术水平相对落后，节能减排政策执行力度不够，导致建筑业碳排放强度偏高，短轴方向发散相对较快。

综合标准差椭圆长轴与短轴的变化情况，2005 ~ 2015 年，建筑业碳排放强度标准差椭圆的面积略有增大，且主要是在西北方向的扩张，东北—西南方向变化较小。说明西北地区碳排放强度较高，而东北与西南地区碳排放强度相对稳定。

为了进一步探讨建筑业碳排放强度格局时空演化特征，通过标准差椭圆方法分别对建筑业产值与碳排放总量的空间差异进行刻画，结果如表 2.11 所示。

表 2.11　　　　　　建筑业产值及碳排放总量标准差椭圆主要参数

年份	项目	X 轴	Y 轴	沿 X 轴的标准差（千米）	沿 Y 轴的标准差（千米）	方向角（°）
2005	产值	972.597	4111.958	770.391	919.130	23.772
	碳排放总量	858.498	4205.690	817.955	1012.457	43.027
2006	产值	978.469	4106.976	757.265	917.873	23.998
	碳排放总量	849.859	4190.794	817.987	994.270	47.143
2007	产值	979.061	4108.234	752.564	908.272	23.128
	碳排放总量	862.250	4189.578	815.766	997.168	45.676
2008	产值	972.954	4116.597	763.420	900.881	25.331
	碳排放总量	843.643	4182.541	822.545	1004.744	46.089
2009	产值	958.664	4129.101	766.097	908.110	27.044
	碳排放总量	818.814	4173.151	827.761	995.087	53.863
2010	产值	954.629	4131.328	764.650	917.908	26.642
	碳排放总量	840.145	4191.372	829.467	1009.207	50.536
2011	产值	949.294	4125.616	774.754	923.134	27.692
	碳排放总量	828.210	4205.161	848.173	1032.491	50.594
2012	产值	944.473	4122.075	780.322	926.680	29.969
	碳排放总量	800.238	4195.123	855.568	1029.326	57.899
2013	产值	936.223	4107.422	792.161	920.354	31.885
	碳排放总量	805.567	4197.498	884.315	1033.562	65.310
2014	产值	930.814	4084.752	791.943	895.919	35.056
	碳排放总量	795.576	4172.258	877.460	1030.569	72.377
2015	产值	917.641	4042.384	789.232	871.430	41.647
	碳排放总量	758.335	4155.600	870.735	1027.791	80.380

根据上文，可以得到如下规律：

（1）从总体趋势看，建筑业产值与碳排放总量的标准差椭圆的变化规律与碳排放强度较为相似，即基本沿着顺时针的方向转动且逐年向西北方向偏移。表明能源碳排放作为经济活动的副产品，与经济之间呈现正相关关系。

随着国家一系列政策推动西部地区建筑业的快速发展,建筑业作为产业关联度较高的行业使得能源需求及碳排放量不断增加,但限于技术水平的差距,其碳排放强度保持较高的水平。故建筑业产值、建筑业碳排放总量与碳排放强度的权重向西部地区倾斜,标准差椭圆也相应地向西北方向偏移。

(2)在方位角 θ 的变化方面,2005 ~ 2015 年,建筑业产值与碳排放总量的标准差椭圆的方位角变化与碳排放强度相似,均呈现波动增大的趋势且变化幅度相似。建筑业产值与碳排放总量的方位角从 2005 ~ 2015 年分别增大了 1.8 倍与 1.9 倍。其中碳排放总量的方位角旋转幅度最大,这是由于虽然西部地区建筑业发展较快,但东部地区经济总量较大,经济高速增长使得碳排放量规模相对较大,故东部地区碳排放量的拉动作用较为明显,促使标准差椭圆的方位角变大。综合建筑业产值、建筑业碳排放总量与碳排放强度三者的方位角变化情况,方位角均呈现变大趋势,说明东部地区呈现出较为显著的聚集效应,且这种效应不断扩散,拉动西部地区向均衡化状态转移。

(3)在标准差椭圆长轴方向上,建筑业产值受到经济环境与政策调控影响较大,其沿 Y 轴标准差呈现明显波动减小的趋势,由 2005 年的 919.130 千米下降到 2015 年的 871.430 千米,表明建筑业产值在 2005 ~ 2015 年这 11 年期间产生了极化的现象。其中 2005 ~ 2008 年长轴由 919.130 千米下降到 900.881 千米。2009 ~ 2011 年,为了应对经济危机,国家加大了投资力度,东北和西南地区建筑业得到了较快的发展,使得长轴由 908.110 千米增长到 1032.491 千米。2011 年以后,长轴标准差呈现减小的趋势,是由于受到国家宏观政策的调控,建筑业投资动力减弱,产值增速减缓。而碳排放总量标准差椭圆的沿 Y 轴标准差呈现波动增加的趋势,2005 ~ 2015 年,长轴由 1012.457 千米增加到 1027.791 千米,这是由于东北与西南地区随着建筑业的发展,碳排放量逐渐上升。由于建筑业产值与碳排放总量在空间上的耦合,使得建筑业碳排放强度在东北—西南方向上变化不大。

(4)在标准差椭圆短轴方向上,建筑业产值沿 X 轴标准差呈现波动增加的趋势,由 2005 年的 770.391 千米增加到 2015 年的 789.232 千米,主要是由于东南地区建筑业较为发达,其建筑业产值对其他区域有较强的拉动作用。而碳排放总量沿 X 轴标准差呈现了较大幅度的增长,从 2005 年的 817.955 千米增加到 2015 年的 870.735 千米,这是由于东南区域始终保持着较大的碳排放规模,而西北区域建筑业通过一系列政策的推进,得到了较大发展,但技术水平的落后导致碳排放量增长较快。由于建筑业产值与碳排放量在沿 X 轴标准差均呈波动增长，导致建筑业碳排放强度在西北—东南方向上有扩张的趋势。

2.5 本章小结

本章首先对建筑业碳排放核算边界进行确定，核算了 2005 ~ 2015 年建筑业的直接碳排放量、间接碳排放量、碳排放总量与碳排放强度。从全国、区域以及省域三个不同层面，探讨我国建筑业碳排放量及碳排放强度在时间上的演化特征。其次，为了揭示建筑业碳排放在空间上分布规律，本章还对碳排放强度进行了相关性分析，并选取了空间重心和标准差椭圆两种方法，重点介绍了这些空间计量分析的工作原理和指标参数，运用这些方法能够有效地对全国以及省域建筑业碳排放空间分布格局及动态变化趋势进行描述和分析。主要得到以下结论：

（1）由建筑经济活动产业关联产生的间接碳排放是建筑业碳排放的重要组成部分。在全国层面，虽然建筑业碳排放总量逐年增长，但其碳排放强度呈现不断下降的趋势；在区域层面，三大区域的建筑业碳排放量呈波动上升的态势，东部地区各年建筑业碳排放量均高于其他两个区域，碳排放强度符合"东部较低，西部较高，中部居中"的规律。在省域层面，各省建筑业的碳排放特征基本符合"东部区域碳排放量较高，中部区域较低，西部区域居中"的规律，以江苏与浙江为代表的发达省份，建筑业排放总量较高但碳排放强度相对较低，而山西与新疆等省份建筑业产值较低碳排放强度较高。

（2）空间相关性分析结果表明，我国各省建筑业碳排放强度空间集聚特征较为明显，由东向西呈现梯次变化趋势，低碳排放强度省域主要集中在我国的东部和南部沿海地区，而高碳排放强度省域主要集中在北部和中西部地区。不同地区建筑业碳排放量在空间上存在一定的差异，每个梯次群体成员在空间上同样呈现一定的聚集现象。

（3）在空间重心轨迹演化方面，从整体来看，碳排放重心位于我国中部偏北的地区。从迁移轨迹来看，由于区域建筑业发展的不均衡性，在样本研究周期的初期，碳排放强度重心主要向西南方向偏移，在末期主要向西北方向偏移，且偏移幅度更大，碳排放量的空间重心总体向西南方向移动。

（4）在空间展布动态变化方面，建筑业碳排放标准差椭圆的展布面积覆盖了大部分地区且略有增大，主要表现在西北方向的扩张，东北－西南方向变化较小。碳排放强度与碳排放量的椭圆移动轨迹较为规律，基本沿着顺时针的方向转动且逐年向西北方向偏移，表明我国建筑业碳排放空间展布较为规律，空间分异格局较为稳定，强度权重逐渐向西北方向偏移。

第3章
中国建筑业碳排放影响因素

本章基于建筑业碳排放量与建筑业生产总值（GDP）构建了环境库兹涅茨曲线（environmental kuznets curve，EKC），运用脱钩理论模型探讨了全国建筑业碳排放与经济增长的关系。由于建筑业碳排放逐年增加，各省建筑业碳排放各有特点且差异较大，因此引入对数平均迪氏指数模型（logarithmic mean divisia index，LMDI）面向各省特点具体分析了建筑业碳排放的影响因素。此外，为了更好地促进各省域建筑业碳减排，本章考虑空间交互效应运用地理加权回归（geographic weighted regression，GWR）模型研究了建筑业碳排放强度的影响因素，并进行实证分析，对减少建筑业碳排放具有重要意义。

3.1 建筑业碳排放与行业发展关系

3.1.1 建筑业碳排放与经济增长的长期关系研究

3.1.1.1 模型构建

碳排放与经济增长之间长期关系的现有研究主要集中在对碳排放的 EKC 曲线的探讨。EKC 曲线最先是由美国经济学家西蒙·库兹涅茨在 20 世纪 50 年代提出，库兹涅茨通过对 18 个国家的收入差距和经济增长的资料、数据进行实证分析，发现经济增长与各阶层收入差距之间存在着先恶化、后改善的曲线关系。以经济增长作为横坐标，收入差距作为纵坐标，随着经济的发展，收入差距是逐渐拉大的，当经济增长到一定程度，即出现转折点，收入差距随着经济的增长会逐渐缩小，在坐标图上表现为倒"U"型曲线，因此以后的学者将收入差距与经济增长的这种关系称为库兹涅茨曲线。1995 年，格罗斯曼和克鲁格（Grossmann and Krueger，1995）对世界 66 个国家不同地方环境污染物与经济增长的关系进行研究，发现污染物的排放量与人均收入之间也是呈现倒"U"型，因此将经济增长与环境质量的这种倒"U"型关系曲线称为 EKC 曲线。

具体来说，EKC 曲线是指一个国家在经济发展初期，经济发展水平不高，处于初级阶段，经济增长主要依赖于资源密集型重工业，技术水平落后，人们的环保意识低，多以牺牲环境为代价追求经济利益，资源投入量大，耗费严重，因此环境质量随着经济的发展而恶化。当经济发展到一定水平，产业结构逐步优化，第三产业比重提升，高能耗、高污染的重工业被改革或取缔，轻工业和服务业得到大力发展，经济增长方式由传统的粗放型逐渐向资源节约型、环境友好型模式发展，科学技术水平不断提升，人们的环保意识开始增强，政府也逐渐认识到环境的重要性，开始加大对环境的保护力度。经济的增长促使技术进步，政府投入更多的环境治理资金，环境质量会随着经济的增长逐步改善，所以会呈现倒"U"型的关系。

EKC 曲线的提出引起了学术界和各国政府的重视，各国经济学家纷纷选取不同国家的数据验证经济增长与环境质量是否符合 EKC 曲线倒"U"型假说，结果发现很多发达国家环境质量与经济增长的关系符合这一假说，拐点出现在人均 GDP 为 1 万~8 万美元的范围内；但有些国家和地区的环境污染与经济增长出现"U"型、"N"型、倒"N"型和线型等，因此倒"U"型并不是 EKC 的唯一表现形式，表明环境质量与经济增长之间的关系具有一定的波动性。

从碳排放与经济增长的相关研究来看，碳排放与经济增长关系并不存在单一的模式，即使在同一地区，如果采用的计量方法和选取指标不同，得到的曲线形状也会不同。也就是说，碳排放与经济增长之间是否存在倒"U"型的 EKC 曲线，在很大程度上取决于不同国家或地区、指标的选取以及所使用的计量模型。综合国内外学者的广泛研究，EKC 模型一般有一次函数型、二次函数型、三次函数型、对数线型模型、对数二次函数模型、对数三次函数模型，常见模型方程如表 3.1 所示。

表 3.1　　　　　　　　　　　EKC 常见模型方程

模型种类	模型方程
一次函数型	$y = a + \beta_1 x + \varepsilon$
二次函数型	$y = a + \beta_1 x + \beta_2 x^2 + \varepsilon$
三次函数型	$y = a + \beta_1 x + \beta_2 x^2 + \beta_3 x^3 + \varepsilon$
对数线性模型	$y = a + \beta_1 \ln x + \varepsilon$
对数二次函数模型	$y = a + \beta_1 \ln x + \beta_2 (\ln x)^2 + \varepsilon$
对数三次函数模型	$y = a + \beta_1 \ln x + \beta_2 (\ln x)^2 + \beta_3 (\ln x)^3 + \varepsilon$

　　碳排放 EKC 曲线是根据统计的实际数据得到的经验曲线，反映碳排放量与经济增长之间的关系。本节参考已有相关研究，建立建筑业碳排放环境库兹涅茨曲线模型，见式（3.1），探究建筑业人均碳排放量随人均生产总值变化的曲线关系，这里人数取建筑业从业总人数。

$$\ln CO_2 = \alpha + \beta_1 \ln GDP + \beta_2 \ln^2 GDP + \beta_3 \ln^3 GDP + \varepsilon \qquad (3.1)$$

式中，α 为截距项；CO_2 为建筑业碳排放总量，GDP 为建筑业生产总值，ε 为随机误差项，β_1、β_2 和 β_3 为待估计的参数，β_1、β_2、β_3 的取值不同，EKC 曲线会呈现不同的形状：

　　（1）$\beta_1 < 0$ 且 $\beta_2 = \beta_3 = 0$ 时，EKC 曲线为向下倾斜的直线形式；

　　（2）$\beta_1 > 0$ 且 $\beta_2 = \beta_3 = 0$ 时，EKC 曲线为向上倾斜的直线形式；

　　（3）$\beta_1 < 0$ 且 $\beta_2 > 0$，$\beta_3 = 0$ 时，EKC 曲线呈 "U" 型关系；

　　（4）$\beta_1 > 0$ 且 $\beta_2 < 0$，$\beta_3 = 0$ 时，建筑业碳排放与经济增长之间的关系符合倒 "U" 型的库兹尼茨假说；

　　（5）$\beta_1 < 0$ 且 $\beta_2 > 0$，$\beta_3 < 0$ 时，建筑业碳排放总量与建筑业生产总值之间存在倒 "N" 型关系；

　　（6）$\beta_1 > 0$ 且 $\beta_2 < 0$，$\beta_3 > 0$ 时，EKC 曲线为 "N" 型曲线形式。

3.1.1.2　计量分析

　　根据式（3.1），采用 2005～2015 年我国建筑业碳排放总量和行业生产总值对碳排放库兹涅茨曲线模型进行拟合，结果如表 3.2 所示。

表 3.2				模型回归结果		
曲线	α	β_1	β_2	β_3	R^2	F
一次	9.1363	0.3162			0.8825	76.1360
二次	4.4965	1.1379	−0.0363		0.8707	34.6701
三次	−5.3444	3.7588	−0.2687	0.0069	0.8523	20.2276

　　一次 EKC 曲线拟合优度 R^2 最大，为 0.8825，拟合程度最好。结合我国建筑业碳排放总量与行业生产总值关系散点图，选定一次 EKC 曲线模型为最优拟合模型。所得回归方程如式（3.2），散点图和碳排放 EKC 曲线如图 3.1 所示。

$$\ln CO_2 = 9.1363 + 0.3162 \times \ln GDP \tag{3.2}$$

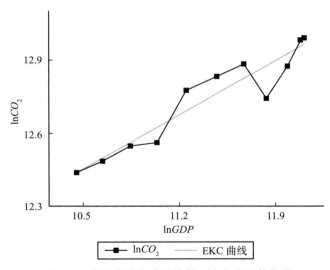

图 3.1　我国建筑业碳排放量环境库兹涅茨曲线

　　从回归方程看，$\beta_1 = 0.3162$，$\beta_2 = 0$，$\beta_3 = 0$，说明我国建筑业碳排放 EKC 曲线为向上倾斜的直线形式，表明建筑业碳排放总量随着建筑业生产总值的增长而单调递增，尚未出现拐点。根据式（3.2）估计结果，行业生产总值每增加 1 万元，将使得建筑业碳排放增加 0.3162 万吨。

结合 2005～2015 年我国建筑业碳排放情况（见表 2.2）对 EKC 曲线形态进行探讨。2005～2008 年，我国建筑业发展缓慢，碳排放量增长较慢，建筑业总产值与建筑业碳排放量均处于低位。2008～2009 年，房地产开发投资快速增长，房地产市场得到迅速发展，建筑业总产值大幅增长，碳排放总量随之迅速增长。2009～2011 年，受全球金融危机的影响，建筑业生产总值增速放缓，碳排放总量增速明显降低。2011 年国务院发布《"十二五"控制温室气体排放工作方案》《国家环境保护"十二五"规划》，提出综合利用多种措施有效控制温室气体排放，通过低碳试点形成一批典型的低碳省区、低碳城市、低碳园区和低碳社区等，从而全面提升温室气体控排能力；大力推行清洁生产和发展循环经济，推进农业、工业、建筑、商贸服务等领域清洁生产示范。自相关政策提出以来，我国建筑业总产值快速增长的同时，碳排量得到有效降低。2013 年首次提出建筑工业化，2014 年国家明确提出以建筑工业化为核心，加大对建筑部品生产的扶持力度，建筑业生产总值保持增长趋势。由于建筑工业化市场尚未发展成熟，受预制构件厂数量、与施工现场之间运输距离较远等因素影响，碳排放仍处于增长阶段，但增速逐年放缓。

3.1.2　建筑业碳排放与经济增长的短期关系研究

3.1.2.1　模型构建

2002 年，经济合作与发展组织（Organization for Economic Co-operation and Developmen，OECD）第一次在环保领域应用"脱钩"的概念，推动了对各种经济活动的"脱钩指标"的国际研究。脱钩是一个评估经济发展与物质消费和生态环境之间的现状关系、衡量经济发展模式可持续性的工具。OECD成员国非常重视脱钩理论的应用与研究，希望通过整合能源、运输、农业及制造业等各部门的相关政策，使得经济增长与其所带来的环境负荷可以实现脱钩，并建立了一套完善的指标体系，用以测度经济发展与物质消费及环境压力之间的脱钩状况，并进一步提出了相对脱钩与绝对脱钩的概念。相对脱钩指经济增长率和碳排放增长率都为正，但经济增长率比碳排放增长率要高；绝对脱钩指经济增长率为正而碳排放增长率为负。

国内学者对脱钩理论的运用主要集中在个别产业或区域经济与碳排放脱钩状况的研究。塔皮奥（Tapio，2005）在研究 1970～2001 年间欧洲经济增长与碳排放之间的关系时引入交通运输量作为中间变量，将脱钩弹性分解为运输量与 GDP 之间的脱钩弹性和碳排放总量与运输量之间的脱钩弹性。塔皮奥根据脱钩弹性值的大小定义了八种脱钩状态或指标，如表 3.3 所示，使得脱钩的指标构建更加完善、更加科学。

表 3.3 　　　　　　　　 **LYQ 分析框架 8 个等级与弹性值比照表**

公式状态		ΔCO_2	ΔGDP	弹性 t
负脱钩	扩张负脱钩	>0	>0	>1.2
	强负脱钩	>0	<0	<0
	弱负脱钩	<0	<0	$0 < t < 0.8$
脱钩	弱脱钩	>0	>0	$0 < t < 0.8$
	强脱钩	<0	>0	<0
	衰退脱钩	<0	<0	>1.2
连结	增长连结	>0	>0	$0.8 < t < 1.2$
	衰退连结	<0	<0	$0.8 < t < 1.2$

LYQ 分析框架是依据塔皮奥脱钩指标的构建思路，在碳排放与经济增长之间引入与之相关的中间变量，并计算两个连续变量之间的脱钩弹性值，将中间变量的弹性值相乘即得到碳排放与经济增长之间的脱钩弹性值，如式（3.3）和式（3.4）所示，这是对两者脱钩弹性的一种因果链分解，可以根据各分解变量的脱钩状态来对总体弹性做更深入的分析。

$$T_{0,n} = \prod_{i=1}^{n} T_i \qquad (3.3)$$

$$T_i = (\Delta x_{i-1}/x_{i-1})/(\Delta x_i/x_i) \qquad (3.4)$$

式中，$T_{0,n}$ 为碳排放与产业 GDP 整体脱钩弹性；T_i 为因果分析链中第 i 项与第 $i-1$ 项的脱钩弹性；Δx_{i-1}、Δx_i 为第 $i-1$ 项与第 i 项本期去上一期的变化值。

通过以上介绍发现 LYQ 分析框架能够对脱钩指标进行因果链分解和指标测评，进而准确找出造成连结的原因，并提出对策。本节在塔皮奥（Tapio，

2005）脱钩指标基础上构建 LYQ 分析框架，对经济发展与碳排放之间的动态关系进行实证分析，为全国低碳经济发展政策的制定提供必要实证支持。LYQ 分析框架是依据塔皮奥（Tapio，2005）脱钩指标的构建思路，在碳排放与经济增长之间引入与之相关的"能源消耗量""年施工面积""建筑业总产值"等中间变量，并计算两个连续变量之间的脱钩弹性值，将中间变量的弹性值相乘即得到碳排放与经济增长之间的脱钩弹性值，这是对两者脱钩弹性的一种因果链分解，可以根据各分解变量的脱钩状态，来对总体弹性做更深入的分析。

将碳排放与经济增长之间的脱钩弹性分解为三组中间变量脱钩弹性的乘积，即碳排放对能源消耗量之间的脱钩弹性、能源消耗量对年施工面积之间的脱钩弹性和年施工面积对建筑业总产值的脱钩弹性，分别称为减排脱钩弹性、节能脱钩弹性和价值创造脱钩弹性。公式如下：

$$t_{CO_2,IGDP} = \frac{\Delta CO_2/CO_2}{\Delta EC/EC} \times \frac{\Delta EC/EC}{\Delta S/S} \times \frac{\Delta S/S}{\Delta GDP/GDP}$$

$$= (\Delta CO_2/CO_2)/(\Delta GDP/GDP)$$

$$= 减排脱钩弹性 \times 节能脱钩弹性 \times 价值创造脱钩弹性$$

$$= 建筑业碳排放与建筑业总产值整体脱钩弹性 \qquad (3.5)$$

其中，各影响因子可以分别表示如下：

$$t_{CO_2,EC} = (\Delta CO_2/CO_2)/(\Delta EC/EC) \qquad (3.6)$$

式中，$t_{CO_2,EC}$ 为建筑业碳排放量与能源消耗量之间的减排脱钩弹性，是碳排放量的增长率除以能源消耗量的增耗率，当弹性值处于脱钩状态时说明碳排放量的增长率小于能耗的增长率，减排效果明显，反之则认为减排效果较差。该弹性也反映了低碳技术改善因素在经济低碳化发展当中的影响，即经济系统"减排"发展的脱钩状态，其值越接近脱钩状态反映减排效果越明显，ΔEC 表示的是当年能源消耗量与上一年的变化值。

$$t_{EC,S} = (\Delta EC/EC)/(\Delta S/S) \qquad (3.7)$$

式中，$t_{EC,S}$ 为建筑业能源消耗量与年施工总面积之间的节能脱钩弹性，用来衡量建筑业节能效果，该值越接近于脱钩状态越能说明建筑业节能效果越明显。ΔS 为当年施工总面积与上一年的变化值。

$$t_{S,IGDP} = (\Delta S/S)/(\Delta GDP/GDP) \qquad (3.8)$$

式中，$t_{S,IGDP}$ 为建筑业年施工总面积与建筑业总产值之间的价值创造脱钩弹性，用来衡量建筑业的价值创造能力。该值越接近于脱钩状态越能说明建筑业价值创造能力越强。ΔGDP 为当年建筑业总产值与上一年的变化值。

在以上分析中，若对式（3.5）两边取对数（底为建筑业碳排放与建筑业总产值整体脱钩弹性值，底为负值的情况除外），则等式左边就是 1，根据等式右边各因素的正负值以及大小，可分别判断各因素对弹性值的正负影响及其决定性。

3.1.2.2　计量分析

基于建筑业低碳发展弹性脱钩模型，通过式（3.5）~式（3.8）计算弹性脱钩模型因果关系链上的弹性脱钩值，结果如表 3.4 所示。

表 3.4　　　　　　**2005 ~ 2015 年我国建筑业碳排放与经济增长脱钩弹性**

年份	减排弹性脱钩	脱钩状态	节能弹性脱钩	脱钩状态
2006	− 0.9254	强负脱钩	− 0.3205	强脱钩
2007	1.0790	增长连结	0.3850	弱脱钩
2008	0.4250	弱脱钩	0.3614	弱脱钩
2009	0.8739	增长连结	2.2150	扩张负脱钩
2010	1.1160	增长连结	0.2900	弱脱钩
2011	1.1541	增长连结	0.2650	弱脱钩
2012	− 1.7810	强脱钩	0.6370	弱脱钩
2013	1.2377	扩张负脱钩	0.8053	增长连结
2014	4.7513	扩张负脱钩	0.2275	弱脱钩
2015	− 0.1549	强负脱钩	5.0712	衰退脱钩
年份	价值创造弹性脱钩	脱钩状态	碳排放与 GDP 弹性脱钩	脱钩状态
2006	0.8304	增长连结	0.2463	弱脱钩
2007	0.8021	增长连结	0.3332	弱脱钩
2008	0.5160	弱脱钩	0.0793	弱脱钩
2009	0.5131	弱脱钩	0.9932	增长连结
2010	0.8426	增长连结	0.2727	弱脱钩
2011	0.9623	增长连结	0.2944	弱脱钩

续表

年份	价值创造弹性脱钩	脱钩状态	碳排放与GDP弹性脱钩	脱钩状态
2012	0.9021	增长连结	− 1.0235	强脱钩
2013	0.8909	增长连结	0.8880	增长连结
2014	1.0191	增长连结	1.1016	增长连结
2015	− 0.3645	强脱钩	0.2864	弱脱钩

从减排脱钩弹性来看，其脱钩状态多呈现增长连结、负脱钩的非理想状态，脱钩弹性值基本在1附近波动，说明2005～2015年碳排放总量的增长率与能源消耗总量的增长率比较接近，单位能源消耗量所产生的碳排放量基本稳定。我国建筑业及其关联行业中能源利用水平还有待提高，有效的低碳技术并未得到广泛应用，减排技术发展处于瓶颈阶段，因此减排效果不明显。

从节能脱钩弹性来看，总体呈现出以弱脱钩为主的较为理想状态，说明建筑业能源消耗量增长率基本低于施工面积的增长率，建筑业节能工作成效较为显著。从脱钩状态来看，节能脱钩弹性与建筑业碳排放与GDP脱钩弹性变化状态基本一致，说明节能脱钩弹性是建筑业碳排放与经济增长脱钩的决定因素，进一步提高能源使用效率可显著增加总体脱钩强度。

从价值创造脱钩弹性来看，主要是增长连结脱钩状态，建筑施工总面积与行业GDP总值脱钩状态并不明显，说明此期间建筑业所覆盖的生产要素技术水平较低，建筑业生产要素的价值创造能力有待提高。应使用高技术水平和高附加值的生产要素或提高生产要素的使用效率，从而快速提高建筑业生产要素的价值创造能力。

通过对我国建筑业碳排放与经济弹性脱钩的分析发现，我国建筑业碳排放总量与行业生产总值的弹性脱钩效果表现较为显著，多呈现弱脱钩状态，减排弹性脱钩基本表现为增长连结、负脱钩的不理想状态，节能弹性脱钩则以弱脱钩状态为主，价值创造弹性脱钩出现增长连结状态，我国应快速提高建筑业生产要素的应用效率，保持节能弹性脱钩的较为理想状态，重点关注减排弹性脱钩和价值创造弹性脱钩。

3.2 建筑业碳排放影响因素辨识与分析

由上节分析可知，2005～2015 年随着我国建筑业产值的不断增长，建筑业碳排放总量一直处于较快上升的趋势，国家建筑业减排压力较大。我国地域辽阔、省域建筑业发展差异较大，同时建筑业碳排放成因复杂，因此，从省域角度剖析建筑业碳排放影响因素以指导各省建筑业低碳发展，对于达到国家层面建筑业减排目标来说意义重大。本节运用 LMDI 对相关分析因素进行分解，通过各因素对建筑业碳排放的贡献值计算，深入分析建筑业碳排放影响因素。

3.2.1 模型构建

3.2.1.1 LMDI 模型

昂（Ang，2004）指出 LMDI 模型具有完全分解、使用便捷、解的唯一性等特征，现在已经逐渐成为研究能源、环境及碳排放问题的主要工具。具体来说，LMDI 模型具有以下优点：一是可以实现完全分解，其得到的最终结果说服力和解释力更强；二是乘法分解的结果具有加法的性质，$\ln(D_{total}) = \ln(D_{x1}) + \ln(D_{x2}) + \cdots + \ln(D_{xn})$；三是乘法分解和加法分解有着一一对应的关系，$\dfrac{\Delta V_{tot}}{\ln(D_{tot})} = \dfrac{\Delta V_{str}}{\ln(D_{str})} = \dfrac{\Delta V_{int}}{\ln(D_{int})}$，所以乘法分解和加法分解之间可以相互转化；四是细分部门效应的合计与总效应具有一致性。

假设 V 是一个与能源相关的集合，有 X_1，X_2，X_3，$\cdots$，X_n 这 n 个因素导致 V 在不断变化，V_i 表示 V 的子集。则：

$V = \sum_i V_i = \sum_i x_{1i}x_{2i}\cdots x_{ni}$，$V^0 = \sum_i x_{1i}^0 x_{2i}^0 \cdots x_{ni}^0$ 表示 0 期的 V 值，$V^T = \sum_i x_{1i}^T x_{2i}^T \cdots x_{ni}^T$ 表示 T 期的 V 值。则：

按照乘法分解 V 的变化率，

$$D_{tot} = \frac{V^T}{V^0} = D_{x1}D_{x2}\cdots D_{xn} \qquad (3.9)$$

按照加法分解 V 的变化率，

$$\Delta V_{tot} = V^T - V^0 = \Delta V_{x1} \Delta V_{x2} \cdots \Delta V_{xn} \tag{3.10}$$

用 LMDI 进行分解，则乘法分解和加法分解的第 k 个因素的分解量为：

$$D_{xk} = \exp\left[\sum_i \frac{L(V_i^T, V_i^0)}{L(V^T, V^0)} \ln\left(\frac{x_{k,i}^T}{x_{k,i}^0}\right) \right]$$

$$= \exp\left[\sum_i \frac{(V_i^T - V_i^0)/(\ln V_i^T - \ln V_i^0)}{(V^T - V^0)/(\ln V^T - \ln V^0)} \times \ln\left(\frac{x_{k,i}^T}{x_{k,i}^0}\right) \right] \tag{3.11}$$

$$\Delta V_{xk} = \sum_i L(V_i^T, V_i^0) \ln\left(\frac{x_{k,i}^T}{x_{k,i}^0}\right) = \sum_i \frac{V_i^T - V_i^0}{\ln V_i^T - \ln V_i^0} \times \ln\left(\frac{x_{k,i}^T}{x_{k,i}^0}\right) \tag{3.12}$$

式中，$L(a, b) = (a, b)/(\ln a - \ln b)$。

3.2.1.2 LMDI 模型构建

本节结合建筑业碳排放核算体系，运用 LMDI 加法分解模型对分析因素进行分解，加入直接碳排占比、单位价值能耗、价值创造效应、间接碳排强度和产出规模效应因素。在因素选取过程中，我们综合考虑了建筑业密切相关的建筑业碳排放量、能源消耗量、施工面积、总产值等指标，并根据核算方法的改进，将间接碳排放作为单独的因素研究其对碳排放总体的影响程度。具体建立如下分解模型：

$$C = C_{dir} + C_{ind} = \frac{C_{dir}}{E_{dir}} \times \frac{E_{dir}}{E} \times \frac{E}{S} \times \frac{S}{IG} \times IG + \frac{C_{ind}}{IG} \times IG$$

$$= I \times H \times F \times N + G \times P \tag{3.13}$$

式中，E_{dir} 表示建筑业直接能源消耗（万吨标准煤）；E 表示建筑业总能耗（万吨标准煤）；S 表示竣工面积（万平方米）；IG 表示建筑业总产值（亿元）。

根据 LMDI 因素分解模式，将因素分解为直接碳排强度、直接碳排占比、单位价值能耗、价值创造效应、间接碳排强度和产出规模效应，因素分解含义及代号如表 3.5 所示。对建筑业碳排放进行结构分解时，根据计算规则，建筑业直接碳排放系数保持不变，即 I 为常数，因此直接碳排强度 $\Delta C_I = 0$，表示该因素对建筑业碳排放的变化没有影响。其他因素综合效应见式（3.14）。

表 3.5 各因素定义

因素分解	因素表示	因素解释
C_{dir}/E_{dir}	I	直接碳排强度
E_{dir}/E	H	直接碳排占比
E/S	F	单位价值能耗
S/IG	N	价值创造效应
C_{ind}/IG	G	间接碳排强度
IG	P	产出规模效应

$$\Delta C = C^{t+1} - C^t = \Delta C_H + \Delta C_F + \Delta C_N + \Delta C_G + \Delta C_P \qquad (3.14)$$

逐年测算其因素效应有：

$$\Delta C_H = \frac{C^{t+1} - C^t}{\ln(C^{t+1} - C^t)} \times \ln \frac{H^{t+1}}{H^t} \qquad (3.15)$$

$$\Delta C_F = \frac{C^{t+1} - C^t}{\ln(C^{t+1} - C^t)} \times \ln \frac{F^{t+1}}{F^t} \qquad (3.16)$$

$$\Delta C_N = \frac{C^{t+1} - C^t}{\ln(C^{t+1} - C^t)} \times \ln \frac{N^{t+1}}{N^t} \qquad (3.17)$$

$$\Delta C_G = \frac{C^{t+1} - C^t}{\ln(C^{t+1} - C^t)} \times \ln \frac{G^{t+1}}{G^t} \qquad (3.18)$$

$$\Delta C_P = \frac{C^{t+1} - C^t}{\ln(C^{t+1} - C^t)} \times \ln\left(\frac{P^{t+1}}{P^t}\right) + \frac{C_{ind}^{t+1} - C^t}{\ln(C^{t+1} - C^t)} \times \ln \frac{P^{t+1}}{P^t} \qquad (3.19)$$

3.2.2 计量分析

根据之前各省份碳排放量的核算数据，运用式（3.15）~式（3.19）计算 30 个省份各因素的逐年效应，然后计算各因素对总碳排放的贡献值。为了更加直观的分析地域差异的变化，图 3.2 中展示各省份 2005~2015 年的平均贡献值。以上年为基期计算，得到从 2006 年起的因素贡献值，在时间轴上选取 2006 年、2008 年、2010 年、2012 年和 2014 年各省份各因素影响程度数据，如表 3.6~表 3.10 所示。

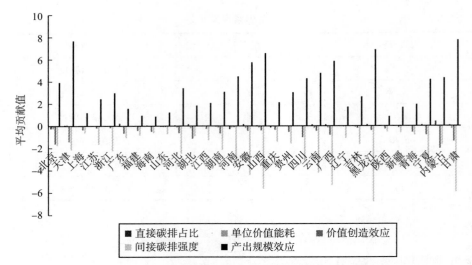

图 3.2　2005～2015 年各省份碳排放因素平均贡献值

表 3.6　　　　　　　　　　　直接碳排占比因素贡献

年份	北京	天津	河北	山西	内蒙古	辽宁	吉林	黑龙江	上海	江苏
2006	− 0.03	0.01	0.19	− 0.02	0.27	0.05	0.01	− 0.03	− 0.01	0.01
2008	0.05	0.19	− 0.03	0.02	− 0.01	− 0.01	0.07	0.01	− 0.04	0.01
2010	− 0.56	0.29	0.61	0.56	0.26	0.04	0.07	0.77	− 0.04	− 0.01
2012	− 0.35	0.01	− 0.06	− 0.06	− 0.25	− 0.01	− 0.15	0.03	0.02	0.01
2014	− 0.15	− 0.06	− 0.24	− 0.02	1.91	0.02	− 0.13	0.02	0.04	0.07
年份	浙江	安徽	福建	江西	山东	河南	湖北	湖南	广东	广西
2006	0.01	0.04	0.01	0.05	0.02	− 1.29	0.08	0.01	0.07	0.08
2008	− 0.01	0.05	0.05	0.17	0.18	− 0.05	− 0.29	0.06	0.03	− 0.08
2010	0.17	0.90	0.11	− 0.01	− 0.17	0.09	1.15	0.08	1.23	0.68
2012	− 0.03	− 0.06	− 0.03	− 0.04	− 0.15	0.06	− 0.21	− 0.12	0.02	
2014	− 0.02	− 0.02	0.02	− 0.01	− 0.05	− 0.02	− 0.03	− 0.10	0.14	0.11
年份	海南	重庆	四川	贵州	云南	陕西	甘肃	青海	宁夏	新疆
2006	0.01	− 0.01	− 0.01	− 0.01	0.24	0.02	0.05	− 0.02	− 0.01	0.01
2008	− 0.05	0.01	− 0.03	0.07	0.01	0.09	0.01	0.02	0.20	− 0.02
2010	0.25	− 0.50	0.59	0.09	0.58	0.08	0.11	− 0.01	0.55	0.06
2012	0.03	− 0.08	− 0.14	− 0.10	− 0.09	0.06	− 0.11	− 0.03	− 0.01	− 0.07
2014	0.22	− 0.03	− 0.07	0.12	0.02	0.03	0.44	0.01	− 0.06	− 0.04

表 3.7 单位价值能耗因素贡献

年份	北京	天津	河北	山西	内蒙古	辽宁	吉林	黑龙江	上海	江苏
2006	0.04	-0.01	-0.15	0.03	-0.57	-0.08	-0.01	-0.01	-0.01	-0.02
2008	0.01	0.11	-0.01	-0.03	0.03	0.01	-0.04	0.01	0.07	-0.02
2010	0.38	-0.19	-0.57	-0.62	-0.08	-0.07	-0.02	0.03	0.02	0.01
2012	-0.10	-0.02	0.01	-0.01	2.24	0.01	0.02	-0.02	-0.05	-0.02
2014	0.01	0.71	0.17	0.01	-1.96	0.03	-0.29	0.01	-0.30	-0.12

年份	浙江	安徽	福建	江西	山东	河南	湖北	湖南	广东	广西
2006	-0.03	-0.03	0.03	-0.03	-0.07	-0.48	-0.09	-0.01	-0.07	0.03
2008	-0.01	-0.03	0.01	-0.09	-0.2	0.01	-0.06	-0.03	-0.01	0.04
2010	-0.07	-0.83	-0.08	0.08	0.11	0.01	-0.61	-0.02	0.35	-0.51
2012	0.01	0.08	0.05	-0.04	-0.12	0.01	-0.2	-0.03	0.05	-0.03
2014	0.01	0.03	-0.07	0.03	-0.11	0.04	-0.05	-0.53	-0.05	-0.14

年份	海南	重庆	四川	贵州	云南	陕西	甘肃	青海	宁夏	新疆
2006	0.05	0.02	0.01	0.03	-0.33	0.02	-0.11	0.15	-0.03	-0.01
2008	0.05	0.01	0.01	-0.06	0.01	0.01	-0.05	-0.04	-0.08	0.01
2010	-0.13	-0.01	-0.05	-0.08	-0.43	-0.07	-0.24	-0.19	-0.15	-0.06
2012	-0.09	-0.04	0.06	0.06	-0.06	0.19	0.01	0.06	-0.01	-0.01
2014	-0.09	0.03	-0.11	-0.02	-0.01	-0.02	-0.72	0.01	0.18	0.01

表 3.8 价值创造效应因素贡献

年份	北京	天津	河北	山西	内蒙古	辽宁	吉林	黑龙江	上海	江苏
2006	-0.06	-0.01	-0.09	-0.02	0.12	0.01	-0.04	-0.01	-0.02	-0.02
2008	-0.24	-0.18	-0.17	-0.02	-0.01	-0.02	-0.02	-0.03	-0.15	-0.03
2010	-4.76	-2.03	-0.79	-1.56	-0.15	-0.02	-0.07	-1.70	-0.29	-0.06
2012	-0.98	-0.37	-0.27	-0.17	-6.74	-0.02	-0.07	-0.06	-0.25	-0.20
2014	-2.04	-4.43	-1.79	-0.05	-3.27	-0.11	-0.59	-0.10	-0.87	-0.53

年份	浙江	安徽	福建	江西	山东	河南	湖北	湖南	广东	广西
2006	-0.01	-0.01	-0.04	-0.03	0.03	0.28	-0.73	-0.04	-0.12	-0.02
2008	-0.02	-0.06	-0.03	-0.24	-0.05	-0.09	-1.49	-0.02	-0.13	-0.02
2010	-0.41	-1.24	-0.12	-0.47	-0.04	-0.17	-1.90	-0.07	-1.07	-3.36

续表

年份	浙江	安徽	福建	江西	山东	河南	湖北	湖南	广东	广西
2012	-0.19	-0.72	-0.83	-0.21	-0.17	-0.33	-0.35	-0.13	-1.11	-0.13
2014	-0.12	-0.10	-0.94	-0.24	-0.07	-0.14	-1.23	-0.89	-0.85	-0.49

年份	海南	重庆	四川	贵州	云南	陕西	甘肃	青海	宁夏	新疆
2006	-0.05	-0.02	-0.03	-0.04	0.03	-0.02	0.02	-0.18	-0.04	0.01
2008	-0.19	-0.06	-0.08	-0.16	-0.04	-0.07	-0.04	-0.21	-0.07	-0.03
2010	-1.00	-0.55	-1.56	-0.91	-1.47	-0.15	-1.68	-0.93	-3.08	-0.19
2012	-0.46	-0.39	-2.21	-0.43	-0.32	-0.91	-0.32	-0.94	-0.47	-0.20
2014	-0.79	-0.63	-1.12	-1.13	-0.31	-0.07	-4.72	-0.48	-0.36	-0.12

表 3.9 间接碳排强度因素贡献

年份	北京	天津	河北	山西	内蒙古	辽宁	吉林	黑龙江	上海	江苏
2006	-0.24	0.58	-4.13	-0.68	-7.59	-3.67	-1.22	-1.50	-0.37	-1.15
2008	-1.33	-0.78	-1.21	-1.26	-0.03	-0.38	-1.19	-0.39	-0.20	-1.25
2010	-7.92	-6.13	-2.50	-27.50	-0.41	-0.62	-1.44	-31.29	0.07	-0.55
2012	2.24	-0.66	-0.73	1.09	4.08	-1.02	1.10	-0.99	-0.77	-1.00
2014	-1.57	-3.70	-3.63	0.36	-4.48	0.24	-5.46	0.32	-1.78	-4.35

年份	浙江	安徽	福建	江西	山东	河南	湖北	湖南	广东	广西
2006	-1.27	-0.23	-0.17	-0.97	-0.15	-15.67	-1.43	-0.89	-2.11	0.01
2008	-0.81	-2.13	0.12	-3.28	-1.20	-1.17	-0.84	-1.03	-0.53	0.35
2010	-8.23	-20.89	-1.55	-1.74	0.11	-0.28	-1.37	-1.44	-1.85	-24.12
2012	-0.94	1.14	-0.39	-0.76	-0.71	-0.74	-0.54	1.18	0.07	-0.90
2014	0.04	0.36	-1.97	0.45	-1.47	0.59	-0.39	-8.42	-0.99	-1.91

年份	海南	重庆	四川	贵州	云南	陕西	甘肃	青海	宁夏	新疆
2006	-0.15	-0.04	-0.55	-0.23	-6.99	0.036	-1.75	-0.58	-0.02	0.29
2008	0.28	-0.32	-0.57	-2.4	-0.20	-0.65	-0.34	-0.76	-0.36	-0.92
2010	-1.83	-4.99	-13.14	-4.29	-12.95	-1.88	-9.58	-4.26	-13.77	-3.08
2012	-0.52	-0.67	0.49	1.29	-0.65	1.21	-0.71	1.67	-0.63	1.06
2014	-0.88	-1.05	-2.07	-2.11	-0.04	-1.31	-17.1	-0.11	0.29	-0.16

表 3.10   产出规模效应因素贡献

年份	北京	天津	河北	山西	内蒙古	辽宁	吉林	黑龙江	上海	江苏
2006	1.30	0.43	5.10	1.68	8.77	4.69	2.25	0.53	1.42	2.19
2008	2.51	1.66	2.41	2.28	1.01	1.42	2.18	1.42	1.32	2.30
2010	11.87	7.06	4.24	28.12	1.39	1.70	2.46	31.70	1.23	1.61
2012	0.19	0.05	0.06	0.15	1.66	0.04	0.09	0.04	0.05	0.22
2014	3.96	7.69	5.29	0.71	8.80	0.82	6.26	0.76	1.91	5.94

年份	浙江	安徽	福建	江西	山东	河南	湖北	湖南	广东	广西
2006	2.30	1.23	1.18	1.98	1.17	18.15	3.17	1.93	3.22	0.90
2008	1.83	3.17	0.85	4.44	3.08	2.30	3.68	2.01	1.63	0.72
2010	9.54	23.05	0.64	3.14	0.99	1.34	1.73	2.46	2.35	26.3
2012	0.16	0.56	0.21	0.05	0.15	0.15	0.03	0.18	0.11	0.04
2014	1.09	0.74	1.97	0.77	0.70	0.53	0.69	8.94	0.76	1.44

年份	海南	重庆	四川	贵州	云南	陕西	甘肃	青海	宁夏	新疆
2006	1.15	1.05	1.59	1.24	8.05	0.95	2.80	1.63	1.09	0.70
2008	0.90	1.37	1.66	3.56	1.21	1.63	1.42	1.99	1.31	1.97
2010	1.71	5.48	13.16	6.20	13.27	1.01	12.39	4.39	17.45	4.27
2012	0.04	0.18	0.80	0.18	0.13	0.45	0.12	0.25	0.17	0.23
2014	0.53	2.68	4.36	4.15	1.35	0.36	21.99	1.57	0.95	1.31

3.2.2.1 直接碳排占比因素分析

从图 3.2 可以看出，直接碳排占比对各省份建筑业碳排放影响较小且有一定起伏。除个别减排措施相对薄弱、直接碳排消耗能源较大的省份如：福建、山西、湖南、黑龙江、广西和甘肃等因素贡献值为正外，全国各省直接碳排占比基本呈现负值，属于影响程度较小的碳减排因素。该因素减排贡献值较明显的是经济较为发达的地区，如京津地区以及华东、华南沿海地区，其余大部分地区平均水平也基本可达到负值。表 3.6 中显示，各省份各年直接碳排占比依旧是正值较多，这说明近几年随着低碳经济的发展，该因素正向作用较小且逐渐转变为负向。

根据表 3.6 可以看出，2006～2010 年，此因素对各省份建筑业碳排放的贡献总体为正值，大约在 0.1 左右波动，2010～2014 年逐渐变成负值，绝对值最大可达到 0.56。其原因是 2010 年以来全国建筑业低碳化发展快速推进，各省份建筑业新能源开发加快、预制化水平提高，现场作业碳排放减小，直接能源消耗得到较好控制，直接碳排占比已逐步成为促进低碳化的因素之一。综合来讲，近年来各地区直接碳排放能源消耗在总能源中占比稳定，除个别省份外，各地区间差异不大。直接碳排放消耗能源逐渐从制约全国建筑业低碳化发展的因素变成促进建筑业低碳发展的因素之一。

3.2.2.2 单位价值能耗因素分析

图 3.2 中显示各省份单位价值能耗对建筑业碳排放的贡献值基本为负值，表明近十年来大部分省份能源消耗增长率小于竣工面积增长率，建筑业能源利用效率较高，此因素对建筑业碳排放具有一定抑制作用。图 3.2 中可以发现，单位价值能耗贡献值比较明显的省份，如山西、湖南、黑龙江等，同直接碳排占比因素正向贡献值较大的省份基本一致。这说明低碳发展较为缓慢的省份虽然直接碳排放比较大，导致总碳排放量增加，但这些省份建筑业处于高速发展阶段，建筑业竣工面积较大，因此单位价值能耗对建筑业碳排放具有抑制作用。其余省份近几年建筑业发展水平稳定，能源消耗和竣工面积几乎同步发展，单位价值能耗对其建筑业碳排放起到微弱负向作用。

由表 3.7 可知，各地区单位价值能耗贡献大多为负值，绝对值基本在 0.1 附近波动。2006 ~ 2008 年该因素对各省份建筑业碳排放影响均较小且变化不大，2010 年河北、山西、安徽、湖北等省因素贡献值波动较大，原因是这些省份处于相对欠发达地区，之前建筑业发展较快，竣工面积较大，到 2010 年左右基本满足需求，因此随着建筑业竣工面积波动，此因素贡献值也出现较大波动。2010 ~ 2014 年各省份随相应供求关系以及能源消耗调整，基本呈现波动上升趋势。总体来讲，单位价值能耗对建筑业碳排放的拉动及抑制作用均比较有限。在一些能源结构不够优化的地区，快速推行建筑业低碳发展的同时应结合当地供需关系发展建筑业。

3.2.2.3 价值创造效应因素分析

价值创造效应均为负值，为五个因素中较大的碳减排因素。图 3.2 中可以发现，北京、天津同上海、江苏、浙江、广东等沿海地区平均贡献值差距较大。而由表 3.8 看出，造成京津地区价值创造效应贡献平均值较大的原因是 2010 年数值显著增加，2008 ~ 2010 年是 2008 年全球经济危机后我国建筑业恢复阶段，京津地区作为我国的经济中心，其对政府经济政策的反应最敏感。因此，在 2008 ~ 2010 年京津地区建筑业总产值大幅增长，使得价值创造效应对建筑业低碳发展起到显著作用，而我国其他经济较发达地区也有类似变化趋势，但变化幅度较小。其他地区价值创造效应贡献值呈负向波动变化。

表 3.8 数据显示，2005 ~ 2015 年该因素对内蒙古、甘肃等省份的贡献值也相当可观，是其他省份的数倍。这些地区属于产业结构相对传统的地区，粗放式的建筑业产业规模使得竣工面积的增长率大于产值的增长率，因此价值创造因素对这些地区贡献值较大。其余地区价值创造因素贡献值较为平稳，基本在 1 左右波动。

2005 ~ 2015 年，此因素在全国范围内的作用都呈持续增加的趋势，随着建筑业低碳化的发展，未来价值创造对建筑业碳减排将继续保持拉动作用。对于碳排放大省而言，持续优化产业和能源结构，大力发展清洁能源等，才能使此因素贡献值逐渐稳步增长。

3.2.2.4 间接碳排强度因素分析

间接碳排强度对建筑业碳排放影响在各区域均起到重要作用，图 3.2 中可以看出同全国变化相同，它是最大的减排因素，且图 3.2 中按照我国八大区域分配排列，波动趋势明显。东北、中部、西部等地区间接碳排强度贡献率较高波动也较大，沿海以及京津发达地区较低。图 3.2 中湖北、广西、陕西等省出现拐点，分析发现这些省份均属于 2010 年全国低碳试点省份，根据国家要求这些省份通过调整产业结构、优化能源结构，提出本地区控制温室气体排放的行动目标，积极探索低碳绿色发展模式，使得建筑业碳排放的构成比例发生了很大的变化，直接碳排占比受到了有效的控制，间接碳排放占比有所增加，间接碳排强度成为建筑业减排的有利因素之一。而北京、上海、广东等经济发达的地区建筑业碳排放已达到相对稳定的水平，间接碳排放强度的影响较稳定。

表 3.9 中显示间接碳排强度除 2012 年有所波动外，其他年份均为负值，表明间接碳排放强度是分析期间我国各区域建筑业碳排放减少的决定性因素。从 2006 ~ 2012 年，各省间接碳排强度贡献值几乎均为负值，并且波动上升，对各年综合效应的贡献保持较高水平，最高绝对值可达 17.10，说明间接碳

排放强度对我国各省份建筑业碳减排产生有力的拉动作用。各区域间接碳排强度效应虽存在差异但基本占总效应的20%左右，是最强的碳减排因素。

随着建筑业低碳发展的推进，间接碳排放在碳排放总量中占比增加，建筑业直接碳排放占比减少，使得间接碳排放强度的碳减排贡献值持续增加。

3.2.2.5 产出规模效应因素分析

图3.2中发现产出规模效应是我国建筑业碳排放最大的正向因素，且变化趋势基本同间接碳排效应一致，从东南到西北逐渐增长。此因素是对建筑业碳排放影响最大的正向因素，并且呈现持续发展的趋势。图3.2中出现拐点的地区依旧是低碳试点省份和近些年建筑业快速发展的省份，这些地区产出规模效应在6~8之间，而建筑业发展较成熟的京津以及东南沿海地区则变化相对稳定，这些地区建筑业总体处于发展态势，产出规模效应基本处于平稳发展阶段。综上，图3.2表示的地区层面上，产出规模效应波动较大的省份是一些碳排放强度较高，产业结构还不够优化的省份，例如广西、甘肃、黑龙江等。这表明建筑业产业规模对建筑业碳排放的增加产生持续拉动作用，其扩大不仅带来建筑业产出，也消耗了大量能源，并排放出了大量的温室气体。

表3.10中表示各年产出规模的影响程度具有明显波动性。其中2005~2010年，产出规模效应除个别省份外可占总效应的5%~10%。由于建筑业在2008~2010年几乎到达峰值水平，并且2010年后国内经济发展放缓，因此各地建筑业总产值在2010年波动增大，相对比值明显升高，且由于各省政策和区域性的差异，波动程度和方向都略有不同。90%的省份如北京、黑龙江、浙江、广西、四川等，2010年产出规模效应都表现为大幅增加的态势，表明由于经济发展的影响，此年建筑业其他方面的发展均不太明显，拉动建筑业碳排放的首要因素产出规模贡献值就表现为大幅增加的趋势。2012~2014年，经济缓慢增长，产出规模影响又基本回到之前水平。

研究期间内，产出规模效应均表现为促进碳排放增加，其他效应在各地区不同时间内对减排的贡献呈现波动变化。总体表现间接碳排强度对减排贡献最大，产出规模效应对碳排放拉动最大，而因地区和发展阶段差异，其他因素影响变化较大。

3.3 建筑业碳排放影响因素空间异质性

上述分析得出，碳排放强度是影响建筑业碳排放的主要因素，本节主要从空间角度研究建筑业碳排放强度的影响因素，对于降低我国建筑业碳排放强度，减少碳排放具有重要意义。在明确我国各省域建筑业碳排放强度空间特征和变化趋势的基础上，选取能源强度、劳动力投入和劳动效率等指标构建出我国建筑业碳排放强度 GWR 模型，对建筑业碳排放影响因素进行空间异质性分析。

3.3.1 模型构建

用横截面数据建立计量经济学模型时，由于这种数据在空间上表现出的复杂性、自相关性和变异性，使得解释变量对被解释变量的影响在不同区域间可能是不同的，假定区域之间的经济行为在空间上具有异质性的方差可能更加符合现实。空间变系数回归模型（spatial varying-coefficient regression model，SVRM）中的 GWR 模型是解决这种问题的有效方法。

在建立计量经济学模型时，所用到的横截面数据在空间上可能会具有复杂性、自相关性和变异性，导致在不同区域间解释变量对被解释变量的影响不完全相同，此时如果假设区域之间的经济行为在空间上具有异质性的方差会更加符合现实。空间变系数回归模型中的 GWR 模型就是做出这种假设的方法。

3.3.1.1 地理加权回归估计方法

给定研究目标区域的任何一个地理空间位置，记为 v 通过在 v 处指定一组权，记为 $k_1(v)$，$k_2(v)$，$\cdots$，$k_n(v)$，来表示各点的观测值的作用。其中第 i 个权值 $k_i(v)$ 对应于第 i 组观测（y_i；x_{i1}，x_{i2}，$\cdots$，x_{ip}）。根据加权最小二乘法，v 点处的未知参数 $\beta_j(v)$，$j = 1$，2，$\cdots$，p 可以通过使

$$\sum_{i=1}^{n} ki(v)\left\{y_i - \beta_1(v)x_{i1} - \beta_2(v)x_{i2} - \cdots - \beta_p(v)x_{ip}\right\}^2 \qquad (3.20)$$

达到最小来进行估计。记为：

$$Y = \begin{bmatrix} y_1 \\ y_2 \\ \vdots \\ y_n \end{bmatrix},\ X = \begin{bmatrix} x_{11} & x_{12} & \cdots & x_{1n} \\ x_{21} & x_{22} & \cdots & x_{2n} \\ \vdots & \vdots & \ddots & \vdots \\ x_{n1} & x_{n2} & \cdots & x_{nn} \end{bmatrix} = \begin{bmatrix} x_1' \\ x_2' \\ \vdots \\ x_n' \end{bmatrix},\ \beta(v) = \begin{bmatrix} \beta_1(v) \\ \beta_2(v) \\ \vdots \\ \beta_p(v) \end{bmatrix}$$

以及 $K(v) = \mathrm{diag}(k_1(v),\ k_2(v),\ \cdots,\ k_n(v))$ 为 n 阶对角矩阵。从而 v 点处的参数估计值可表示为

$$\beta(v) = \begin{bmatrix} \beta_1(v) \\ \beta_2(v) \\ \vdots \\ \beta_p(v) \end{bmatrix} = [X^T K(v) X]^{-1} X^T K(v) Y \qquad (3.21)$$

显然，如果已知自变量观测值为 $(x_1,\ x_2,\ x_3,\ \cdots,\ x_p)$，则可以得到 v 点处因变量 Y 的拟合值为：

$$\hat{y}(v) = (x_1,\ x_2,\ \cdots,\ x_p) \qquad (3.22)$$

$$\beta(v) = \beta_1(v)x_1 + \beta_2(v)x_2 + \cdots + \beta_p(v)x_p \qquad (3.23)$$

上述估计方法可以利用观测值得出因变量 Y 在研究范围内的任何一点处的估计值，进而可以得出整个回归曲面的估计。特别地，若以 $Y = (\hat{y}_1, \hat{y}_2, \cdots, \hat{y}_n)^T$ 记因变量在各观测点处的拟合值所组成的向量，则有：

$$\hat{Y} = SY \qquad (3.24)$$

$$S = \begin{bmatrix} x_1^T (X^T K(v_1) X)^{-1} X^T K(v_1) \\ x_2^T (X^T K(v_2) X)^{-1} X^T K(v_2) \\ \vdots \\ x_n^T (X^T K(v_n) X)^{-1} X^T K(v_n) \end{bmatrix} \qquad (3.25)$$

为了使上述的估计方法得以实现，应当对研究范围内的每一点 v，制定对应的一组权值 $K_i(v)$，$i = 1,\ 2,\ \cdots,\ n$。如上所述，第 i 个权值 $K_i(v)$ 反映了第 i 组观测 $(x_{i1},\ x_{i2},\ \cdots,\ x_{ip})$ 以及 y_i 对估计 v 处的参数值的重要性，正如托布勒（Tobler, 1979）在地理学第一定律中所言，"每件事情都与其他事情息息相关，但（位置）邻近的事物比较远的事物更加相像。"因此，距离 v 点较近的观测值对 v 点处的回归函数（或其中的参数）的估计影响比较大，

而相距较远的观测值对其影响相对较小。若以 $d(v_i, v)$ 来表示空间位置 v_i 和 v 间的距离，则对于较小的 $d(v_i, v)$ 所对应的观测点应该赋予较大的权值，反之则应当赋予较小的权值。

3.3.1.2 GWR 模型

考虑如下的全局回归模型：

$$y_i = \beta_0 + \sum_k \beta_k x_{ik} + \varepsilon_i \qquad (3.26)$$

GWR 模型允许局部而不是全局的参数估计，继承和发展了传统的回归框架，经过扩展后的模型如下：

$$y_i = \beta_0(u_i, v_i) + \sum_k \beta_k(u_i, v_i) x_{ik} + \varepsilon_i \qquad (3.27)$$

式中，(u_i, v_i) 是第 i 个样本点的空间坐标，$\beta_k(u_i, v_i)$ 是连续函数 $\beta_k(u, v)$ 在 i 点的值。如果 $\beta_k(u, v)$ 在空间上保持稳定，则该模型就成为全局模型。因此，地理加权回归方程承认空间变化关系可能是存在的，并且提供了一种能够度量的方法。

福瑟林汉姆等（Fotheringham et al., 1996）依据 "接近位置 i 的观察数据比那些离位置 i 远一些的数据对 $\beta_k(u_i, v_i)$ 的估计有更多的影响" 的思想，通过使用加权最小二乘法进行参数估计，得到：

$$\beta(u_i, v_i) = (X^T W \beta_K(u_i, v_i) X)^{-1} X^T W(u_i, v_i) Y \qquad (3.28)$$

式中，W 代表空间权重矩阵。

在实证研究分析中，常用的空间权重函数是高斯函数，如下：

$$W_i = \exp[-d_{ij}/b^2] \qquad (3.29)$$

式中，b 是带宽，d_{ij} 是样本点 i 和 j 的距离。

空间权重函数也常用双重平方（bi-square）函数：

$$W_i = \begin{cases} [1 - d_{ij}/b^2]^2 & \text{if} \quad d_{ij} < b \\ 0 & \text{if} \quad d_{ij} > b \end{cases} \qquad (3.30)$$

在国际上，鲍曼等（Bowman et al., 1984）提出的交叉确认（cross-validation, CV）方法普遍被应用到确定带宽 b 的过程中：

$$CV = \sum_{i=1}^n [y_i - \hat{y}_{\neq i}(b)]^2 \qquad (3.31)$$

式中，$\hat{y}_{\neq i}(b)$ 是 y_i 的拟合值，在描述过程中省略了点 i 的观测值。当 CV 值达到最小值时，对应的 b 就是所需的带宽。因为采用不同的空间加权函数会得到不同的带宽，在确定最优带宽时，通常主要依据的是赤池信息准则：使 GWR 模型的 AIC 最小。

3.3.1.3 变量的选择与说明

本模型以我国 30 个省份的建筑业碳排放强度为因变量，根据已有研究的相关结论，选用以下能源强度、劳动力投入、劳动效率三种影响因素作为自变量，对各省份建筑业碳排放强度进行回归分析。各变量的具体含义及计算方法如下：

碳排放强度（carbon intensity，CI），以各省份建筑业碳排放总量（carbon emissions，C_T）与该省份建筑业总产值（construction industry output value，CIOV）的比值来表示（碳排放强度 = 碳排放总量/建筑业总产值），即：

$$CI = \frac{C_T}{CIOV} \tag{3.32}$$

式中，CI 代表建筑业碳排放强度，C_T 代表建筑业碳排放总量，即关联碳排放，包括建筑业自身活动产生的直接碳排放与带动相关行业产生的间接碳排放，$CIOV$ 代表建筑业总产值。

能源强度（energy intensity，EI），以各省份建筑业能源消耗量（energy consumption，EC）与该省份建筑业施工面积（construction area，CA）的比值来表示（能源强度 = 能源消耗量/施工面积），即：

$$EI = \frac{EC}{CA} \tag{3.33}$$

式中，EI 代表能源强度，EC 代表能源消耗量，CA 代表施工面积。

劳动力投入（labor input，LI），以各省份建筑业从业人数（construction employment，CE）与该省份建筑业施工面积（construction area，CA）的比值来表示（劳动力投入 = 建筑业从业人数/施工面积），即：

$$LI = \frac{CE}{CA} \tag{3.34}$$

式中，LI 代表能源强度，CE 代表建筑业从业人数，CA 代表建筑业施工面积。

劳动效率（efficiency of labor，EL），以各省份建筑业总产值（CIOV）与该省份建筑业从业人数（CE）的比值来表示（劳动效率 = 建筑业总产值/建筑业从业人数），即：

$$EL = \frac{CIOV}{CE} \tag{3.35}$$

式中，EL 代表能源强度，$CIOV$ 代表建筑业总产值，CE 代表建筑业从业人数。

为了避免出现多重共线性，并未选取过多的影响因素，以上三种因素对建筑业碳排放强度的具体影响还需代入模型中进一步分析。

3.3.1.4 GWR 模型构建

本书通过地理加权回归方法研究全国 30 个省份分别在 2005 年、2008 年、2011 年、2015 年单位面积能源强度、劳动力投入和劳动效率对建筑业碳排放强度的影响，并且为了消除单位不同的影响，最终构建如下模型来揭示各影响因素在不同省域的空间差异性：

$$\ln CI = a + b(\ln EI) + c(\ln LI) + d(\ln EL) + e_i \tag{3.36}$$

式中，CI 代表 30 个省份的建筑业碳排放强度，EI 代表 30 个省份建筑业的单位面积能源强度，LI 代表 30 个省份建筑业的劳动力投入，EL 代表 30 个省份建筑业的劳动效率，e_i 则代表残差项。

3.3.2 计量分析

通过 ArcGIS 软件对 30 个省份建筑业的数据进行地理加权回归，整体回归结果如表 3.11 所示。从结果可以看出，拟合系数在 2005～2015 年间均较高。

表 3.11 　　　　　　　　　　　　GWR 模型的整体估计回归结果

指标	2005 年	2008 年	2011 年	2015 年
R^2	0.847	0.824	0.798	0.848
调整 R^2	0.815	0.767	0.724	0.771
残差平方和	2.659	2.199	2.342	2.606
带宽	2483625.759	1711024.608	1565630.657	1602926.119
$AICc$	26.833	26.512	31.401	35.998

下面针对每个影响因素对各省域建筑业碳排放强度的影响进行详细分析。

3.3.2.1 能源强度因素

从表3.12可以看出，各年能源强度回归系数均为正，说明能源强度与碳排放强度呈正相关，建筑业碳排放强度会随着能源强度的增加而增加。北部及西部省域的回归系数大于南部省域，其中，辽宁、内蒙古、吉林、黑龙江和新疆等省份的能源强度对碳排放强度的影响最大。说明其对我国北部省域的影响程度要大于南部省域，在这些受能源强度影响较大的地区提高能源效率对降低建筑业碳排放强度有积极促进作用。

表3.12 　　　　　　　　2005～2015年能源强度因素回归系数

省份	2005年	2008年	2011年	2015年	省份	2005年	2008年	2011年	2015年
广东	0.256	0.279	0.320	0.375	江苏	0.326	0.341	0.367	0.479
海南	0.229	0.268	0.342	0.381	陕西	0.327	0.354	0.372	0.482
广西	0.256	0.291	0.334	0.389	宁夏	0.339	0.367	0.386	0.505
福建	0.279	0.294	0.320	0.394	山西	0.345	0.364	0.387	0.510
湖南	0.281	0.308	0.332	0.404	山东	0.345	0.358	0.387	0.510
贵州	0.274	0.310	0.340	0.405	甘肃	0.342	0.378	0.400	0.520
江西	0.286	0.305	0.329	0.406	青海	0.332	0.380	0.411	0.521
云南	0.264	0.311	0.355	0.413	河北	0.361	0.371	0.403	0.534
重庆	0.295	0.327	0.346	0.428	天津	0.362	0.370	0.404	0.536
浙江	0.303	0.317	0.341	0.436	北京	0.366	0.374	0.408	0.541
湖北	0.304	0.329	0.347	0.439	辽宁	0.382	0.377	0.422	0.563
四川	0.297	0.336	0.358	0.442	内蒙古	0.385	0.388	0.427	0.570
安徽	0.315	0.334	0.355	0.458	吉林	0.401	0.384	0.439	0.589
上海	0.319	0.332	0.357	0.466	黑龙江	0.424	0.396	0.461	0.626
河南	0.323	0.345	0.365	0.474	新疆	0.378	0.456	0.534	0.635

为缩小区域间建筑业碳排放强度差异，北部及西部省域要加强与能源强度较低地区的交流学习。此外，同时要加大对低碳技术及低碳材料的研发力度。总体来看，能源强度对碳排放强度的影响在不断增大，这提示我们在不

影响行业经济发展的同时，通过各种方式提高能源效率是降低建筑业碳排放强度的有效路径。

3.3.2.2 劳动力投入因素

建筑业是一个人员密集型的传统行业，需要大量劳动力投入，因此其会对行业碳排放强度产生一定影响。从回归结果来看，劳动力投入的回归系数的绝对值要小于能源强度和劳动效率对碳排放强度的影响程度，且有正有负。说明增加劳动人员数量会增加有些省域的建筑业碳排放强度，而对其他省域来说则会抑制碳排放强度的增加，即存在最优从业人员数量，有些省域的建筑业从业人员饱和，而有些省域从业人员较少。

表 3.13				2005 ~ 2015 年劳动投入因素回归系数					
省份	2005 年	2008 年	2011 年	2015 年	省份	2005 年	2008 年	2011 年	2015 年
河北	0.101	0.074	0.139	0.015	吉林	0.072	0.078	0.147	- 0.067
天津	0.101	0.075	0.138	0.013	湖北	0.141	0.028	- 0.007	- 0.071
北京	0.097	0.076	0.144	0.012	重庆	0.142	0.006	- 0.052	- 0.122
山西	0.110	0.062	0.108	0.011	江西	0.157	0.016	- 0.071	- 0.123
山东	0.115	0.065	0.107	0.009	黑龙江	0.051	0.073	0.129	- 0.141
内蒙古	0.078	0.080	0.159	- 0.009	福建	0.163	0.014	- 0.096	- 0.142
江苏	0.130	0.052	0.058	- 0.014	四川	0.132	- 0.013	- 0.072	- 0.151
河南	0.128	0.048	0.057	- 0.018	湖南	0.156	0.002	- 0.093	- 0.153
辽宁	0.087	0.079	0.151	- 0.018	青海	0.094	- 0.026	- 0.060	- 0.155
宁夏	0.107	0.042	0.074	- 0.019	贵州	0.154	- 0.025	- 0.142	- 0.213
陕西	0.120	0.042	0.058	- 0.023	广东	0.174	- 0.023	- 0.197	- 0.251
上海	0.137	0.046	0.030	- 0.032	广西	0.168	- 0.043	- 0.216	- 0.280
安徽	0.137	0.044	0.030	- 0.034	云南	0.151	- 0.070	- 0.225	- 0.306
甘肃	0.097	0.019	0.035	- 0.063	新疆	0.030	- 0.132	- 0.232	- 0.307
浙江	0.147	0.035	- 0.015	- 0.066	海南	0.185	- 0.084	- 0.343	- 0.397

从表 3.13 可以看出，河南、辽宁、宁夏等北部和中西部发展相对落后省域的回归系数在 2015 年由正转负，说明随着这些地区城镇化的加快，建筑业

快速发展，需要增加从业人员数量来满足建设的需要，而四川、湖南、重庆、广东、浙江等发达省域的回归系数从 2011 年始终为负，说明这些地区长期进行着大规模的城镇化建设，劳动力数量仍显不足。另外，劳动力投入数量对建筑业碳排放强度影响较大的省域有广西、云南、新疆、海南等，影响较小的省域有河北、天津、北京等。

各省域可通过制定合理措施来控制从业人员数量，从而达到降低建筑业碳排放强度的目的。但是，在当前我国人口红利逐渐消失的情况下，仍要采取继续增加建筑行业从业人数的方式与我国国情不符。应当在积极改变传统的劳动密集型生产方式上努力，一方面要加快培养掌握建筑行业绿色低碳技术的人才，另一方面要通过培训提高现有从业人员的管理能力和专业技术水平，尤其要注重促进农民工向专业型技术工人的转变。

3.3.2.3 劳动效率因素

从劳动效率看，如表 3.14 所示，各年份中相邻省域的回归系数差异较小且均为负，表明劳动效率对建筑业碳排放强度的影响有明显的空间依赖效应，劳动效率和碳排放强度呈负相关关系。各年份中劳动效率对碳排放强度的影响程度从东北地区向西南地区呈现逐渐减弱趋势，同时从纵向来看，在绝大部分省域劳动效率对碳排放强度的影响在逐年增强，其中，劳动效率对碳排放强度影响较大的省域主要有黑龙江、内蒙古、吉林、辽宁等，影响相对较小的省域主要集中在广东、云南、广西、海南等。

表 3.14   **2005～2015 年劳动力效率因素回归系数**

省份	2005 年	2008 年	2011 年	2015 年	省份	2005 年	2008 年	2011 年	2015 年
黑龙江	-0.786	-0.739	-0.931	-0.985	上海	-0.597	-0.522	-0.556	-0.696
内蒙古	-0.706	-0.735	-0.875	-0.966	安徽	-0.585	-0.521	-0.547	-0.674
吉林	-0.749	-0.716	-0.893	-0.954	青海	-0.548	-0.522	-0.552	-0.660
辽宁	-0.714	-0.700	-0.854	-0.936	浙江	-0.565	-0.464	-0.462	-0.595
北京	-0.678	-0.686	-0.808	-0.911	湖北	-0.552	-0.478	-0.478	-0.588
河北	-0.670	-0.676	-0.791	-0.899	重庆	-0.522	-0.430	-0.414	-0.507
天津	-0.672	-0.674	-0.792	-0.899	四川	-0.508	-0.421	-0.409	-0.496

续表

省份	2005 年	2008 年	2011 年	2015 年	省份	2005 年	2008 年	2011 年	2015 年
山东	- 0.643	- 0.624	- 0.714	- 0.835	江西	- 0.524	- 0.396	- 0.360	- 0.467
山西	- 0.632	- 0.635	- 0.715	- 0.835	湖南	- 0.506	- 0.375	- 0.335	- 0.426
宁夏	- 0.605	- 0.610	- 0.668	- 0.789	福建	- 0.515	- 0.364	- 0.313	- 0.425
甘肃	- 0.592	- 0.600	- 0.651	- 0.771	贵州	- 0.476	- 0.326	- 0.280	- 0.355
新疆	- 0.572	- 0.565	- 0.631	- 0.746	广东	- 0.458	- 0.253	- 0.176	- 0.261
江苏	- 0.609	- 0.557	- 0.609	- 0.741	云南	- 0.430	- 0.243	- 0.197	- 0.258
陕西	- 0.590	- 0.572	- 0.615	- 0.733	广西	- 0.444	- 0.243	- 0.176	- 0.248
河南	- 0.594	- 0.558	- 0.601	- 0.721	海南	- 0.388	- 0.109	- 0.032	- 0.108

　　劳动效率对碳排放强度的影响由东北向西南逐渐减弱，这与该变化方向上各省域的建筑业经济规模与发达程度基本吻合，各省基于回归系数应当明确其与其他省域间的差距，在该因素上降低碳排放强度潜力大的省域（如黑龙江、内蒙古、吉林、辽宁等省），应当着重加强劳动效率的提高。

3.4　本章小结

　　本章基于建筑业碳排放与建筑业生产总值建立碳排放 EKC 曲线和脱钩弹性理论模型，揭示了建筑业经济发展与碳排放之间的动态关系；引入 LMDI 分解模型探究建筑业碳排放的影响因素，将全国各省份建筑业碳排放结合前文碳排放核算方法进行分解，分析了不同因素的影响；采用 GWR 模型对建筑业碳排放强度影响因素进行空间异质性分析，从空间的角度探究了建筑业碳排放强度影响因素，结合实证分析提出了相关建议。

　　（1）建筑业碳排放与经济增长之间关系的研究结果表明，EKC 曲线呈线性增长，即建筑业碳排放随着行业生产总值的增长而递增，因此随着经济增长而自发解决环境恶化问题是不切实际的，应主动制定减排政策与措施来减少建筑业碳排放。从脱钩指标来看，随着经济不断发展，向碳排放和经济增长脱钩转变所需的减排力度越来越大，协调经济增长和减排的关系是实现建筑业低碳发展关键。

（2）通过 LMDI 因素分解，定量分析直接碳排占比、单位价值能耗、价值创造效应、间接碳排强度和产出规模效应五个影响因素。在研究期间内，直接碳排占比和单位价值能耗对全国建筑业碳排放效应有所波动，价值创造效应对碳排放产生负向影响，但效果不明显。间接碳排强度是全国 2005~2015 年建筑业碳排放的主要负向影响因素，产出规模是全国及各省份的最大正向影响因素，表明建筑业生产规模的迅速扩大是推进碳排放增长的主导力量。

（3）本章采用 GWR 模型研究了建筑业碳排放强度影响因素，其影响程度由大到小依次为劳动效率、能源强度、劳动力投入。其中，能源强度对碳排放强度的影响最大，回归系数由南西北呈梯次变化趋势，说明其对我国北部省域的影响程度要大于南部省域；2005~2015 年劳动力投入因素对我国大部分省份的建筑业碳排放强度有抑制作用；劳动效率对建筑业碳排放强度的影响程度仅次于能源强度，其对建筑业碳排放强度的影响程度大致由东北向西南方向梯次减弱，各地区的回归系数基本可以反映当地的建筑业发达水平。

第4章
中国建筑业碳排放效率

本书第 2 章和第 3 章测算了建筑业碳排放量,并进行建筑业碳排放特征分析,结果显示在全国、区域和省域三个层面都存在较大的差异,建筑业碳排放受到多因素影响,不能片面地根据建筑业碳排放量确定建筑业发展水平及方式。为了更加全面地剖析建筑业碳排放特征,本章运用包含非期望产出的三阶段数据包络分析(slacks-based measure data envelopment analysis,SBM – DEA)模型与 Malmquist – Luenberger 指数模型分析建筑业碳排放静态效率与动态效率,进而通过 Tobit 模型探索静态效率的影响因素,并结合实证分析从全国与区域层面提出政策建议。

4.1 建筑业碳排放静态效率测评

本节首先对研究对象与基本概念进行界定,运用三阶段 SBM – DEA 分析模型对省域建筑业碳排放静态效率进行计算,根据投入产出、环境变量全角度分析建筑业碳排放省域特征。

4.1.1 模型构建

4.1.1.1 效率评价指标选取原则

效率评价过程中,投入指标经过 DEA 内部潜在的生产函数转化为产出指标,因此投入、产出指标的选择与统计直接影响着 DEA 效率评价的结果,如果选择不合适的指标，会导致效率评价结果不准确，因此本章研究建筑业碳排放过程中，指标选取出于以下考虑原则：

全面性：投入产出指标的选择应具有全面性，即可以全面反应评价对象各方面，指标的完整性有利于全面、准确的评价决策单元的效率。

代表性：投入产出指标的选择应考虑代表性，即针对决策单元的特殊性，选择最具代表性的指标，客观准确地表达决策单元的投入产出过程，所选指标不具有代表性则会影响效率评价结果。

科学性：为了达到研究的目的，应该选择与效率评价模型相适应的指标，即所选指标可以对碳排放效率做出准确判断。

可比性：可比性主要表现在两个方面。一方面，是纵向可比性，及时间序列不同；另一方面，是横向可比性，即决策单元之间的差异，具体体现在所选指标的差异性，才能从不同纬度分析效率分布情况。

数据可得性：考虑数据的统计难度及准确性，如果获取难度大甚至无法获得，即使指标表现优秀，也需要更换其他替换指标。

4.1.1.2　指标选取

基于以上原则，将近期碳排放效率或能源效率领域比较有代表性的成果进行汇总，如表4.1所示。可以看出学者们在进行碳排放效率或能源效率研究时，通常将能源、劳动力、资本与机械作为投入要素。从产出要素来看，主要分为两类：一类是将 GDP 或行业总产值作为期望产出，同时将碳排放量作为非期望产出；另一类是没有考虑非期望产出，或将碳排放量作为投入要素进行模型构建。

表4.1　　　　　　　　　　　关于 DEA 效率评价指标参考

作者	研究方法	投入指标	期望产出	非期望产出
陈晓红等（2017）	三阶段 SBM - DEA	资本存量、年末就业人数、能源消耗总量	国内生产总值	二氧化碳排放量
陈雯（2018）	三阶段 BCC - DEA	资本投入、劳动投入、电力投入	地区生产总值	废水排放量、固体废弃物排放量、二氧化硫排放量
孟凡一等（Meng Fa-nyi et al. ，2016）	六种 DEA 模型	能源消耗、劳动力、资本存量	国内生产总值	碳排放量

续表

作者	研究方法	投入指标	期望产出	非期望产出
宋晓伟等（Song Xi-aowei et al.，2015）	SBM 模型	能源消费、劳动力、固定资产投资	行业总产值	碳排放量
陈钢（2016）	广义 DEA	碳排放量、从业人数、资本存量、机械设备、能源消耗、劳动力	行业总产值竣工面积	—
冯博（2015）	SBM	能源消耗、从业人数、建筑业总资产、机械设备率	行业总产值	碳排放量
李阳和王克亮（Li Yang and Wang Keli-ang，2013）	DDF	能源消耗、资本存量、劳动力	国内生产总值	碳排放量
王江涛（2018）	三阶段 DEA	资源消耗、资本投入、人力资本投入	地区经济发展总量	环境污染物

本节参照表 4.1 中所列的投入与产出要素选择方案并结合建筑业自身特点，考虑将能源、劳动力、资本与机械设备作为投入要素，将行业总产值与建筑业直接碳排量作为期望产出与非期望产出。具体指标与数据来源如下：

能源投入：能源作为建筑业的主要支撑资源，在建筑业碳排放中地位举足轻重，本节采用建筑业能源消耗量表征这一指标。

劳动力投入：人作为各项生产活动的基础，是建筑业发展过程中不可或缺的部分，本节选取的劳动力投入指标用年末建筑业从业人数表征。

资产投入：资本投入是建筑项目启动的必要条件，本节资本投入用建筑企业资产总计表达。

机械投入：建筑业碳排放效率的高低受建筑发展机械化水平的影响，因此机械投入用机械设备年末总功率表征。

关于产出指标，本节考虑环境非期望产出和期望产出两部分。其中，期望产出指标用省域建筑业总产值表示，因为建筑业总产值表示建筑业规模与产出的大小；非期望产出指标则是由精确计算的建筑业碳排放量表示。

三阶段 DEA 评价过程中的环境变量是指影响区域建筑业碳排放效率，但不在样本可以控制的范围内的因素。影响建筑业碳排放效率的因素众多，本节根据已有研究的参考，以及建筑业碳排放核算过程中体现的自身特点，结合研究重点，主要考虑产业结构、能源结构、技术水平、城市化进程作为环境变量。

产业结构：第三产业不同于第一、第二产业，区域第三产业的占比提升说明区域产业结构、资源配置不断优化，会对建筑业生产活动产生一定影响。因此，本节选择第三产业占 GDP 比重来表征产业结构。

能源结构：建筑业在其生产过程中消耗多种化石能源，不同剩余能源差异较大，而电力能源作为一种清洁能源，其占比的增加有助于提高能源使用效率，因此，本节以电力消费量与综合能源的比值作为能源结构。

技术进步：技术进步是一个地区发展水平的象征，建筑业技术效率的提高，可以大大改善建筑业碳排放效率，优化、升级建筑业生产过程，本节以监护作业机械化程度表示建筑业技术进步情况。

城市化进程：随着农村人口城市化，城市社会结构、建筑业供需关系都会产生一定变化，为实现低碳化高质量生活提供可能的同时，影响建筑业碳排放水平。因此，城市化进程是影响建筑业碳排放效率的重要因素，本节以省域城镇人口与省域总人口的比来表示城市化进程。

4.1.1.3　理论基础

（1）生产函数。

效率（efficiency）与生产率（productivity）是两个经常被混淆的术语，为了清晰地说明两者之间的联系与区别，首先面向决策单元（decision making unit，DMU）D 建立单投入要素 x 和单产出要素 y 的生产函数：

$$y = f(x) \quad (x, y \geqslant 0) \tag{4.1}$$

假设式（4.1）的函数图像如图 4.1 所示，对于既定的投入，决策单元 D 所能获得的最大产出的集合，或者对于既定的产出，决策单元 D 所需要付出的最小投入的集合构成了曲线 OF，也就是生产前沿（production frontier），它反映了决策单元 D 在既定技术水平下有效率的投入产出情况的集合。图中位于 B、C 点时决策单元 D 是技术有效（technically efficient）状态，位于 A 点时则处于技术无效状态，因为 A 点可以增加到 C 点的产出水平而无须增加投入。

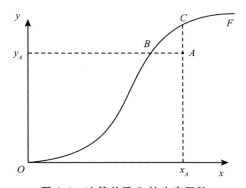

图 4.1　决策单元 D 的生产函数

图 4.1 也可以展示决策单元 D 的生产可能集（production possibility set），这个集合是其所有可行的投入产出情况的集合，由生产前沿 OF 和生产前沿 OF 与 x 轴之间所有的点一同构成。

（2）效率理论。

由于资源具有稀缺性，提高现有资源的有效利用和配置程度是经济学研究的主要目标之一。经济学家法雷尔（Farrell，1957）提出经济效率（economic efficiency）可以分解成技术效率（technical efficiency）和配置效率（allocative efficiency）。技术效率反映决策单元在既定要素投入情况下实现产出最大化，或者在既定产出水平下实现要素投入最小化的能力，即对要素的有效利用能力。配置效率反映决策单元在既定要素价格和技术水平情况下，以最优生产组合实现成本最低的能力，即对要素的有效配置能力。

技术效率可以分为投入、产出两个导向。从投入角度出发，法雷尔（Farrell，1957）提出技术效率是为实现既定产出，需要投入的最少要素量与实际投入量的比率。经济学家莱本斯坦（Leibenstein，1966）则从产出导向出发，提出技术效率是在既定投入情况下，实际产出量与可能达到的最大产出量的比率。以决策单元 D 为例，位于 A 点时，投入导向下技术效率为 x_B/x_A，产出导向下技术效率为 y_A/y_C。

由于宏观层面各研究对象的技术水平和所处的市场环境存在很大差异，难以准确对配置效率进行测度，因此从宏观视角对效率的研究通常针对技术效率，故本节也是基于技术效率范畴对建筑业碳排放效率展开研究。

（3）生产率理论。

生产率是产出与投入的比率，能够反映资源的利用程度。仍以决策单元 D 为例，位于 A 点时的生产率为 y_A/x_A。

根据测度时所考虑的要素数量，生产率可以分为单要素生产率（single factor productivity）与全要素生产率（Total factor productivity）。20 世纪初，柯布 – 道格拉斯生产函数（Cobb – Douglas production function）被正式提出，这为单要素生产率的定量研究奠定了基础。最典型的是劳动生产率与资本生产率，表征了在既定技术及经济条件下，产出与投入的劳动力及资本之间的关系。然而在实际情况中，决策单元往往需要投入多种要素并得到多种产出，投入的要素之间也具有关联性与替代性。某一投入要素可能需要借助另一要素来实现生产，并且增加某一投入要素并减少另一要素也可能达到相同的产出水平，因此单要素生产率无法准确反映决策单元的生产水平。另一方面，不同决策单元的投入要素组合也存在差异，不同决策单元间单要素生产率可比性不强，基于单要素生产率开展研究存在一定的片面性。

经济学家汀博济（Tinberge，1942）首次提出全要素生产率概念，不过其全要素生产率研究只考虑了劳动力与资本两种投入要素。随后，经济学家肯德里克（Kendrick，1591）对全要素生产率的概念进行了完善，指出只有将产出量与全部投入要素量联系起来构建分析模型，才能真正反映出生产率的变化，产出量与全部投入要素量的比率才是全要素生产率。1954 年，经济学家戴维斯（Davis，1954）出版著作《生产率核算》，在该书中他提出全要素生产率应包括全部投入要素，考虑劳动力、资本、原材料与能源等投入，进一步完善了全要素生产率理论，被学界推崇为"全要素生产率"的开创者。全要素生产率与实际生产情况更为契合，弥补了单要素生产率的局限性和片面性，成为生产率研究的核心，之后面向能源效率与碳排放效率的研究也大多在全要素生产率框架下展开。

4.1.1.4 三阶段 SBM – DEA 模型

根据上述内容，本节利用三阶段 SBM – DEA 模型，评价我国建筑业碳排放效率情况，下文详细介绍三阶段 SBM – DEA 模型：

第一阶段，初始产业综合效率评价。根据托恩（Tone，2001）的研究成果，记 X 为投入矩阵，$X = (x_{ij}) \in R^{m \times n}$；$Y^g$ 为期望产出矩阵，$Y^g = (y_{rj}^g) \in R^{s_1 \times n}$；$Y^b$ 为非期望产出矩阵，$Y^b = (y_{tj}^b) \in R^{s_2 \times n}$；并且 X，Y^g，$Y^b \geq 0$，$1 \leq i \leq m$，$1 \leq j \leq n$，$1 \leq r \leq s_1$，$1 \leq t \leq s_2$；j 表示决策单元的个数，i 表示投入要素的个数；s_1 与 s_2 分别为期望产出与非期望产出要素的个数；s_i^-，s_r^{g+} 与 s_t^{b+} 分别表示投入、期望产出与非期望产出的松弛变量；常数向量 $\lambda = (\lambda_j) \in R^{n \times 1}(\lambda \geq 0)$ 表示第 j 个决策单元的权重，则包含非期望产出的超效率 SBM 模型为：

$$\rho* = \min \frac{1 - \frac{1}{m}\sum_{i=1}^{m}\frac{s_i^-}{x_{i0}}}{1 + \frac{1}{s_1+s_2}\left(\sum_{r=1}^{s_1}\frac{s_r^{g+}}{y_{r0}^g} + \sum_{t=1}^{s_2}\frac{s_t^{b+}}{y_{t0}^g}\right)} \quad (4.2)$$

$$\text{s. t.} \begin{cases} x_{i0} \geq \sum_{j=1,j\neq 0}^{n} x_{ij}\lambda_j - s_i^- \\ y_{r0}^g \leq \sum_{j=1,j\neq 0}^{n} y_{rj}^g\lambda_j + s_r^{g+} \\ y_{t0}^b \geq \sum_{j=1,j\neq 0}^{n} y_{tj}^b\lambda_j + s_t^{b+} \\ 1 - \frac{1}{s_1+s_2}\left(\sum_{r=1}^{s_1}\frac{s_r^{g+}}{y_{r0}^g} + \sum_{t=1}^{s_2}\frac{s_t^{b+}}{y_{t0}^g}\right) > 0 \\ \lambda, s^-, s^{g+}, s^{b+} \geq 0; 1 \leq i \leq m; 1 \leq r \leq s_1; 1 \leq t \leq s_2; 1 \leq j \leq n(j \neq 0) \end{cases}$$

建筑业碳排放效率 CCE 为：

$$CCE = 1 + \frac{1}{s_2}\sum_{t=1}^{s_2}\frac{s_{t0}^{b+}}{y_{t0}^b} \quad (4.3)$$

建筑业碳减排潜力 CEP 的核算是根据 SBM – DEA 计算所得的建筑业碳排放非期望产出的松弛变量值与建筑业实际碳排放进行计算所得：

$$CEP = \frac{SV}{C} \quad (4.4)$$

式中，SV 表示建筑业碳排放距离生产前沿面的距离，C 表示之前计算的实际建筑业碳排放值。

第二阶段，构建随机前沿分析模型（stochastic frontier analysis，SFA）模型。因为初始效率评价阶段所得的投入或产出松弛变量会受到外部环境以及随机误差的影响，本阶段通过构建 SFA 模型对上述影响因素进行测算，剔除这两个因素影响。本节选取投入导向性，得到如下的 SFA 模型：

$$s_{ik} = f^i(z_k; \beta^i) + v_{ik} + \mu_{ik} \tag{4.5}$$

式中，$i = 1, 2, 3, \cdots, m$；$k = 1, 2, 3, \cdots, n$；s_{ik} 代表投入松弛变量，i_k 代表第 k 个决策单元的第 i 个投入，$z_k = (z_{1k}, z_{2k}, \cdots, z_{pk})$ 代表环境变量，β^i 代表环境变量的待评估参数，$f^i(z_k; \beta^i)$ 代表环境变量对 s_{ik} 的影响，通常取 $f^i(z_k; \beta^i) = z_k \beta^i$，$v_{ik} + \mu_{ik}$ 为混合误差，v_{ik} 代表随机误差，μ_{ik} 表示管理无效。假设 $\gamma = \dfrac{\sigma_{\mu i}^2}{\sigma_{\mu i}^2 + \sigma_{vi}^2}$ 与 μ_{ik} 相互独立，$v_{ik} \sim N(0, \sigma_{vi}^2)$，$\mu_{ik} \sim N^+(\mu^i, \sigma_{\mu i}^2)$，定义 γ：

$$\gamma = \frac{\sigma_{\mu i}^2}{\sigma_{\mu i}^2 + \sigma_{vi}^2} \tag{4.6}$$

式中，$0 < \gamma < 1$，当 x_{ik} 值趋向于 0 时，表示此时的干扰因素主要由随机误差引起的，当 $\hat{x}_{ik} = x_{ik} + [\max_k \{z_k \hat{\beta}^i\} - z_k \hat{\beta}^i] + [\max_k \{\hat{v}_{ik}\} - \hat{v}_{ik}]$ 值趋向于 1 时，表示此时管理因素是造成干扰因素的主要原因。采用极大似然估计未知参数，然后对投入和产出数据进行调整，调整公式如下：

$$\hat{x}_{ik} = x_{ik} + [\max_k \{z_k \hat{\beta}^i\} - z_k \hat{\beta}^i] + [\max_k \{\hat{v}_{ik}\} - \hat{v}_{ik}] \tag{4.7}$$

式中，$\hat{x}_{ik}$ 为实际 x_{ik} 调整后的值，$\hat{\beta}^i$ 为环境变量参数的估计值，$\hat{v}_{ik}$ 为随机误差的估计值。

第三阶段，调整后 DEA 效率评价。初始投入指标按照上述阶段回归结果进行调整，得到调整后的数据，以此作为第三阶段 DEA 模型的投入，利用 SBM 模型对效率进行测算。这一阶段结果同第一阶段效率值进行对比，剔除环境因素与随机误差的影响，得到准确的产业效率结果。

4.1.2 计量分析

通过构建包含非期望产出的三阶段 SBM – DEA 模型，本节对 2005～2015 年我国 30 个省份的建筑碳排放效率进行多层次、多角度评价分析。以下为各省份建筑业静态碳排放效率三阶段分析结果。

4.1.2.1 中国建筑业静态碳排放效率一阶段分析

（1）初始 SBM 效率结果分析。

由表 4.2 可知，2005～2015 年我国建筑业碳排放效率东部较高，明显高于中部与西部，平均值达到 0.64，表明东部地区能源利用水平较高，更接近生产前沿；中部、西部和东北地区建筑业碳排放效率较低，分别为 0.57、0.48、0.56。东部地区的北京、天津、上海、浙江、江苏等沿海省份建筑业碳排放效率较高，均在 0.50 以上，其原因是北京等省份在经济发展和环境保护方面的投入远远领先于其他地区，因此建筑业低碳发展较为领先。但东部地区仍有部分省份建筑业碳排放效率较低，其中山东建筑业碳排放效率均值为 0.42，这是由于人口较多，资源不足，导致建筑业生产技术相对落后，建筑业碳排放效率较低。海南建筑业碳排放效率均值在 0.59 左右，由于其四周沿海，结构封闭，经济发展、技术进步都很受限制，因此其建筑业发展缓慢。

表 4.2　　　 2005～2015 年 30 个省份建筑业碳排放效率（第一阶段）

区域	省份	2005年	2006年	2007年	2008年	2009年	2010年	2011年	2012年	2013年	2014年	2015年
东部地区	北京	0.49	0.53	0.56	0.59	0.66	0.77	0.89	1.00	1.00	1.00	1.00
	天津	0.57	0.60	0.63	0.59	0.62	0.71	1.00	0.86	0.92	1.00	0.75
	河北	0.34	0.37	0.38	0.41	0.45	0.50	0.57	0.61	0.74	0.82	0.65
	上海	0.52	0.60	0.64	0.70	0.76	0.78	0.77	0.79	0.83	0.85	1.00
	江苏	0.45	0.49	0.55	0.59	0.63	0.67	0.69	0.73	0.81	0.84	0.92
	浙江	0.60	0.62	0.66	0.69	0.72	0.74	0.84	0.89	0.95	1.00	1.00
	福建	0.47	0.51	0.55	0.49	0.50	0.54	0.63	0.67	0.70	0.71	0.74
	山东	0.29	0.30	0.32	0.35	0.38	0.40	0.44	0.48	0.53	0.60	0.58
	广东	0.32	0.37	0.39	0.42	0.47	0.46	0.54	0.52	0.60	0.61	0.58
	海南	0.42	0.51	0.53	0.57	0.56	0.58	0.61	0.64	0.69	0.72	0.68
中部地区	山西	0.39	0.40	0.41	0.44	0.52	0.53	0.58	0.60	0.64	0.65	0.56
	安徽	0.44	0.43	0.47	0.49	0.52	0.56	0.59	0.61	0.64	0.65	0.72
	江西	0.44	0.46	0.49	0.51	0.57	0.57	0.59	0.63	0.67	0.69	0.68
	河南	0.39	0.46	0.52	0.58	0.59	0.59	0.61	0.65	0.72	0.61
	湖北	0.34	0.38	0.38	0.44	0.47	0.50	0.65	0.69	0.83	1.00	0.77
	湖南	0.39	0.42	0.47	0.47	0.50	0.54	0.74	0.68	0.78	0.76	0.67

区域	省份	2005年	2006年	2007年	2008年	2009年	2010年	2011年	2012年	2013年	2014年	2015年
西部地区	内蒙古	0.34	0.37	0.43	0.42	0.45	0.48	0.55	0.55	0.57	0.49	0.45
	广西	0.33	0.33	0.36	0.43	0.47	0.54	0.59	0.68	0.74	0.75	0.73
	重庆	0.39	0.40	0.43	0.45	0.51	0.60	0.64	0.72	0.74	0.75	0.78
	四川	0.31	0.36	0.37	0.42	0.48	0.46	0.54	0.62	0.64	0.69	0.67
	贵州	0.34	0.36	0.38	0.39	0.45	0.45	0.55	0.61	0.65	0.64	0.63
	云南	0.31	0.33	0.34	0.36	0.43	0.46	0.53	0.53	0.60	0.61	0.60
	陕西	0.43	0.43	0.54	0.49	0.54	0.58	0.60	0.70	0.64	0.65	0.63
	甘肃	0.31	0.33	0.35	0.34	0.37	0.46	0.51	0.55	0.62	0.59	0.52
	青海	0.37	0.36	0.35	0.38	0.38	0.40	0.42	0.45	0.43	0.51	0.54
	宁夏	0.32	0.36	0.36	0.37	0.41	0.49	0.46	0.42	0.51	0.54	0.54
	新疆	0.34	0.33	0.37	0.39	0.33	0.38	0.41	0.42	0.43	0.50	0.51
东北地区	辽宁	0.46	0.49	0.52	0.55	0.52	0.59	0.62	0.75	0.74	0.70	0.65
	吉林	0.46	0.45	0.46	0.51	0.52	0.51	0.62	0.61	0.64	0.69	0.71
	黑龙江	0.36	0.34	0.45	0.43	0.51	0.51	0.56	0.52	0.57	0.61	0.63

效率较低的省份主要集中在中部、西部、东北地区，例如，山西、陕西、内蒙古等，各年建筑业碳排放效率均低于0.50，这些省份的能源结构大多较为传统，能源结构不够优化，不可再生能源消费较多，建筑业生产也多以粗放型为主，导致建筑业碳排放效率较低；同时，甘肃、青海、新疆等西部区域，也呈现出较低的建筑业碳排放效率，其原因是西部地区地广人稀，各产业发展都较为落后，建筑业低碳发展处于初级阶段，且分布较集中，仍需快速引进东部沿海地区先进技术，因地制宜推进建筑业低碳化发展；最后，东北三省地区作为我国最重要的老工业基地，虽然近年来处于转型和复兴的阶段，但仍受限于地理位置和资源条件，处于中等效率水平，发展空间较大。

在时间序列上，图4.2可以清晰地看出各省份建筑业碳排放效率随时间的变化趋势，即从2005~2015年，各省份建筑业碳排放效率均逐步增长，并且省际差异呈缩小态势。图4.2中，2005年和2008年，各省份建筑业碳排放效率各在 0.50 和 0.60 上下波动，均未达到生产前沿面，说明各省份已经开始重视建筑业的低碳化发展，但距生产前沿还具有一定距离；而 2012 年，北京率先达到生产前沿面，出现 DEA 有效区，其他省份建筑业碳排放效率也有显著提升；到 2015 年，上海、浙江等省份，相继达到生产前沿面，建筑业处于快速低碳化发展阶段。总的来说，研究期内，建筑业碳排放效率呈现东高西低，且逐年增加的态势，各省份之间差异逐年缩小。

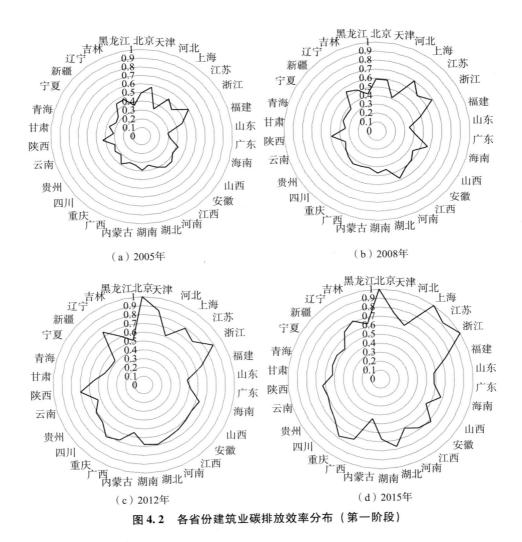

图 4.2　各省份建筑业碳排放效率分布（第一阶段）

（2）初始减排潜力结果分析。

根据式（4.2）~式（4.3）可以得到在实现既定期望产出的前提下，可能产生的建筑业直接碳排放的最小值，被称为最优碳排放量。同时实际产生的直接碳排放量与最优碳排放量之差反映了决策单元的理想减排量。当决策单元完成理想减排量，达到最优碳排放量时便可达到有效状态。对30个省份建筑业的最优碳排放量与减排潜力进行测度，结果如图4.3与表4.3所示。

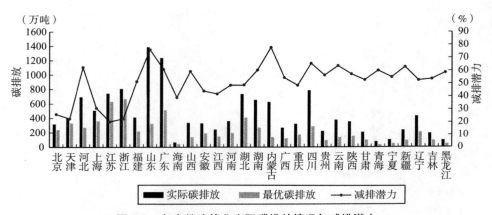

图 4.3　各省份建筑业实际碳排放情况与减排潜力

表 4.3　　　　2005 ~ 2016 年 30 个省份建筑业碳排放减排潜力（第一阶段）　　　单位：%

区域	省份	2005年	2006年	2007年	2008年	2009年	2010年	2011年	2012年	2013年	2014年	2015年
东部地区	北京	51.47	46.77	45.18	44.49	46.74	41.06	31.15	0.00	0.00	0.00	0.00
	天津	38.03	32.65	37.02	36.23	37.94	37.46	0.00	24.93	12.44	0.00	19.36
	河北	77.38	77.81	77.64	75.61	74.11	74.53	65.40	52.99	42.63	41.54	42.59
	上海	55.35	43.98	47.60	43.21	39.63	37.54	34.91	23.84	21.62	18.09	0.00
	江苏	46.40	54.11	42.69	30.82	22.47	26.69	12.76	1.61	0.00	0.00	0.00
	浙江	36.51	48.67	41.30	36.55	33.59	31.14	21.35	9.88	6.24	0.00	0.00
	福建	62.48	64.10	62.09	57.36	54.92	50.10	50.85	50.59	46.43	40.73	34.74
	山东	85.53	83.54	82.71	82.00	82.55	81.54	80.27	75.74	73.76	60.19	57.44
	广东	66.52	64.74	65.24	64.59	60.97	63.22	61.66	60.64	57.07	58.68	57.54
	海南	38.06	40.80	41.54	42.20	41.50	40.90	40.08	39.70	38.60	30.82	36.36

续表

区域	省份	2005年	2006年	2007年	2008年	2009年	2010年	2011年	2012年	2013年	2014年	2015年
中部地区	山西	63.95	56.57	55.70	60.18	57.37	57.72	62.40	60.19	60.68	56.34	59.51
	安徽	43.90	49.39	46.21	46.96	52.32	53.09	35.73	35.90	40.79	38.55	40.25
	江西	42.55	47.38	44.85	52.15	48.20	40.21	45.37	33.42	36.13	36.73	35.82
	河南	50.53	40.01	58.70	54.26	58.67	58.32	52.44	44.51	47.64	42.45	39.94
	湖北	70.44	68.89	57.89	53.01	53.10	49.64	47.23	40.30	38.73	34.00	32.29
	湖南	63.79	61.73	58.87	63.91	63.13	69.66	61.22	63.54	58.51	55.00	50.36
西部地区	内蒙古	72.10	74.11	73.40	75.70	77.99	83.83	84.92	83.71	72.44	78.88	85.91
	广西	56.41	51.34	58.56	55.48	57.40	58.34	59.36	55.13	52.00	52.90	50.57
	重庆	54.78	55.05	56.18	58.63	44.03	53.94	41.63	43.17	45.11	45.29	42.79
	四川	68.22	65.34	72.44	65.17	63.99	68.76	68.43	67.57	65.80	60.46	58.67
	贵州	51.20	53.59	53.76	53.20	57.56	58.91	50.66	51.22	57.99	62.63	58.83
	云南	58.43	62.52	61.76	66.41	66.12	68.64	70.4	65.25	60.44	63.04	57.28
	陕西	69.02	59.88	62.14	63.69	60.57	60.75	56.68	54.48	53.16	51.83	49.51
	甘肃	51.38	51.15	53.44	58.58	53.33	54.38	56.81	52.58	53.56	52.42	45.83
	青海	60.01	68.09	66.43	63.87	62.86	62.54	57.51	53.10	54.29	58.74	56.30
	宁夏	56.67	56.01	57.68	59.25	54.81	52.94	50.37	53.42	54.83	54.21	53.66
	新疆	65.51	64.39	66.00	61.75	65.35	68.89	65.63	61.59	61.90	59.08	56.48
东北地区	辽宁	61.82	61.36	53.51	58.10	52.76	50.85	49.40	44.57	49.00	47.34	49.30
	吉林	62.88	60.71	53.96	52.58	51.48	57.34	50.35	48.26	51.65	50.70	50.29
	黑龙江	68.62	65.70	66.62	65.30	66.20	67.60	60.70	54.90	47.97	46.80	47.77

就减排潜力而言，如图4.3所示，各省份建筑业减排潜力分布基本符合东低西高，南低北高的趋势。减排潜力较高的省份集中在发展较落后的中、西部区域，如内蒙古、陕西、新疆、云南等。相反，沿海地区基本已到达建筑业产出与环境并重的阶段，成为全国建筑业发展的示范地区。建筑业减排潜力最大的省份分别是河北、内蒙古、山东，达到65%以上，它们分别属于三种不同发展形式：河北作为工业化大省，不仅要完成自己的经济发展，还要对北京、天津的发展形成支撑作用，因此其建筑业的发展趋向于高碳排高

产出的类型，具有较大建筑业减排潜力；内蒙古是典型的能源依赖度较高的省份，此类省份还有山西、陕西等，它们的核心问题在于建筑业的能源结构不够优化，建筑业产值有限且对环境破坏巨大，具体表现为减排潜力大，距离目标建筑业碳排放有一定差距；而山东比较特殊，属于人口刺激供需关系发展方式，其建筑业产品需求量大，但依赖农业发展自生经济，对技术进步重视不够，导致建筑业迅速发展的同时，产生较大碳排放。

相反，建筑业减排潜力较小的省份依旧集中在发展迅速的北京、上海、广东及东部沿海区域，如江苏、浙江、福建等，这些省份已经能够在经济增长的条件下有效控制建筑业碳排放量，拥有较高建筑业碳排放效率，潜力较低，成为全国建筑业发展的示范地区。

表4.3展示了从2005～2015年，各省份建筑业碳排放减排潜力状况，其中可以看出这11年间各省份减排潜力波动下降，下降幅度约为16%，体现为全国建筑业低碳化发展效果显著，同时区域差距也在逐步减小。各省份来看，北京2005年建筑业减排潜力为51.47%，之后逐步达到最优碳排放结构，2012年到达生产前沿面，即建筑业碳排放完成配置优化，在保证产值的基础上，实现行业可持续发展；随后上海建筑业碳减排潜力也从55.35%下降至2015年的0.00%，达到生产前沿面，紧接着浙江、江苏等省份也纷纷达到建筑业最优碳排放效率。

同时，福建、广东、湖南、湖北、重庆等省份也从高碳排潜力区（60%左右），在2012年后逐渐过渡为中碳排潜力区（45%左右）。说明2010年中央政府向中西部倾向、当地建筑业低碳高效发展成效显著。但依旧有河北、黑龙江等省份，建筑业碳减排潜力居高不下，至2015年依旧具有42.59%、47.77%的建筑业减排潜力，虽然这些地区建筑业发展也取得了较大的进步，但该地区技术水平相对落后，节能减排政策执行力度不够，急需政府采取强有力措施调控当地建筑业发展结构，进一步缩小地域差异。

4.1.2.2　中国建筑业静态碳排放效率二阶段SFA分析

本小节将第一阶段各投入变量的松弛变量作为被解释变量，将选取的产业结构、能源结构、技术水平、城市化进程等环境变量作为解释变量进行SFA回归，得到结果如表4.4所示。

表4.4

随机前沿（SFA）回归结果

项目	资源消耗松池度		劳动力松池度		资本松池度		机械设备松池度	
	系数值	T检验值	系数值	T检验值	系数值	T检验值	系数值	T检验值
常数值	0.18E+03	0.55E+01***	0.91E+02	0.71E+01***	0.12E+04	0.17E+01*	0.75E+03	0.69E+01***
产业结构	-0.15E+02	-0.72E+00	-0.11E+02	-0.19E+02***	-0.19E+04	-0.44E+02***	-0.12E+04	-0.61E+02***
能源结构	-0.92E+03	-0.12E+03***	-0.90E+02	-0.66E+02***	-0.13E+04	-0.86E+02***	-0.74E+03	-0.13E+03***
技术水平	-0.24E+03	-0.32E+01***	-0.20E+02	-0.94E+01***	-0.16E+03	-0.41E+01***	-0.77E+02	-0.33E+01**
城市化进程	0.17E+03	0.69E+01***	0.51E+02	0.32E+01***	0.12E+04	0.21E+02***	0.68E+03	0.15E+02***
σ^2	0.24E-01	0.31E+03***	0.20E+04	0.98E+02***	0.69E+06	0.69E+06***	0.17E+06	0.44E+05***
γ	0.97	0.32E+03***	0.97	0.23E+03***	0.99	0.14E+03***	0.96	0.25E+03***
LR单边误差	0.63E+03***		0.79E+03***		0.13E+02***		0.74E+03***	

注：***、**、*分别代表通过显著性水平1%、5%、10%的检验。

107

由表 4.4 可以看出，全部变量的 γ 值均大于零小于 1 并且接近于 1，表示回归模型是有效的，即管理因素是影响建筑业碳排放效率的主要因素，而随机误差对于建筑业碳排放效率的影响是有限的；通过 LR 单边误差检验，表明运用 SFA 模型分析效率的影响是合理的。同时，环境变量对投入变量的回归系数几乎都通过 1% 的显著性水平检验，因此所选环境变量对松弛变量有显著性影响，在第三阶段，剔除环境变量和随机误差的影响，使得各省份面临相同的外部环境，对建筑业碳排放效率的精确测算是十分必要的。

从表 4.4 可得，产业结构与劳动力、建筑业资本、机械设备呈显著（1% 显著性水平）负相关，这表示在某地区产业结构优化，即第三产业占整体 GDP 的比值提高时，建筑业劳动力、资产和机械设备总功率都会相应减少，从而提高建筑业碳排放效率。说明近年来我国致力于优化产业结构，发展第三产业，从根本上解决我国当前发展过程中的"三高"问题。需要指出的是，产业结构对资源消耗也呈负相关关系，但结果并不显著，因此产业结构与资源消耗的关系还需进一步研究。

能源结构对四项投入要素均呈显著（1% 显著性水平）负相关，能源结构优化后会有效减少建筑业资源消耗、劳动力、资本、机械设备的投入，进而有效提高建筑业碳排放效率。因此，建筑业减排核心应集中在调整优化能源结构方面，具体来讲应减少建筑业发展对不可再生能源的依赖，同时推进新型清洁能源的引入使用，如推进煤改电、煤改气，鼓励天然气、太阳能和其他优质能源的使用，降低建筑业碳排放量，提高建筑业碳排放效率。

技术水平对建筑业资源消耗、劳动力、资本和设备投入为显著（1%、5% 显著性水平）负相关，表明建筑业技术水平的提高有利于减少建筑业生产要素的投入，提高建筑业碳排放效率。这说明在我国技术强国的战略指导下，着重提高建筑业技术装配率，同时增加科研技术投入对减少建筑业环境污染具有正向作用。

相反的，城市化进程对建筑业的投入要素呈显著（1%、5% 显著性水平）正相关，即城镇人口占总人口的比例增加，建筑业资源消耗、劳动力、资本、机械设备的投入也相应增加，而建筑业碳排放效率降低。这一现象是我国城镇化发展的必经阶段，中共十八大提出了"新型城镇化"的发展方针，城市化进程的速度相应加快，但城市容纳度和基础设施的配套还没有做好相应准备，造成大量人口涌入城市，城市各方面压力剧增，建筑业碳排放就是其中之一。在城市化进程加速的同时，优化城市发展模式，推进建筑业由传统型向绿色集约型转化，将有助于我国各省快速过渡城市化进程，促进建筑业低碳发展，提高建筑业碳排放效率。

4.1.2.3 中国建筑业静态碳排放效率三阶段分析

（1）调整后 SBM 效率结果分析。

将第二阶段调整后的投入值重新运用以投入为导向的 SBM 模型，运用 DEA 软件，重新计算出调整过后我国各省建筑业 2005～2015 年建筑业碳排放效率。结果如表 4.5 所示。

表 4.5　　　　　2005～2015 年 30 个省份建筑业碳排放效率（第三阶段）

区域	省份	2005年	2006年	2007年	2008年	2009年	2010年	2011年	2012年	2013年	2014年	2015年
东部地区	北京	0.48	0.50	0.53	0.46	0.53	0.51	0.56	0.59	0.58	0.67	0.87
	天津	0.38	0.40	0.42	0.54	0.58	0.52	0.56	0.58	0.61	0.64	0.65
	河北	0.43	0.44	0.45	0.49	0.53	0.53	0.57	0.58	0.60	0.62	0.60
	上海	0.48	0.51	0.53	0.57	0.61	0.54	0.56	0.58	0.62	0.62	0.70
	江苏	0.35	0.41	0.49	0.57	0.63	0.71	0.79	0.87	0.94	0.99	0.99
	浙江	0.37	0.43	0.49	0.55	0.61	0.69	0.78	0.84	0.91	0.95	0.98
	福建	0.39	0.41	0.45	0.47	0.50	0.46	0.53	0.56	0.56	0.58	0.62
	山东	0.23	0.25	0.28	0.32	0.36	0.42	0.47	0.51	0.56	0.59	0.60
	广东	0.20	0.23	0.26	0.28	0.32	0.37	0.43	0.47	0.52	0.55	0.57
	海南	0.31	0.37	0.41	0.41	0.43	0.42	0.47	0.53	0.53	0.63	0.63
中部地区	山西	0.39	0.39	0.41	0.43	0.47	0.50	0.51	0.52	0.56	0.66	0.65
	安徽	0.40	0.42	0.45	0.47	0.51	0.55	0.50	0.54	0.59	0.62	0.63
	江西	0.36	0.37	0.38	0.41	0.43	0.46	0.49	0.45	0.49	0.54	0.57
	河南	0.31	0.35	0.40	0.42	0.40	0.48	0.44	0.49	0.53	0.54	
	湖北	0.31	0.36	0.40	0.42	0.43	0.44	0.42	0.49	0.55	0.61	0.63
	湖南	0.30	0.31	0.47	0.50	0.53	0.53	0.52	0.55	0.60	0.62	0.68

续表

区域	省份	2005年	2006年	2007年	2008年	2009年	2010年	2011年	2012年	2013年	2014年	2015年
西部地区	内蒙古	0.34	0.35	0.37	0.41	0.50	0.41	0.43	0.48	0.55	0.54	0.61
	广西	0.34	0.35	0.36	0.48	0.49	0.51	0.55	0.58	0.59	0.62	0.59
	重庆	0.38	0.39	0.41	0.44	0.48	0.43	0.48	0.53	0.57	0.54	0.55
	四川	0.34	0.37	0.39	0.43	0.49	0.54	0.54	0.57	0.54	0.56	0.57
	贵州	0.33	0.40	0.44	0.41	0.45	0.52	0.58	0.61	0.63	0.62	0.62
	云南	0.36	0.37	0.42	0.48	0.52	0.55	0.58	0.52	0.55	0.57	0.58
	陕西	0.37	0.38	0.42	0.46	0.45	0.53	0.58	0.60	0.62	0.66	0.67
	甘肃	0.33	0.36	0.35	0.40	0.46	0.48	0.49	0.51	0.52	0.57	0.62
	青海	0.40	0.41	0.41	0.45	0.42	0.41	0.43	0.45	0.50	0.55	0.54
	宁夏	0.31	0.34	0.42	0.42	0.47	0.44	0.49	0.50	0.54	0.56	0.54
	新疆	0.38	0.38	0.40	0.42	0.41	0.44	0.43	0.45	0.47	0.51	0.52
东北地区	辽宁	0.31	0.37	0.39	0.43	0.49	0.54	0.65	0.65	0.69	0.63	0.61
	吉林	0.31	0.33	0.38	0.41	0.43	0.51	0.56	0.62	0.63	0.62	0.63
	黑龙江	0.36	0.38	0.39	0.41	0.43	0.50	0.52	0.52	0.56	0.62	0.66

由表4.5可知，2005～2015年调整后我国各省份建筑业碳排放效率均出现一定程度的波动，其中，北京、天津、上海、浙江、福建、山东、广东、海南、山西、安徽、江西、河南、湖北、湖南、内蒙古、广西、重庆、四川、陕西、辽宁、吉林、黑龙江共22个省份，建筑业碳排放效率较第一阶段结果有所降低，说明这些省份之前的高效率与它们所处的有利外部环境密切相关。江苏、贵州、云南、甘肃、青海、宁夏、新疆共7个省市建筑业碳排放效率相对提升，这表明这些地区之前较低的技术效率确实有部分是由于相对不利的外部环境所致，而非完全因为它们的内部管理水平低。

分区域来看，东部地区调整后建筑业碳排放效率整体有所下降，这说明我国东部地区整体所处的外部环境较为优越，在这种有利的外部环境下，我国东部整体及某些省份的建筑业碳排放效率被高估，特别是北京、天津、上海、浙江等地。结合本节所选的环境变量来看，这些地区具有产业结构及能源结构优秀、技术水平较高等特点，有效地提高了这些地区建筑业的碳排放效率。中西部地区，尤其西部地区，调整后建筑业碳排放效率略有增加，其原因是较差的外部环境条件对其内部省份建筑业碳排放效率影响较大，其中，青海、宁夏、新疆等省份变现明显，由调整前的 0.4 提高到 0.5，因此，优化这些地区的外部环境，将会为建筑业低碳发展带来新的契机。从环境因素来讲，快速过渡城市化进程、优化能源及产业结构、增加技术投入、提高技术水平是实现中西部各省向建筑业新型工业化转型的关键措施。东北地区调整前后效率评估相对变化不大，三阶段 DEA 结果出现波动下降趋势，说明东北地区整体外部条件不差，但却拥有相对较低的建筑业碳排放效率值，原因在于其内部管理问题严重，急需优化内部管理体制以适应外部较优的环境因素。

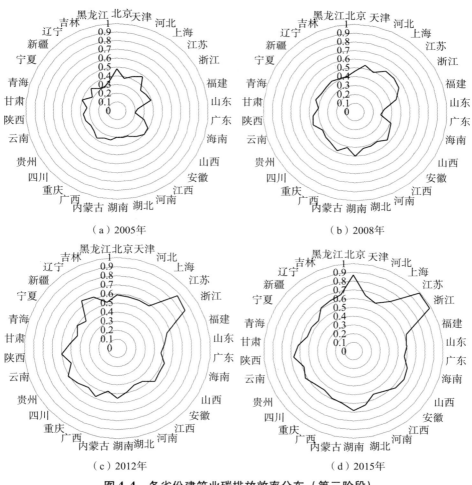

（a）2005年 （b）2008年

（c）2012年 （d）2015年

图 4.4 各省份建筑业碳排放效率分布（第三阶段）

在时间序列上，由图4.4可知，三阶段DEA效率结果同一阶段变化不明显，主要体现在2005～2015年为波动上涨趋势，不同的是，剔除环境因素和随机误差的干扰后，2010～2015年各省份建筑业碳排放效率差异缩小趋势明显，比调整前速度有所增加，说明环境因素对各省份建筑业碳排放效率影响显著，应该采取针对性措施缩小省际差异，促进全国建筑业低碳高效发展。

（2）调整后碳减排潜力分析。

为深入探讨建筑业碳排放效率含义，在剔除环境因素和随机误差后，对30个省份建筑业的最优碳排放量与减排潜力进行测度，结果如图4.5与表4.6所示。

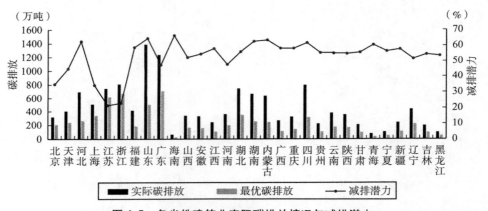

图4.5　各省份建筑业实际碳排放情况与减排潜力

表4.6　　　　2005～2015年30个省份建筑业碳排放减排潜力（第三阶段）　　单位：%

区域	省份	2005年	2006年	2007年	2008年	2009年	2010年	2011年	2012年	2013年	2014年	2015年
东部地区	北京	65.10	59.78	54.86	51.21	49.06	40.70	37.55	26.54	23.00	11.82	4.38
	天津	61.48	58.78	57.14	50.21	47.81	44.81	41.78	40.66	36.90	33.68	32.94
	河北	67.93	67.47	66.75	64.08	61.79	60.69	60.31	66.64	62.63	57.62	56.29
	上海	68.19	55.80	50.33	49.82	45.53	32.47	38.92	26.67	13.58	19.17	10.51
	江苏	59.32	52.58	41.34	29.62	21.46	15.92	12.25	10.29	8.36	5.03	0.00
	浙江	51.97	47.05	39.91	35.35	32.62	30.47	20.87	9.52	6.61	0.00	0.00
	福建	66.75	65.58	58.68	73.22	69.75	70.58	61.40	59.51	54.20	47.54	41.13

续表

区域	省份	2005年	2006年	2007年	2008年	2009年	2010年	2011年	2012年	2013年	2014年	2015年
东部地区	山东	79.85	79.50	76.83	75.75	70.60	64.20	62.62	58.25	55.98	52.25	50.55
	广东	67.55	64.99	54.21	53.07	49.12	46.06	44.16	42.65	38.34	38.42	36.98
	海南	88.51	78.52	70.91	64.49	64.76	63.53	62.12	62.75	64.99	57.97	58.96
中部地区	山西	70.39	58.39	58.60	57.21	53.38	51.91	51.76	48.93	46.85	42.62	45.74
	安徽	66.19	67.12	61.83	60.12	54.61	52.34	49.87	48.00	50.29	47.42	48.17
	江西	77.86	67.02	67.59	62.21	61.98	59.90	54.02	51.67	50.65	48.98	49.64
	河南	68.95	57.31	56.28	52.26	46.65	45.62	40.45	42.61	45.93	39.39	43.11
	湖北	73.85	71.30	68.79	63.72	61.59	55.22	50.24	52.31	49.61	43.99	42.83
	湖南	71.19	68.29	64.30	66.15	64.13	67.14	67.86	62.43	55.64	55.09	54.96
西部地区	内蒙古	73.13	72.58	70.12	70.17	69.91	62.53	62.19	61.31	59.62	52.51	52.92
	广西	68.35	61.22	61.11	62.38	60.82	58.33	56.31	51.74	57.35	56.47	53.49
	重庆	71.66	70.26	68.12	66.29	64.38	60.53	55.40	56.57	52.92	46.18	43.25
	四川	71.94	68.72	67.80	65.29	62.46	64.76	63.20	61.61	59.38	53.31	52.00
	贵州	70.83	70.22	69.37	66.19	58.80	55.61	49.35	46.70	46.81	47.43	41.26
	云南	66.81	61.20	64.82	59.14	52.57	51.95	51.38	56.03	50.06	51.15	47.43
	陕西	71.48	68.14	65.43	58.26	52.94	53.23	51.97	51.73	49.76	46.27	45.99
	甘肃	69.73	68.88	67.30	56.61	54.43	51.96	50.66	53.96	51.71	50.37	46.01
	青海	71.79	70.77	69.89	68.92	65.14	61.23	62.20	58.25	50.17	50.37	48.20
	宁夏	69.09	65.72	66.11	60.10	58.20	57.07	54.76	53.91	51.60	49.64	48.82
	新疆	74.16	68.30	68.16	59.55	57.50	57.79	54.33	52.55	54.88	50.73	47.36
东北地区	辽宁	66.06	63.86	62.76	56.59	48.39	48.46	46.72	49.52	41.20	48.44	43.71
	吉林	65.53	62.69	60.27	63.22	65.56	55.79	49.06	49.33	46.37	49.25	46.29
	黑龙江	64.74	60.58	65.45	64.17	55.58	53.14	52.82	52.26	48.74	41.04	41.77

从区域角度来看，建筑业碳减排潜力由东部沿海地区向中、西部地区逐步增加，除区域整体变化趋势，各区域内存在差异。东部地区中，河北调整后建筑业碳减排潜力略有减小，但在区域内仍处于建筑业碳减排高潜力省份，说明河北要提高碳排放效率除考虑优化环境变量外，还应重点关注管理水平

的影响。

　　中、西部地区变化突出的是内蒙古，调整前内蒙古建筑业碳减排潜力偏大，约为78.45%，但调整后内蒙古在整个西部地区效率明显提高，为64.27%。由此可知，近年来内蒙古建筑业低碳发展的重点应是推动产业结构向合理化、高效化转变，推进城市化进程发展，有效发挥城市的资源配置功能。内蒙古建筑业绿色发展大大受限于其产业结构和能源结构优化程度，同时该地区对建筑业技术水平关注度不高，因此，推进新能源、清洁能源使用，提振经济活力，淘汰落后产能，加强技术研发是内蒙古发展的根本。调整前海南建筑业碳排放效率处于0.4左右，调整后建筑业碳减排潜力提高较多，说明外部条件高估了本地区的建筑业碳排放效率，同时可能忽略地区内的管理水平弊端。

　　从时间序列来看，各省份减排潜力分布变化不大，但建筑业碳减排潜力分布区域均衡性明显增强。其中变化较大的是，建筑业碳减排潜力最大由内蒙古均值78.45%变为海南均值67.05%，峰值出现下降，说明环境变量影响显著，同时海南四面环海，自身发展受其他省份影响较少，因此在自身发展条件下，建筑业碳排放效率较大，减排潜力不大，但当剔除环境因素和随机误差之后，在相对一致的度量标准下，海南发展同其他各省份相比仍较为落后，应加强同周边省份联系，取长补短，开放式、多元化发展自身经济，提高建筑业低碳发展程度。

　　同时，2005～2015年各省份建筑业减排潜力情况同第一阶段类似，波动性逐年递减，波动年份集中在2010年附近。2010年之后，有部分省份建筑业碳排放减排潜力出现上涨趋势，其中，上海2011年碳减排潜力从2010年的32.47%上升到38.92%，湖南、湖北两2011年建筑业碳减排潜力也略有回弹，青海2010年建筑业减排潜力为61.23%，2011年减排潜力上升至62.20%，这一现象反映了当年建筑业的发展情况：2010年处于"十一五"收官之年，全球经济出现波动，中共中央、国务院提出加快转型经济发展方式、调整经济结构、促进经济平稳快速发展抵御风险，建筑业在大量投资拉动下发展迅速，但低碳发展水平却没有跟进，因此出现了建筑业碳排放效率降低、潜力增大的现象。

　　总体来看，第三阶段，2005～2015年各省份建筑业减排潜力趋势改变不大，但地区差异变化明显，说明各省份建筑业碳排放问题存在较大差异，需要针对性的改进和提升。

4.2　建筑业碳排放动态效率测评

在包含非期望产出的三阶段 SBM – DEA 模型的基础上，本节进一步通过构建 Malmquist – Luenberger（ML）指数模型对建筑业碳排放效率进行动态分析。

4.2.1　模型构建

4.2.1.1　ML 指数模型

经济学家法雷尔（Farrell，1957）提出的效率测度方法，是在特定时期内决策单元的技术水平保持不变的前提下进行的。如果考虑时间因素，从时间序列上对效率进行动态分析，决策单元的技术水平会发生变动，需要使用 ML 指数模型来进行动态测度。

1953 年，斯特恩·马姆奎斯特（Sten Malmquist，1953）首次建立 ML 指数，卡夫等（Caves et al.，1982）将其应用于效率变化研究中，之后法勒（Färe，1992）又将 ML 指数与 DEA 模型结合，使得 ML 指数模型被广泛应用于动态效率测度中。

根据钟扬和等（Chung Yanghe et al.，1997）的方法，决策单元 t 期到 $t+1$ 期的全要素碳排放效率指数，即 ML 指数为：

$$ML_t^{t+1} =$$

$$\sqrt{\frac{[1+\vec{D}_0^t(X^t,\ Y^{gt},\ Y^{bt};\ Y^{gt},\ -Y^{bt})]}{[1+\vec{D}_0^t(X^{t+1},\ Y^{gt+1},\ Y^{bt+1};\ Y^{gt+1},\ -Y^{bt+1})]} \frac{[1+\vec{D}_0^{t+1}(X^t,\ Y^{gt},\ Y^{bt};\ Y^{gt},\ -Y^{bt})]}{[1+\vec{D}_0^{t+1}(X^{t+1},\ Y^{gt+1},\ Y^{bt+1};\ Y^{gt+1},\ -Y^{bt+1})]}}$$

$$(4.8)$$

式中，当 ML 指数 >1 时，表示决策单元的效率提高；当 ML 指数 $=1$ 时，表示决策单元的效率保持不变；ML 指数 <1 时，表示决策单元的效率降低。建立该 ML 指数模型后，在 MaxDEA 软件中选择 SBM – Undesirable 方向性距离函数进行计算。

4.2.1.2 ML 指数分解

与 ML 指数模型一样，在规模报酬不变假设（constant returns to scale，CRS）下，根据谢泼德（Shephard）距离函数，由 ML 指数模型计算的 ML 指数可以分解为技术效率变化指数（$MLEC$）与技术进步指数（$MLTC$），具体表达式为：

$$ML_t^{t+1} =$$

$$\sqrt{\frac{[1+\vec{D}_0^t(X^t, Y^{gt}, Y^{bt}; Y^{gt}, -Y^{bt})]}{[1+\vec{D}_0^t(X^{t+1}, Y^{gt+1}, Y^{bt+1}; Y^{gt+1}, -Y^{bt+1})]} \frac{[1+\vec{D}_0^{t+1}(X^t, Y^{gt}, Y^{bt}; Y^{gt}, -Y^{bt})]}{[1+\vec{D}_0^{t+1}(X^{t+1}, Y^{gt+1}, Y^{bt+1}; Y^{gt+1}, -Y^{bt+1})]}}$$

$$= \frac{1+\vec{D}_0^t(X^t, Y^{gt}, Y^{bt}; Y^{gt}, -Y^{bt})}{1+\vec{D}_0^{t+1}(X^{t+1}, Y^{gt+1}, Y^{bt+1}; Y^{gt+1}, -Y^{bt+1})}$$

$$\times \sqrt{\frac{[1+\vec{D}_0^{t+1}(X^t, Y^{gt}, Y^{bt}; Y^{gt}, -Y^{bt})]}{[1+\vec{D}_0^t(X^t, Y^{gt}, Y^{bt}; Y^{gt}, -Y^{bt})]} \frac{[1+\vec{D}_0^{t+1}(X^{t+1}, Y^{gt+1}, Y^{bt+1}; Y^{gt+1}, -Y^{bt+1})]}{[1+\vec{D}_0^t(X^{t+1}, Y^{gt+1}, Y^{bt+1}; Y^{gt+1}, -Y^{bt+1})]}}$$

$$= MLEC_t^{t+1} \times MLTC_t^{t+1}$$

$$(4.9)$$

$$MLEC_t^{t+1} = \frac{1+\vec{D}_0^t(X^t, Y^{gt}, Y^{bt}; Y^{gt}, -Y^{bt})}{1+\vec{D}_0^{t+1}(X^{t+1}, Y^{gt+1}, Y^{bt+1}; Y^{gt+1}, -Y^{bt+1})}$$

$$MLTC_t^{t+1} =$$

$$\sqrt{\frac{[1+\vec{D}_0^{t+1}(X^t, Y^{gt}, Y^{bt}; Y^{gt}, -Y^{bt})]}{[1+\vec{D}_0^t(X^t, Y^{gt}, Y^{bt}; Y^{gt}, -Y^{bt})]} \frac{[1+\vec{D}_0^{t+1}(X^{t+1}, Y^{gt+1}, Y^{bt+1}; Y^{gt+1}, -Y^{bt+1})]}{[1+\vec{D}_0^t(X^{t+1}, Y^{gt+1}, Y^{bt+1}; Y^{gt+1}, -Y^{bt+1})]}}$$

$$(4.10)$$

法勒（Färe，1994）在前期研究基础上，基于规模报酬可变假设（variable return to scale，VRS），进一步将技术效率变化指数（$MLEC$）分解为纯技术效率变化指数（$MLPEC$）与规模效率变化指数（$MLSEC$）：

$$MLEC = \frac{D^{t+1}(X^{t+1}, Y^{t+1} \mid CRS)}{D^t(X^t, Y^t \mid CRS)}$$

$$= \frac{D^{t+1}(X^{t+1}, Y^{t+1} \mid VRS)}{D^t(X^t, Y^t \mid VRS)} \left[\frac{D^t(X^t, Y^t \mid VRS)}{D^{t+1}(X^{t+1}, Y^{t+1} \mid VRS)} \frac{D^{t+1}(X^{t+1}, Y^{t+1} \mid CRS)}{D^t(X^t, Y^t \mid CRS)} \right]$$

$$(4.11)$$

其中，

$$MLPEC = \frac{D^{t+1}(X^{t+1}, Y^{t+1} \mid VRS)}{D^t(X^t, Y^t \mid VRS)}$$

$$MLSEC = \frac{D^t(X^t,\ Y^t\,|\,VRS)}{D^{t+1}(X^{t+1},\ Y^{t+1}\,|\,VRS)}\frac{D^{t+1}(X^{t+1},\ Y^{t+1}\,|\,CRS)}{D^t(X^t,\ Y^t\,|\,CRS)}$$

纯技术效率变化指数（MLPEC）与技术效率变化指数（MLSEC）相比剔除了规模因素的影响，当 $MLPEC > 1$ 时，表示决策单元的纯技术效率提高；当 $MLPEC = 1$ 时，表示决策单元的纯技术效率保持不变；当 $MLPEC < 1$ 时，表示决策单元的纯技术效率降低。当 $MLSEC > 1$ 时，表示决策单元的规模效率提高；当 $MLSEC = 1$ 时，表示决策单元的规模效率保持不变；当 $MLSEC < 1$ 时，表示决策单元的规模效率降低。

4.2.2 计量分析

4.2.2.1 建筑业 ML 指数

根据式（4.8），对全国及 30 个省份建筑业碳排放效率进行动态分析，得出建筑业 ML 指数，结果如表 4.7 和表 4.8 所示。

表 4.7　2005～2015 年全国及四大地区建筑业 ML 指数及平均增长率

年份	全国	东部地区	中部地区	西部地区	东北地区
2005～2006	1.1373	1.1221	1.1596	1.1137	1.5204
2006～2007	1.1325	1.1318	1.1980	1.1898	1.2196
2007～2008	1.1925	1.0288	1.2064	1.0954	1.1509
2008～2009	1.1470	1.1339	1.1547	1.2342	1.2825
2009～2010	1.0879	1.0992	1.0800	1.2428	1.0586
2010～2011	1.2283	1.1571	1.2079	1.1650	1.2136
2011～2012	1.0498	1.0694	1.0287	1.0815	0.9576
2012～2013	1.0907	1.0866	1.1523	1.1253	1.0048
2013～2014	1.0366	1.0334	1.1442	1.0351	0.8556
2014～2015	0.8931	0.9116	0.8678	0.9643	0.5145
平均值	1.0996	1.0774	1.1200	1.1247	1.0778
平均增长率	9.96%	7.74%	12.00%	12.47%	7.78%

表4.8　　　　　　　　　2005～2015年30个省份建筑业ML指数

区域	省份	2005~2006年	2006~2007年	2007~2008年	2008~2009年	2009~2010年	2010~2011年	2011~2012年	2012~2013年	2013~2014年	2014~2015年	均值排名
东部地区	北京	1.1497	1.1968	1.0866	1.1194	1.2171	1.2090	1.1126	1.0667	1.0151	1.0117	13
	天津	1.1138	1.0741	1.0039	1.3225	1.2458	1.3752	0.9867	1.0904	1.0914	0.6094	20
	河北	1.0959	1.0577	1.1374	1.2025	1.1315	1.2442	1.0687	1.2305	1.1580	0.6296	17
	上海	1.1735	1.0778	1.1588	1.1156	1.0777	0.9567	1.0771	1.0737	1.0245	1.0679	24
	江苏	1.1666	1.2964	1.3221	1.1230	1.1110	1.0585	1.1819	1.1155	1.0783	1.0988	7
	浙江	1.0743	1.1027	1.0694	1.0558	1.0128	1.1373	1.0807	1.0664	1.0132	1.0110	27
	福建	1.1445	1.1832	0.8491	1.0462	1.0998	1.2547	1.0847	1.0773	1.0436	1.0753	22
	山东	1.0742	1.0817	1.1303	1.0853	1.0642	1.1034	1.1346	1.0954	1.2024	0.9590	19
	广东	1.2067	1.1159	1.1325	1.2032	0.9326	1.1540	0.9534	1.1556	1.0116	0.9570	23
	海南	1.0215	1.0687	1.0673	1.0658	0.9992	1.0776	1.0140	0.8945	0.6964	0.6963	30
中部地区	山西	1.1194	1.0805	1.1980	1.3165	1.0580	1.0809	1.0502	1.0802	1.0216	0.7960	25
	安徽	1.0254	1.1872	1.0805	1.1528	1.1066	1.0868	1.0614	1.0536	1.0363	1.1138	21
	江西	1.1348	1.1198	1.1195	1.1683	1.1605	1.3803	1.1245	1.0769	1.0521	1.2906	5
	河南	1.4018	1.5282	1.5352	1.0207	0.9583	1.0004	1.1135	1.1112	1.0525	0.7835	8
	湖北	1.1657	1.0769	1.2831	1.1773	1.0954	1.4910	1.1179	1.1359	1.4528	0.7201	4
	湖南	1.1104	1.1954	1.0219	1.0928	1.1011	1.2960	0.7049	1.4563	1.2500	0.5027	26
西部地区	内蒙古	1.1172	1.2428	1.0238	1.1257	1.0424	1.1172	0.9727	1.0297	0.8560	0.8955	28
	广西	1.0944	1.1104	1.2682	1.1282	1.2230	1.1478	1.1911	1.1296	1.0555	1.0303	10
	重庆	1.0659	1.1615	1.0993	1.2211	1.2976	1.1396	1.1888	1.1008	1.4337	1.2247	1
	四川	1.1973	1.0389	1.2304	1.1742	0.9820	1.2114	1.1644	1.0574	1.1018	0.9717	14
	贵州	1.1199	1.1163	1.0513	1.2692	1.0367	1.2873	1.1618	1.0951	0.9723	0.9897	15
	云南	1.1122	1.1045	1.0995	1.2809	1.1311	1.1349	1.0252	1.1689	0.9913	0.9877	16
	陕西	1.0707	1.6302	0.9411	1.2897	1.6823	1.2652	0.8784	0.9393	1.0049	0.7427	9
	甘肃	1.0996	1.1612	0.9570	1.1502	1.4307	1.1675	1.1424	1.1686	0.9421	1.0879	11
	青海	1.1225	1.0853	1.2006	1.3361	1.4919	0.9480	0.9119	1.1883	0.9693	0.9504	12
	宁夏	1.2037	1.2585	1.0827	1.7470	1.1100	1.2815	1.0964	0.9953	1.0500	0.7560	6
	新疆	1.0476	1.1786	1.2727	1.3667	1.2430	1.1142	1.1637	1.5054	1.0088	0.9703	2

区域	省份	2005~2006年	2006~2007年	2007~2008年	2008~2009年	2009~2010年	2010~2011年	2011~2012年	2012~2013年	2013~2014年	2014~2015年	均值排名
东北地区	辽宁	1.2118	1.2364	1.2904	1.4392	1.1295	1.3793	1.0553	1.0056	0.7093	0.4991	18
	吉林	1.7219	1.5949	1.0205	1.3107	1.0054	1.2467	0.6946	1.0288	1.6564	0.5140	3
	黑龙江	1.6276	0.8276	1.1416	1.0976	1.0408	1.0148	1.1229	0.9800	1.0020	0.5303	29

如表 4.7 所示，2005~2015 年全国建筑业 ML 指数基本均高于 1，表明建筑业碳排放效率在稳步增长，平均增长率为 9.96%。建筑业 ML 指数呈递减趋势，反映出碳排放效率的增长正逐步放缓，甚至在 2014~2015 年出现了降低。

从区域视角进行分析，2005~2009 年各省份建筑业 ML 指数均高于 1，效率处于增长状态，但在 2012 年前后出现效率降低的情况，东北地区与中部地区降低较为显著。东北地区在"十一五"规划期间建筑业碳排放效率增长较快，但在"十二五"规划期间碳排放效率出现明显降低。西部地区与中部地区建筑业 ML 指数基本大于 1，碳排放效率增长速度较快，平均增长率在 12% 左右，高于全国水平。东部地区建筑业碳排放效率虽然也呈现出增长的态势，但低于全国水平。与建筑业碳排放动态效率相比，静态效率值越高的地区，ML 指数越低，碳排放效率增长的速度逐步放缓。

由表 4.8 可知，30 个省域的建筑业 ML 指数普遍大于 1，并呈现前高后低态势。各省建筑业碳排放效率不断提升，2010 年以来有增速放缓趋势，个别省份建筑业碳排放效率出现明显回落。重庆、新疆、湖北、江西和宁夏等中、西部省份 2005~2015 年 ML 指数均值排名靠前，碳排放效率增速较高。东部地区省份的 ML 指数排名靠后，碳排放效率增长较缓慢。江苏与其他东部地区省份差异较大，在建筑业碳排放效率保持较高水平的情况下，碳排放效率增速排名也位于前列。中部地区差异明显，湖北、江西与河南 3 个省份 ML 指数明显高于其他中部地区省份。西部地区各省排名靠前，11 年间建筑业碳排放效率增长迅速，但在 2013~2015 年放缓，甚至略有回落。东北地区建筑业 ML 指数 2014~2015 年降幅较大，主要原因仍是建筑业总产值的降低。

4.2.2.2 建筑业 ML 指数的分解

根据式（4.9）~式（4.11），将全国及 30 个省份建筑业 ML 指数进行分解，结果如表 4.9 和表 4.10 所示。如表 4.9 所示，全国建筑业 ML 指数可以分解为技术效率变化指数（MLEC）与技术进步指数（MLTC），并且可以将技术效率变化指数（MLEC）进一步分解为纯技术效率变化指数（MLPEC）与规模效率变化指数（MLSEC）。结果显示建筑业 ML 指数主要受技术进步与规模效率的影响，若纯技术效率保持不变，即碳排放效率的提升得益于技术进步，也就是生产前沿面的不断提升，同时也得益于规模效率的增长，决策单元不断趋近于最优规模。全国建筑业纯技术效率并未变化，表明在规模报酬可变状态下，决策单元并未向生产前沿移动，行业内部管理与技术水平并未提升。

表 4.9　　　　　　　**2005 ~ 2015 年全国建筑业 ML 指数及其分解**

年份	ML	MLEC	MLTC	MLPEC	MLSEC
2005 ~ 2006	1. 1373	1. 0682	1. 0647	1	1. 0682
2006 ~ 2007	1. 1325	1. 0192	1. 1111	1	1. 0192
2007 ~ 2008	1. 1925	1. 0749	1. 1094	1	1. 0749
2008 ~ 2009	1. 1470	1. 0757	1. 0663	1	1. 0757
2009 ~ 2010	1. 0879	0. 9580	1. 1355	1	0. 9580
2010 ~ 2011	1. 2283	1. 0975	1. 1191	1	1. 0975
2011 ~ 2012	1. 0498	0. 9611	1. 0922	1	0. 9611
2012 ~ 2013	1. 0907	1. 0145	1. 0751	1	1. 0145
2013 ~ 2014	1. 0366	1. 0000	1. 0366	1	1. 0000
2014 ~ 2015	0. 8931	0. 9540	0. 9362	1	0. 9540
平均值	1. 0996	1. 0223	1. 0746	1	1. 0223

结合表 4.10 从区域视角进行分析，各省份建筑业碳排放效率的提升主要得益于技术进步带来的影响。在东部地区，除了技术进步因素外，纯技术效率的提高带来了正向拉动作用，决策单元不断向生产前沿移动。东部地区建

表4.10 主要年份区域及省份建筑业 ML 指数分解

区域	省份	2005~2006年			2008~2009年			2011~2012年			2014~2015年		
		MLTC	MLPEC	MLSEC	MLTC	MLPEC	MLSEC	MLTC	MLPEC	MLSEC	MLTC	MLPEC	MLSEC
东部地区	北京	1.1497	1.0000	1.0000	1.1194	1.0000	1.0000	1.1126	1.0000	1.0000	1.0117	1.0000	1.0000
	天津	1.1138	1.0000	1.0000	1.3225	1.0000	1.0000	0.9867	1.0000	1.0000	0.8473	0.7270	0.9892
	河北	1.0520	1.0436	0.9982	1.0655	1.0906	1.0348	1.1094	1.0103	0.9535	0.7797	0.7818	1.0327
	上海	1.1735	1.0000	1.0000	1.1156	1.0000	1.0000	1.1458	0.9413	0.9986	1.0679	1.0000	1.0000
	江苏	1.0988	1.0592	1.0023	1.1230	1.0000	1.0000	1.1819	1.0000	1.0000	1.0988	1.0000	1.0000
	浙江	1.0743	1.0000	1.0000	1.0558	1.0000	1.0000	1.0807	1.0000	1.0000	1.0110	1.0000	1.0000
	福建	1.0836	1.0272	1.0283	1.0543	1.0058	0.9866	1.0773	1.0003	1.0065	1.0176	1.0634	0.9937
	山东	1.0518	1.0251	0.9963	1.0496	1.0262	1.0075	1.0619	1.0696	0.9989	1.0027	0.9752	0.9808
	广东	1.0800	1.1193	0.9983	1.0726	1.1149	1.0061	1.1132	0.9089	0.9423	0.9870	0.9734	0.9961
	海南	1.0522	1.0000	0.9708	1.0471	1.0000	1.0179	1.0140	1.0000	1.0000	1.3295	1.0000	0.5237
	平均值	1.0930	1.0274	0.9994	1.1025	1.0237	1.0053	1.0884	0.9930	0.9900	1.0153	0.9521	0.9516
中部地区	山西	1.0899	1.0173	1.0096	1.0914	1.1303	1.0672	1.1332	0.9143	1.0136	0.9284	0.9169	0.9351
	江西	1.0667	1.0615	1.0022	1.0552	1.1255	0.9836	1.0794	1.0594	0.9834	0.9905	1.3503	0.9650
	河南	1.0889	1.2275	1.0487	1.2358	0.8341	0.9902	1.1007	0.9968	1.0150	0.9952	0.7851	1.0028
	湖北	1.0600	1.0962	1.0032	1.0702	1.0626	1.0352	1.1535	1.0691	0.9065	0.8474	1.0000	0.8498
	湖南	1.0615	1.0437	1.0023	1.0465	1.0516	0.9930	0.9942	1.0000	0.7091	0.9653	0.5546	0.9390
	平均值	1.0750	1.0636	1.0130	1.0927	1.0466	1.0139	1.0916	0.9959	0.9449	0.9546	0.9529	0.9489

续表

区域	省份	2005~2006年			2008~2009年			2011~2012年			2014~2015年		
		MLTC	MLPEC	MLSEC	MLTC	MLPEC	MLSEC	MLTC	MLPEC	MLSEC	MLTC	MLPEC	MLSEC
西部地区	内蒙古	1.0586	1.0460	1.0088	1.0522	0.9827	1.0887	1.0332	0.9226	1.0204	0.9548	0.9832	0.9539
	广西	1.0515	1.0093	1.0311	1.0465	1.0825	0.9959	1.0585	1.1299	0.9959	1.0015	1.0545	0.9755
	重庆	1.0633	1.0091	0.9934	1.0581	1.1849	0.9740	1.0934	1.0570	1.0286	1.2247	1.0000	1.0000
	四川	1.0644	1.1246	1.0002	1.0561	1.1130	0.9990	1.0700	1.0728	1.0144	1.0105	0.9688	0.9925
	贵州	1.0513	1.0674	0.9979	1.0535	1.1665	1.0329	1.0593	1.0535	1.0411	1.0028	1.0255	0.9624
	云南	1.0575	1.0349	1.0162	1.0530	1.1821	1.0291	1.1107	0.8936	1.0330	0.9982	1.0448	0.9470
	陕西	1.0929	0.9508	1.0303	1.1209	1.1372	1.0118	1.2047	0.6804	1.0717	0.7546	1.0156	0.9692
	甘肃	1.0519	1.0663	0.9803	1.0298	1.1462	0.9744	1.0555	1.0545	1.0264	1.0008	1.1404	0.9532
	青海	1.0503	1.0573	1.0109	1.0703	1.3654	0.9142	1.1228	0.9048	0.8976	0.9867	1.0000	0.9632
	宁夏	1.0706	1.0000	1.1243	1.5260	1.0000	1.1448	1.1127	1.0642	0.9259	0.9113	0.9780	0.8483
	新疆	1.0991	0.9460	1.0076	1.3667	1.1237	1.0000	1.1783	1.0002	0.9874	0.9703	1.0000	1.0000
	平均值	1.0647	1.0283	1.0183	1.1303	1.2339	1.0150	1.0999	0.9849	1.0039	0.9833	1.0192	0.9605
东北地区	辽宁	1.1549	1.0260	1.0227	1.0830	1.0000	1.0770	1.1620	1.0000	0.9082	0.8209	0.5971	1.0183
	吉林	1.1086	1.4677	1.0583	1.3107	1.0000	1.0000	1.1920	0.6063	0.9610	0.9860	0.6557	0.7950
	黑龙江	1.6276	1.0000	1.0000	1.0976	1.0000	1.0000	1.1229	1.0000	1.0000	0.9552	1.0000	0.5551
	平均值	1.2970	1.1645	1.0270	1.1638	1.0780	1.0257	1.1590	0.8688	0.9564	0.9207	0.7509	0.7895

筑业已达到一定规模，经济发展水平较高，规模效率未对碳排放效率的提高带来显著影响。中部地区纯技术效率与规模效率的提高同样促进了碳排放效率的提高，但 2014～2015 年技术进步、纯技术效率与规模效率均出现回落，导致了建筑业碳排放效率的下降。西部地区建筑业 ML 指数分解情况与中部地区相近，但西部地区规模效率的提升比中部地区更为显著，说明西部地区建筑业正在逐步向建筑业最优规模靠近。东北地区建筑业技术进步、纯技术效率与规模效率对建筑业碳排放效率的影响依次递减，技术进步是主要驱动因素。在 2014～2015 年，东北地区与中部地区同样出现了回落现象，并且回落幅度较大，技术效率下降明显，决策单元正远离生产前沿。

4.3 建筑业碳排放效率影响因素辨识与分析

本节通过 Tobit 模型，探讨经济发展、能源结构、产业带动、产业结构、城镇化率、生产水平与技术水平 7 个影响因素对建筑业碳排放静态效率的影响，并结合前两节分析结果，从全国与区域视角为提升建筑业碳排放效率给出政策建议。

4.3.1 模型构建

4.3.1.1 影响因素与数据来源

包含非期望产出的三阶段 SBM – DEA 模型与 ML 指数模型可以从静态与动态两个视角对建筑业碳排放效率进行测度，分析省域间的差异与时间序列上的变化。为进一步探讨建筑业碳排放效率影响因素，本节将建筑业碳排放静态效率值作为因变量，根据本书第 2.3 节与前期研究成果，选取经济发展、能源结构、产业带动、产业结构、城镇化率、生产水平与技术水平 7 个因素为自变量进行回归分析。

（1）经济发展 ED：以人均 GDP 来表征省域的经济发展水平。环境污染程度与经济发展之间关系紧密，随着发展水平的不断提高会呈现出污染程度先增大后减小的趋势，形成库兹涅茨曲线，故认为经济发展会对建筑业碳排放效率产生影响。该因素的系数符号待定。

（2）能源结构 *ES*：以折算成标准煤后的建筑业电力消费量在建筑业综合能源消费量中的占比来表征。如本书第 3 章所述，建筑业进行生产活动消耗了多种化石能源，不同省域建筑业的能源结构也存在一定差异，而电力作为清洁高效的能源，其所占比重的增加有助于提高能源整体使用效率。预期该因素的系数符号为正。

（3）产业带动 *ID*：以建筑业间接碳排放量在碳排放总量中的占比来表征。建筑业具有很强的产业带动作用，新型建筑工业化的推进与建材使用的变革会增强建筑业的产业带动能力，同时也会对建筑业碳排放效率产生影响。预期该因素的系数符号为正。

（4）产业结构 *IS*：以第三产业增加值在 GDP 中的比重来表征。第三产业占比的提升说明区域产业结构不断优化，区域资源配置趋向更优，会间接影响建筑业生产活动的开展。预期该因素的系数符号为正。

（5）城镇化率 *UR*：以城镇人口与总人口的比率来表征。建筑业的发展与城镇化建设密不可分，城镇化程度的提高也对建筑业转型升级提出了更高的要求，有利于建筑业能源利用水平的提升。预期该因素的系数符号为正。

（6）生产水平 *PL*：以建筑业全员劳动生产率来表征。建筑业全员劳动生产率是建筑业经营管理水平、生产技术水平、劳动积极性与职工技术熟练程度的综合表现，能源利用水平或随着生产水平的提高而提高。预期该因素的系数符号为正。

（7）技术水平 *TL*：以建筑业技术装备率来表征。增加技术装备率，推进建筑业机械化程度，有助于建筑业生产过程的优化与升级，推动能源使用效率的提升。预期该因素的系数符号为正。

在影响因素选取中，之所以未选取碳排强度与能源强度两个因素，是因为这两个因素常用来表征单要素碳排放效率与单要素能源效率，与因变量间具有多重共线性关系，对回归结果会产生干扰。已选取的 7 个因素数据来源如表 4.11 所示。

表 4.11   影响因素及其数据来源

影响因素	具体指标	数据来源
经济发展 ED	人均 GDP（万元/人）	各省份各期统计年鉴
能源结构 ES	建筑业电力消费量/综合能源消费量（吨标准煤/吨标准煤）	各省份各期统计年鉴
产业带动 ID	建筑业间接碳排放量/碳排放总量（吨/吨）	式（2.3）~式（2.5）
产业结构 IS	省域第三产业增加值/省域 GDP（亿元/亿元）	各省份各期统计年鉴
城镇化率 UR	省域城镇人口/省域总人口（万人/万人）	各省份各期统计年鉴
生产水平 PL	建筑业全员劳动生产率（万元/人）	各省份各期统计年鉴
技术水平 TL	建筑业技术装备率（万元/人）	各省份各期统计年鉴

4.3.1.2 Tobit 模型

建筑业碳排放静态效率值通过包含非期望产出的三阶段 SBM – DEA 模型进行测度，其取值范围为 $[0, +\infty)$，因此本节选取 Tobit 模型，即受限因变量模型对建筑业碳排放效率进行影响因素分析：

$$y_i^* = \beta x_i + \mu_i$$

$$y_i = \begin{cases} y_i^* & (y_i^* > 0) \\ 0 & (y_i^* \leqslant 0) \end{cases} \quad (4.12)$$

式中，y_i^* 为受限因变量向量；x_i 为自变量向量；β 为回归系数向量；μ_i 为随机误差项，并满足 $\mu_i \sim N(0, \sigma^2)$。在 Tobit 模型基础上，根据已选取的 7 个影响因素，构建建筑业碳排放效率影响因素研究模型如下：

$$CEE_{it} = c + \beta_1 ED_{it} + \beta_2 ES_{it} + \beta_3 ID_{it} + \beta_4 IS_{it}$$
$$+ \beta_5 UR_{it} + \beta_6 PL_{it} + \beta_7 TL_{it} + \mu \quad (4.13)$$

式中，CEE_{it} 表示省域 i 在时期 t 的建筑业碳排放静态效率值；ED_{it}、ES_{it}、ID_{it}、IS_{it}、UR_{it}、PL_{it} 与 TL_{it} 分别表示省域 i 在时期 t 的经济发展、能源结构、产业带动、产业结构、城镇化率、生产水平与技术水平 7 个影响因素；β_{1-7} 表示各影响因素的回归系数；c 与 μ 分别为常数项与随机误差项。

4.3.2 计量分析

4.3.2.1 Tobit 模型回归结果

根据式（4.12）与式（4.13），运用 EViews 软件对 2005～2015 年全国及四大地区的面板数据进行回归，结果如表4.12所示。

表 4.12　全国及四大地区建筑业碳排放效率影响因素第一次回归结果

影响因素	全国	东部地区	中部地区	西部地区	东北地区
经济发展 ED	0.0227 * －1.8456	－0.1661 （－0.9865）	0.1307 *** －3.1102	0.0291 －1.4209	0.1093 －1.7608
能源结构 ES	0.7011 ** －2.3464	0.1117 －0.2204	0.3725 －0.7963	0.7169 ** －2.0506	1.4426 * －1.6511
产业带动 ID	1.6618 *** －4.4721	4.2086 *** －6.8857	1.3284 *** －3.0038	6.5151 *** －9.0724	14.6508 * －1.9291
产业结构 IS	0.3066 －1.427	1.9457 *** －5.5253	－0.6627 （－1.6395）	－0.2875 （－0.8915）	2.2129 * －1.9378
城镇化率 UR	0.9113 *** －5.0274	－0.0494 （－0.1991）	1.3154 ** －2.3633	0.6862 ** －2.2541	－3.1956 （－1.9900）
生产水平 PL	－0.0032 （－0.5333）	0.0167 ** －2.024	－0.0057 （－0.2839）	0.0091 －1.2761	－0.0588 * （－1.6761）
技术水平 TL	－0.0022 （－0.1337）	0.0596 *** －2.6121	－0.0062 （－0.1243）	0.0399 * －1.8581	0.0245 －0.172
常数项	－1.6511 *** （－4.3974）	－4.0337 *** （－6.7884）	2.3420 *** －5.5855	－5.9417 *** （－8.4960）	－11.1904 （－1.5788）
样本量	330	110	66	121	33

注：***、**、* 分别表示在1%、5%、10%的水平下显著，括号内为 z 统计量。

由表4.12可知，不同因素对全国或者不同地区建筑业碳排放效率的影响程度差异较大，个别因素在10%的显著性水平下并不显著。为了更准确地表征各影响因素的影响程度，将10%显著性水平下不显著的因素剔除，得到对全国及四大地区建筑业碳排放效率影响较为显著的因素。通过向后逐步回归，也可以逐步剔除对因变量影响不显著的因素，最终保留的因素与按照显著性水平保留的因素相同。对保留的因素进行第二次回归，结果如表 4.13 所示。

表 4.13　全国及四大地区建筑业碳排放效率影响因素第二次回归结果

影响因素	全国	东部地区	中部地区	西部地区	东北地区
经济发展 ED	0.0217 ** (2.0577)		0.1483 *** (6.1987)		
能源结构 ES	0.8147 *** (3.0331)			0.6231 * (1.9127)	1.9451 *** (2.9667)
产业带动 ID	1.5441 *** (4.3829)	3.9685 *** (7.3059)	0.9727 *** (3.1920)	6.2954 *** (8.5893)	1.9940 *** (5.6441)
产业结构 IS		1.7354 *** (9.3582)			3.1026 *** (3.3738)
城镇化率 UR	1.0137 *** (6.0115)		1.9736 *** (4.4441)	1.2652 *** (7.8403)	
生产水平 PL		0.0134 * (1.8856)			− 0.0416 * (− 1.9107)
技术水平 TL		0.0428 ** (2.4050)		0.0437 ** (1.9887)	
常数项	− 1.4946 *** (− 4.4331)	− 3.7764 *** (− 7.2679)	2.0186 *** (6.1987)	− 5.9994 *** (− 8.4910)	
样本量	330	110	66	121	33

注：*** 、** 、* 分别表示在 1%、5%、10% 的水平下显著，括号内为 z 统计量。

4.3.2.2　Tobit 模型结果分析

如表 4.13 所示，保留的因素对建筑业碳排放效率基本均具有正向推动作用。其中，产业带动对建筑业碳排放效率的影响最大，在全国层面及区域层面均具有较强的正向影响，说明通过推动新型建筑业工业化等措施增加建筑业的产业带动程度，可以提升建筑业碳排放效率。城镇化率、产业结构与能源结构因素在部分地区具有较强的影响力，经济发展、生产水平与技术水平因素的影响程度较弱，说明提升城镇化率、优化产业结构、提升电力等高效能源消费比重有助于改善建筑业碳排放效率。

在全国层面，建筑业碳排放效率受经济发展、能源结构、产业带动与城镇化率4个因素影响显著。这4个因素均与效率值呈正相关，其中产业带动对效率提升的正向推动作用最强，城镇化率次之，能源结构也具有较为显著的正向影响。经济发展因素对建筑业碳排放效率虽然具有推动作用，但影响程度较小。

从区域视角来看，不同地区建筑业碳排放效率的影响因素存在差异，影响程度也不同。东部地区建筑业碳排放效率受产业带动与产业结构因素影响较大，而在中部地区，城镇化率具有明显的推动作用。西部地区与中部地区情况类似，产业带动与城镇化率影响程度较大。东北地区建筑业碳排放效率则主要受产业结构、产业带动与能源结构的影响。

4.3.2.3　提升建筑业碳排放效率的政策建议

根据本章研究结果，对于提升建筑业碳排放效率给出以下几方面的政策建议，以期为建筑业发展与区域发展政策的制定提供参考。

（1）全国层面的政策建议。

调整优化能源消费结构。煤炭在能源消费总量中占比较高，可借助推广优质煤、洁净型煤等措施提高煤炭的利用效率。同时通过推进煤改电、煤改气，鼓励电力、天然气与可再生能源等优质能源替代煤炭使用，使电力等优质能源占能源消费总量的比重不断提高，优化能源消费结构。

加快建筑业现代化进程。建筑业仍属于较为粗放的劳动密集型产业，现代化程度不高，需要加快新型建筑工业化进程，建立与之相适应的工程建设管理制度，推动装配式混凝土结构、现代木结构与钢结构的不断发展；强化建筑业现代化技术标准的引领作用，依此对工程与部品进行约束；加强关键建筑技术研发支撑，加快BIM技术在建设实践中的应用。

大力推进产业结构调整。产业结构调整利于资源合理配置，提振经济活力，对建筑业低碳发展具有潜移默化的影响。为此，需积极化解产能过剩的矛盾，推进传统产业的企业重组，淘汰落后产能；大力发展生物医药、精密制造业与新材料等战略性新兴产业与物流、家政、教育与艺术创意等现代服务业，促进产业结构的调整。

深入推进新型城镇化建设。推进新型城镇化建设可挖掘内需潜力，是经济稳步发展的内驱力之一。应以城市群、中心城市建设为引领，加强各部门纵横联动，推动户籍、土地、住房与财政等政策改革，加快配套措施的出台，确保新型城镇化建设落地；反向促进建筑企业技术水平与管理能力的提升，改善建筑业市场同质化竞争现状。

（2）区域层面的政策建议。

结合区域实际因地施政。不同地区的市场环境存在差异，影响因素也不尽相同。东部地区宜加快建筑业现代化进程并大力推进产业结构调整；中部地区与西部地区则仍需密切关注新型城镇化进程；东北地区建筑业低碳发展面临的问题较为严峻，在加快建筑业现代化进程、大力推进产业结构调整的同时，也应考虑能源消费结构的优化。

贯彻落实区域协调发展。东部地区建筑业碳排放效率处于较高水平，与其他地区差异显著，应加快推进"一带一路"建设，扩大各地区开放程度，促使生产要素在不同地区间进行自由流动；探索建立跨地区或者跨省域的发展规划衔接机制，设立一体化发展试点；促进产业有序转移与承接，使中部、西部与东北地区吸纳东部地区发展带来的溢出效应。

4.4　本章小结

本章借助 MaxDEA 软件对建筑业碳排放静态效率分析模型与动态效率分析模型进行求解，并对建筑业减排潜力进行定量化表达。进而对建筑业碳排放静态效率的影响因素进行探索，结合实证分析从全国与区域层面提出政策建议。主要得到以下结论：

（1）在建筑业碳排放一阶段效率方面，在区域层面，东部地区更接近生产前沿，建筑业碳排放效率明显高于其他地区。在省域层面，建筑业碳排放效率差异明显，其中北京、浙江、上海、江苏等省份建筑业碳排放呈现高效率、低潜力特征，近年来陆续达到生产前沿，实现建筑业最优碳排放量。相反，河北、山东、内蒙古、黑龙江等省份建筑业碳排放效率较低，减排潜力较大，平均碳排放超过 60%，并且这些省份均有能源依赖性较高、开放程度较低等弊端，发展建筑业低碳技术，协调建筑业与环境共同发展仍需一定时间。

（2）SFA 阶段对环境因素的评估发现，本章选取的产业结构、能源结构、技术水平与城市化进程，在 SFA 回归结果中均表现为显著相关，说明这些环境变量对建筑业碳排放效率影响较大，第三阶段剔除环境变量的影响对效率测算十分必要。其中，产业结构及能源结构的优化、建筑业技术水平的提高，均会有效减少建筑业资源消耗、劳动力、资本、机械设备的投入，进而有效提高建筑业碳排放效率。但城镇人口占总人口的比例增加，建筑业资源消耗、劳动力、资本、机械设备的投入也相应增加，而建筑业碳排放效率降低，因此提高产业结构、优化能源结构、提高技术水平，有效管理城市化进程能够促进建筑业碳排放效率的提高。

（3）剔除上述环境因素后，从内部管理效率的角度测算各省建筑业碳排放效率，结果显示：东部建筑业碳排放高效率地区，在第三阶段碳排放效率明显下降，相反中西部建筑业碳排放低效率地区，第三阶段剔除环境因素后，碳排放效率出现上浮趋势。这表明从纯内部管理效率来看，各区域的差距有所减小，说明地理优势和发展基础严重导致我国各区域建筑业发展差异较大。在省域方面，北京、天津、上海、浙江等地建筑业碳排放效率有所下降，说明其外部环境较为优越，建筑业碳排放效率被高估；山西、安徽、陕西、甘肃等省份建筑业碳排放效率提高明显，因此，优化此地区的外部环境，将会为建筑业低碳发展带来全新的契机。

（4）全国建筑业拥有较大的减排潜力，约为 45%。整体来看，2005~2015 年建筑业的减排潜力被逐步释放，建筑业减排工作取得一定成效。碳排放效率较高的地区减排潜力较低，东部、中部与西部地区建筑业的减排潜力分别约为 40%、45% 与 65%。其中，内蒙古、青海、贵州、甘肃、山东、宁夏、云南与广西 8 个省份建筑业减排潜力超过 70%，北京、浙江、天津、上海与江苏 5 个省份基本已达到建筑业最优碳排放量。

（5）通过对建筑业碳排放效率的影响因素进行研究，发现不同层面及不同地区建筑业碳排放效率的影响因素存在差异，经过筛选，最终保留的因素基本均具有正向影响。产业带动、城镇化率与能源结构是全国建筑业碳排放效率增长的主要驱动因素，经济发展的影响程度较小。东部地区建筑业碳排放效率主要受产业带动与产业结构的影响，在中部地区与西部地区，产业带动与城镇化率的推动作用显著，而产业结构、产业带动与能源结构是东北地区建筑业碳排放效率的主要影响因素。

（6）推动建筑业减排工作需要从改变建筑业粗放的生产方式着手，同时也需要国家层面统筹制定相关政策。从全国层面来看，可以从调整优化能源消费结构、加快建筑业现代化进程、大力推进产业结构调整与深入推进新型城镇化建设等方面入手。同时各地区也应该因地施政，制定具有针对性的减排政策。

第 5 章
中国建筑业碳排放预测与情景模拟

　　本章首先引入劳动者报酬率对 IPAT 模型进行改进，基于改进的 IPAT 模型预测建筑业碳排放，提高了预测模型精准性，有利于政府准确把握碳排放趋势、制定合理的减排政策；其次，本章构建了建筑业碳排放系统动力学模型，模拟不同经济增长率和针对碳减排技术的政策因子情景下的碳排放表现，对碳排放系统进行情景分析，探讨了建筑业实现中国设定的 2020 年碳排强度减排目标的可能性，为实现建筑业的绿色可持续发展提供理论依据；最后，根据研究结果提出相关政策建议。

5.1　建筑业碳排放预测

5.1.1　IPAT 模型及改进

　　20 世纪 70 年代，社会的高速发展加剧了自然资源的消耗，环境恶化极大影响了人们的生活质量，改善环境、促进可持续发展开始受到社会大众和学者们的广泛关注。美国斯坦福大学著名人口学家保罗和约翰（Paul and John，1971）认为技术是改善环境恶化的主要手段，而相应环境治理政策的缺乏、人口的快速增长和人均 GDP 的不断提高是环境恶化的主要原因。由此，他们提出了 IPAT 模型，又称环境压力控制模型，认为环境影响是人口、富裕度和技术三因素共同作用的结果。其基本模型的表达式如下：

$$I = P \times A \times T \tag{5.1}$$

式中，I（impact）为环境影响，在研究不同的问题时可用不同的指标表示，如可用资源效率或环境污染指标表示；P（population）为人口规模，以人口数量表示；A（affluence）为富裕度，以人均 GDP 表示；T（technology）为技术水平，通常以单位经济产出对环境的影响来表征。

用碳排放量表征环境影响，并将碳排放量分解为几个不同因素的乘积，如下面的扩展方程所示：

$$C = P \times \frac{G}{P} \times \frac{E}{G} \times \frac{C}{E} = pgec \tag{5.2}$$

式中，C 表示由于能源消耗造成的环境影响，即一次能源消耗导致的碳排放；P、G 和 E 分别代表人口、GDP 和能源消耗。$p = P$，$g = G/P$，$e = E/G$，$c = C/E$，分别代表人均 GDP，GDP 能源强度和能源碳排放强度。

IPAT 模型结构简单易于操作，已在能源与环境经济领域得到较为广泛的应用。但因为其考察的变量数目有限，所能得到的研究结果基本仅限于碳排放与能源、经济及人口在宏观上的量化关系。近年来的多项研究表明，能源消耗碳排放不仅与能源消耗规模及经济产出有直接联系，而且与产业结构以及科技技术水平等有较为密切的关系。产业结构演变的直接动因是产业资本收益率和人均劳动者报酬的变动，而产业资本收益率变动和产业人均劳动报酬变动的直接动因是产业技术进步，因此，产业技术进步是产业结构变化的间接动因。吕炜等（2010）研究表明产业技术进步与产业劳动者报酬变动之间存在稳定的强相关性，可决系数达 0.91。故可用 0.91 倍的产业劳动者报酬变动率表征产业技术进步率，进而表征产业结构演变和技术进步。此外，在利用 IPAT 模型进行预测时须对未来时期的人口变化情况先作预测，这也是造成预测结果差异很大的一个因素。因此，在 IPAT 模型的基础上去掉人口因子，引入能够表征产业结构以及科技技术水平的变量——劳动者报酬率，可对 IPAT 模型进行改进。改进后的 IPAT 模型能排除人口因子的影响，预测未来人均碳排放量。用各时期的人均预测值再乘以当期的预期人口数可得到各时期的全国碳排放量。改进后的 IPAT 模型表达为：

$$C = \frac{G}{P} \times \frac{E}{G} \times \frac{C}{E} \times (1 - 0.91f) = gec \times k \tag{5.3}$$

式中，f 表示劳动者报酬率，k 表示技术进步影响系数，$k = 1 - 0.91f$。本章将

2003 年定为基准年，公式中的能源消耗和碳排放指的是建筑业总能源消耗和总碳排放量，分别为直接能源消耗和间接能源消耗之和、直接碳排放和间接碳排放之和，使用的人口数据、建筑业生产总值、建筑业城镇单位就业人员平均工资和直接能源消耗均来自 2004～2016 年《中国统计年鉴》。用标准煤衡量的间接能源消耗和间接碳排放由搜集的原始数据计算得到。

5.1.2 数据样本处理和计算

为了消除价格因素的影响，以 2003 年的不变价格计算得到 2003～2015年历年 GDP 值，并计算得到 2003～2015 年历年能源强度和能源碳排放强度。以 2003 年不变价计算 2003～2015 年城镇单位职工人均劳动工资，对人均劳动工资取对数得到人均劳动工资曲线，可决系数为 0.99498，如图5.1 所示。

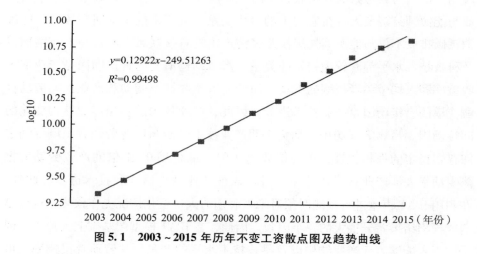

图 5.1　2003～2015 年历年不变工资散点图及趋势曲线

对 2003～2015 年历年能源消耗和能源碳排放强度进行拟合得到散点图和趋势曲线的表达式，可决系数为 0.90785，如图 5.2 所示。可决系数可用于评估曲线的拟合程度，其越接近 1，代表曲线的拟合越好，由此看来，上述两条拟合曲线的可决系数较高，可将相关参数用于碳排放预测。

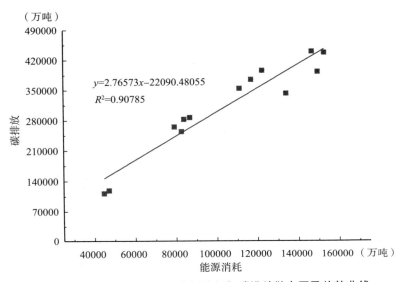

（万吨）

$y=2.76573x-22090.48055$
$R^2=0.90785$

图 5.2　2003～2015 年历年能源消耗与碳排放散点图及趋势曲线

　　建筑业"十三五"规划（2015～2020 年）明确了市场规模发展目标，以完成全社会固定资产投资建设任务为基础，计划全国建筑业总产值年均增长 7%，进一步巩固建筑业在国民经济中的支柱地位。假设"十三五"规划设定的建筑业经济增长目标已适应经济"新常态"，一定时期内建筑业总产值年均增长率保持不变，故根据建筑业"十三五"规划目标，预计 2015～2025 年，中国建筑业经济保持年均 7% 的增长速度。假定未来 50 年全球不会出现类似于科技革命一样的社会科技飞跃性的大进步，我们以不变价工资增长函数的斜率表征科技变动率。由图 5.1 可知，劳动者报酬率变动系数 f 为 0.12922，则技术进步值为 0.12922。现今社会科技从创新到推广一般在 5 年左右，则设定每 5 年的技术进步值为 12.922%，则技术因素的影响系数 k 为 $(1-0.91f)$，即为 88.241%。由此折算出每年技术因素的影响为 97.529%。国家"十二五"规划（2010～2015 年）和"十三五"规划（2015～2020 年）分别将单位国内生产总值能源消耗降低 16% 和 15% 作为减排目标，考虑到建筑业是国民经济的支柱行业，也是能源密集型行业，建筑业应积极实现国家五年规划设定的减排目标。假定 2015～2020 年能源强度降低 15%，等效转换为每年能源强度降低 3.190%；2020～2025 年能源强度降低 15%，等效转换为每年能源强度降低 3.190%。据此，以 2003～2015 年能源强度和能源碳排放强度拟合趋势曲线的斜率和 2015 年建筑业人均 GDP 作为能源碳排放强度和建筑业人均 GDP 基数。运用公式（5.3）进行碳排放预测，见表5.1。图 5.3 为 2015～2025 年历年人均碳排放及变化趋势曲线。

表 5.1　　　　　　　　　　　　碳排放预测计算

年份	人均 GDP（万元/人）	能源强度（吨/万元）	能源碳排放强度	技术因素 k	人均碳排放（吨）	人口（万人）	建筑业碳排放（万吨）
2003	0.1786	1.9382	2.7657	1.3502	1.2929	129227.0	167077.3798
2004	0.2134	1.7016	2.7657	1.3168	1.3227	129988.0	171940.8766
2005	0.2662	2.3967	2.7657	1.2843	2.2665	129776.5	294142.4208
2006	0.3186	1.9071	2.7657	1.2525	2.1051	130426.2	274556.2610
2007	0.3895	1.6472	2.7657	1.2216	2.1675	131058.4	284074.1613
2008	0.4710	1.4017	2.7657	1.1914	2.1755	131706.6	286524.2791
2009	0.5803	1.4487	2.7657	1.1620	2.7017	132359.2	357598.8970
2010	0.7220	1.2183	2.7657	1.1333	2.7568	133014.1	366699.4940
2011	0.8713	1.0516	2.7657	1.1053	2.8008	133671.8	374390.8345
2012	1.0215	0.9775	2.7657	1.0779	2.9771	134324.0	399899.3827
2013	1.1883	0.9331	2.7657	1.0513	3.2238	134958.6	435074.3807
2014	1.3035	0.8653	2.7657	1.0253	3.1985	135569.3	433624.5141
2015（基数）	1.3276	0.8124	2.7657	1.0000	2.9828	136151.3	406116.6497
2016	1.4149	0.7864	2.7657	0.9753	3.0011	136699.4	410253.6203
2017	1.5083	0.7612	2.7657	0.9512	3.0205	137208.8	414432.7327
2018	1.6084	0.7369	2.7657	0.9277	3.0409	137674.6	418654.4163
2019	1.7158	0.7133	2.7657	0.9048	3.0626	138091.4	422919.1048
2020	1.8311	0.6905	2.7657	0.8824	3.0857	138454.5	427227.2362
2021	1.9549	0.6684	2.7657	0.8606	3.1102	138764.1	431579.2530
2022	2.0879	0.6470	2.7657	0.8393	3.1360	139021.2	435975.6023
2023	2.2308	0.6263	2.7657	0.8186	3.1634	139224.4	440416.7358
2024	2.3844	0.6063	2.7657	0.7984	3.1922	139371.9	444903.1095
2025	2.5496	0.5869	2.7657	0.7786	3.2226	139463.9	449435.1844

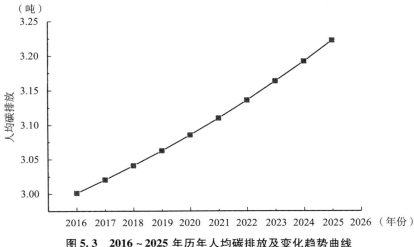

图 5.3 2016～2025 年历年人均碳排放及变化趋势曲线

由表 5.1 和图 5.3 可知，2015 年以后，全国碳排放和人均碳排放将持续缓慢增加，且增速趋于平稳，短期内并没有出现峰值的趋势。通过改进的 IPAT 模型计算得到 2025 年建筑业的碳排放为 449435.1844 万吨，人均碳排放 3.2226 吨，预测结果显示中国建筑业到 2025 年为止，节能减排将取得一定效果。

5.2 建筑业碳排放情景模拟

5.2.1 系统动力学理论概述

系统动力学（system dynamic，SD）于 1956 年被提出，是系统科学理论与计算机仿真相结合、研究系统反馈结构与行为的一门科学。系统动力学研究处理复杂系统问题的方法是定性与定量相结合、系统性进行综合推理。

20 世纪 90 年代后，系统动力学得到了广泛传播与不断发展，增强了与突变理论和结构稳定性分析等学科的联系。如今，系统动力学已经广泛应用于政策制定、能源、交通、项目管理、供应链管理和环境保护等多个领域的研究中。

其中，环境保护是应用系统动力学较多的领域，系统动力学也相对适用于与环境有关的温室气体排放的研究。中国建筑业碳排放是一个复杂和动态的问题，而系统动力学通过反映大型系统中大量变量的复杂关系来探究复杂问题的影响机制，该方法适合对复杂系统进行定量分析和定性分析，能更好地处理复杂非线性系统问题。因此本节选择该方法预测建筑业碳排放总量，并以预测为基础，模拟不同经济增长率和政策因子下碳排放情景，以促进经济可持续发展和建筑业的低碳发展，为政府和决策者在碳减排政策制定方面提供参考依据。

系统动力学建模前需要绘制因果回路图，因果回路图是对系统中的变量关系进行定性的分析，以此为基础，构建系统动力学存量流量图，通过确定存量流量图中参数和变量间的方程式可对系统中各变量进行定量分析。有关因果关系图和存量流量图的介绍如下。

5.2.1.1　因果回路图

反馈是系统动力学研究的核心内容，因果回路图（causal loop diagram，CLD）是描述系统反馈结构的重要工具。一个因果回路图包括多个变量，变量由因果链联系，因果链由箭头表示。两个以上的因果链首尾相连形成闭合回路，即为因果反馈回路。因果链带有极性，同样的，由因果链构成的因果反馈回路图也带有极性。

如图 5.4 所示，在其他条件相同的情况下，如果 X 增加（减少），那么 Y 增加（减少）到高于（低于）原所应有的量。在其他条件相同的情况下，如果 X 增加（减少），那么 Y 增加（减少）到低于（高于）原所应有的量。一个变量往往有多个变量输入，因此，在评判单因果链的极性时，假定所有其他变量都是恒定的。一条正因果链意味着如果原因增加，结果要高于它原来所能达的程度；如果原因减少，结果要低于它原来所能达到的程度。一条负因果链意味着如果原因增加，结果要低于它原来所能达到的程度；如果原因减少，结果要高于它原来所能达到的程度。

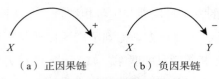

（a）正因果链　　　（b）负因果链

图 5.4　正、负因果链图

如果在一个因果反馈回路中，包含的负因果链的个数为奇数，则该反馈回路的极性为负，负反馈回路具有自我调节和稳定的作用，是系统中维持平衡的原因。如果在一个因果反馈回路中，包含的负因果链的个数为偶数，则该反馈回路的极性为正，正反馈回路具有自我强化（或弱化）的作用，是系统中促进发展（或衰退）的原因。

5.2.1.2 存量流量图

存量流量图，如图 5.5 所示。

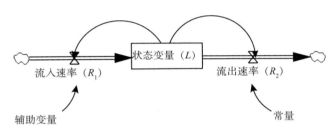

图 5.5 存量流量图

（1）状态变量。状态变量（level variable）是描述系统积累效应的变量。它能够反映物质、能量、信息等对时间的积累，既可以是有形的，也可以是无形的，它的取值是系统从初始时刻的物质流动或信息流动积累的结果，因此，在系统中可以观察任意时刻的瞬间值。在流量图中，状态变量是用矩形符号表示的，指向状态变量的实线箭头表示状态变量的输入流，自状态变量向外的实线箭头表示状态变量的输出流。关于状态变量的计算公式，假设观测的时间间隔为 D_T，流入速率为 R_1，流出速率为 R_2，前次观测值为 L_0，在 D_T 时间内增量为：

$$\Delta L = (R_1 - R_2) \times D_T \tag{5.4}$$

因而，本次的观测值为：

$$L = L_0 + \Delta L = L_0 + (R_1 - R_2) \times D_T \tag{5.5}$$

（2）速率变量。速率变量（rate variable）是描述系统累计效应变化快慢的变量。速率变量描述了状态变量的时间变化，反映了系统的变化速度或决策幅度的大小。在系统中，不能观测其瞬间值，但可以观测它在一段时间内的取值。

（3）辅助变量。辅助变量（auxiliary variable）是描述决策过程的中间变量，即状态变量和速率变量之间信息传递和转换过程的中间变量。它既不反映积累，也不具有导数意义，而是描述"状态变量"到"速率变量"之间的"局部结构"，这种"局部结构"和相关"常量"构成了系统的"控制策略"。辅助变量是设置在状态变量和速率变量之间的变量。在速率变量的表达式很复杂时，可以用辅助变量描述其中的一部分，而使速率变量的表达式得到简化。

（4）常量。常量是指在研究期间内变化非常微小或者相对于研究的主要内容可以忽略不计的量。严格地说，绝对不变化的参数是不存在的，但对于那些变化很小或者虽然是变化的，但是其变化对于整个系统的影响可以忽略不计的参数，通常将它们作为常量处理。一方面，可以简化系统，使关键因素更加突出；另一方面，也让数据的处理和方程的建立变得可行。常量可以用直接或辅助的形式把信息传递给状态变量或速率变量。

5.2.2 系统动力学仿真模型

5.2.2.1 因果关系图

考虑经济发展、能源结构及技术进步等对中国建筑业碳排放量的影响，将相关因素纳入建筑业碳排放系统，并建立该系统的因果关系图来展示变量间因果联系，如图5.6所示。

建筑业碳排放系统主要涉及四个部分，分别为环境、能源、经济和人口。

其中，环境部分包含碳汇、建筑业碳排放、环境质量和环境保护投入等变量；能源部分包含可再生能源开发利用、能源结构和建筑业能源消耗等变量；经济部分包含全国GDP和建筑业GDP等变量；人口部分包含全国人口数量、建筑业从业人数、生活水平等变量。这四部分联系紧密，互相影响，构成了错综复杂的建筑业碳排放系统的关系网络。

因果关系图中涉及的反馈回路主要有：

（1）全国GDP→＋生活水平→＋全国人口数量→＋建筑业从业人数→＋建筑业GDP→＋全国GDP（正反馈）。这条反馈回路中，随着全国GDP的增

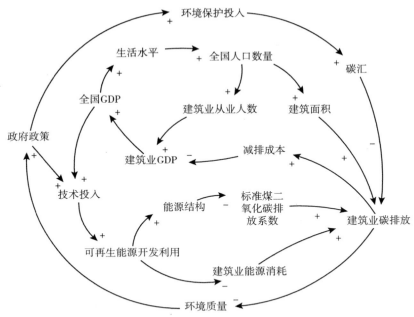

图 5.6　建筑业碳排放系统因果关系图

长，人民生活水平不断提高，进而使人口数量增加，人口数量的增加为建筑业提供了更多的劳动力，即建筑业从业人数增多，众多劳动力为建筑业创造的价值越大，建筑业 GDP 会提高，促进全国 GDP 增加。

（2）全国 GDP→＋生活水平→＋全国人口数量→＋建筑面积→＋建筑业碳排放→＋减排成本→－建筑业 GDP→＋全国 GDP（负反馈）。全国 GDP 的增加导致人口数量激增，因此需要兴建更多的建筑项目，使建筑面积增加，随之而来的是项目施工等阶段带来的大量的碳排放，企业减排投入的成本会变多，影响建筑业 GDP 的增长，进而影响全国 GDP 的增长。

（3）政府政策→＋技术投入→＋可再生能源开发利用→－建筑业能源消耗→＋建筑业碳排放→－环境质量→＋政府政策（正反馈）。该条反馈回路说明政府加强政策引导之后，技术创新的经济投入会增加，使可再生能源进一步得到开发利用，更多地替代不可再生的化石能源的使用，从而使建筑业能源消耗降低，释放的二氧化碳减少，环境质量得到很大改善，政府会出台更多相关政策引导企业在进行生产活动的同时保护生态环境。

（4）政府政策→＋技术投入→＋可再生能源开发利用→＋能源结构→－标准煤的二氧化碳排放系数→＋建筑业碳排放→－环境质量→＋政府政策（正反馈）。政府加强干预之后，促进可再生能源的开发利用，改善了能源结构，使清洁能源在建筑业消耗的能源总量中占比增加，降低了标准煤的二氧化碳排放系数，在能源消耗量一定的情况下，该系数的降低会减少建筑业二氧化碳的排放，进而改善环境质量，反馈回政府。

（5）政府政策→＋环境保护投入→＋碳汇→－建筑业碳排放→－环境质量→＋政府政策（负反馈）。政府重视环境保护，出台相关政策文件之后，对环境保护的经济投入也会增加，因此可通过植树造林、植被恢复和林业管理等措施，利用植物光合作用吸收空气中的二氧化碳，增加碳汇，降低建筑业碳排放，改善环境质量，反馈回政府。

通过对建筑业碳排放系统的介绍和因果关系图中五条主要反馈回路的分析可以得知，建筑业碳排放是一个复杂的系统问题，受诸多因素影响，想要清晰揭示建筑业碳排放机理，系统分析影响建筑碳排放的主要因素，并对不同情景下的碳排放量进行模拟分析，就要根据其影响机理构建建筑业碳排放系统动力学模型，即存量流量图。

5.2.2.2 存量流量图

根据各个变量的因果关系，结合系统动力学原理绘制建筑业碳排放系统的存量流量图，如图5.7所示。该系统动力学模型结合了能够表征建筑业碳排放系统内部构成机理的投入产出核算方法，涉及的主要变量主要有建筑业标准煤消耗量、电力和热力消耗量、建筑业GDP、标准煤二氧化碳排放系数、与建筑业紧密关联行业的标准煤消耗量、碳排放强度等。建筑业总碳排放由直接碳排放和间接碳排放组成，直接碳排放由建筑业标准煤消耗量和标准煤二氧化碳排放系数决定，而间接碳排放则取决于建筑业电力和热力消耗量以及九个与建筑业紧密关联行业碳排放，九个关联行业分别为煤炭开采与洗选业（行业1）、石油和天然气开采业（行业2）、金属矿采选业（行业3）、石油加工、炼焦和核燃料加工业（行业4）、化学燃料及化学制品制造业（行业5）、非金属矿物制品业（行业6）、金属冶炼及压延加工业（行业7）、金属制品业（行业8）、交通运输、仓储和邮政业（行业9）。可以看出，存量流量图将众多变量通过方程联系起来，通过建立系统动力学模型更加直观地揭示了建筑业碳排放构成机理和影响机制。

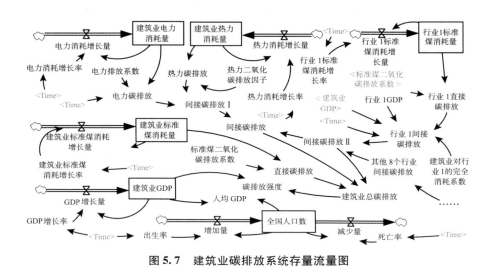

图 5. 7 建筑业碳排放系统存量流量图

5. 2. 3 系统动力学仿真预测

5. 2. 3. 1 仿真结果及分析

根据存量流量图和设定的变量间方程式，以 2003 年为起始年份，本节模拟了 2003~2025 年中国建筑业总碳排放及其各组成部分变化趋势。从表 5. 2 和图 5. 8 可以看出，建筑业总碳排放会持续增加，预计 2025 年达到 13400. 30 百万吨，约为 2011 年的碳排放量的 3. 5 倍。在 2011~2021 年间，除 2014 年增长率略有下降，其余各年增长率基本保持稳定并有所提高。2014 年，在中共十八大和中共十八届三中全会精神指导下，建筑业经济发展逐步适应经济新常态；同时，从固定资产投资数据来看，2014 年固定资产投资及房地产开发投资增速减小，明显导致建筑业总产值的增速放缓，而建筑业总产值直接影响关联行业的间接碳排放，进而影响建筑业总碳排放，故 2014 年总碳排放增长变缓。在 2021~2025 年间，随着经济新常态的持续，建筑业全面深化改革，加快转型升级，碳排放增长变慢。

表 5.2   建筑业碳排放模拟结果

年份	总碳排放（百万吨）	直接碳排放（百万吨）	间接碳排放 I（百万吨）	间接碳排放 II（百万吨）	间接碳排放占比（%）
2003	1053.81	70.26	26.24	957.31	93.33
2004	1189.58	80.06	30.21	1079.30	93.27
2005	2505.27	83.61	34.79	2386.87	96.66
2006	2595.26	92.39	40.04	2462.83	96.44
2007	2765.66	101.40	46.10	2618.16	96.33
2008	2835.04	93.66	53.08	2688.30	96.70
2009	3545.68	112.08	55.54	3378.06	96.84
2010	3489.60	130.43	62.42	3296.74	96.26
2011	3631.15	144.26	70.23	3416.66	96.03
2012	4471.38	151.51	65.31	4254.55	96.61
2013	5237.24	172.39	91.79	4973.06	96.71
2014	5826.88	184.73	106.57	5535.58	96.83
2015	6085.66	189.07	129.35	5767.24	96.89
2016	6677.42	193.50	148.97	6334.95	97.10
2017	7364.95	198.04	171.56	6995.34	97.31
2018	8166.06	202.69	197.59	7765.78	97.52
2019	9096.73	207.45	227.57	8661.71	97.72
2020	10176.00	212.31	262.11	9701.63	97.91
2021	11426.70	217.29	301.88	10907.50	98.10
2022	11845.50	219.84	324.79	11300.90	98.14
2023	12313.10	222.42	349.44	11741.30	98.19
2024	12830.80	225.03	375.96	12229.80	98.25
2025	13400.30	227.67	404.50	12768.10	98.30

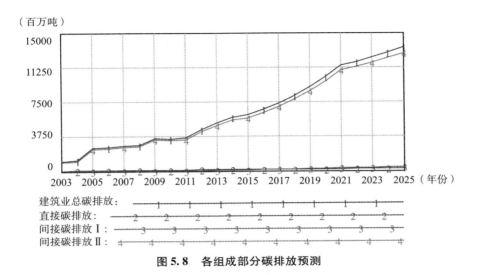

图5.8　各组成部分碳排放预测

从碳排放构成上看，每部分碳排放均持续增长，间接碳排放 Ⅱ 和总碳排放增长趋势基本保持一致。另外，间接碳排放在总碳排放中的占比始终保持在93%以上，预计2025年间接碳排放占比会增长至98.30%。由于建筑业吸收了大量其他行业提供的产品，而这些产品在生产制造中会消耗许多能源，产生大量碳排放，这些间接碳排放应包含在建筑业总碳排放范围内。这意味着受建筑业影响的紧密关联行业产生的间接碳排放是建筑业总碳排放的主要来源，主导了碳排放总量的变化趋势，建筑业施工生产产生的直接碳排放则相对较少。

作为世界上最大的碳排放国，中国制定了许多碳减排政策，其中大部分集中在能源密集型行业，如建筑业。然而，这些政策忽视了不同部门之间的经济联系对碳排放的影响，在实施过程中可能出现不同措施的效果相互抵消的情况。虽然高排放行业的直接排放强度已经显著降低，但由于对其他关联行业产品的大量吸收，这些高排放行业的间接碳排放和总碳排放可能会继续增加。因此，为了减少各行业部门碳排放，未来的减排政策应注重各部门间间接碳排放的联系。

从图5.9中间接碳排放 Ⅱ 的构成可以看出，建筑业对金属冶炼及压延加工业、非金属矿物制品业、化学原料及化学制品制造业以及石油加工、炼焦和核燃料加工业拉动作用显著。这四个行业碳排放预计在2025年将分别达到

4049.24 百万吨、3192.84 百万吨、2085.65 百万吨、1821.73 百万吨。总体上，九个关联行业的碳排放在研究期间均表现出增长趋势，但其余行业和以上四个行业相比增长潜力较小。

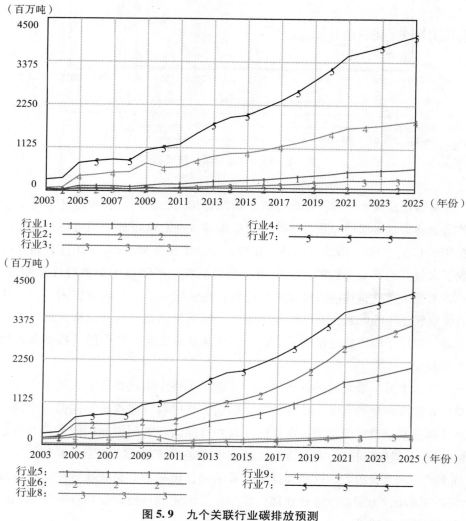

图 5.9　九个关联行业碳排放预测

另外，九个关联行业的碳排放占间接碳排放Ⅱ的比例预测如图 5.10 所示。上述四个行业的碳排放由于碳排放基数较大、增长速度较快，其占比总是高于其余行业。这四个行业占比变化特征相似：2009 年之前波动较大、2009 年以后比例变化趋于稳定。石油加工、炼焦和核燃料加工业在 2003 ~ 2004 年间占比仅约为 7% ，2005 年该行业占比骤增，约为 16% ，之后比例变化趋于稳定，这是因为 2004 年以后，建筑施工中使用的合成材料增加，同时，化学原料和化学制品制造业与交通运输、仓储和邮政业占比下降，某种程度上反映了建筑业节能取得一定成效。

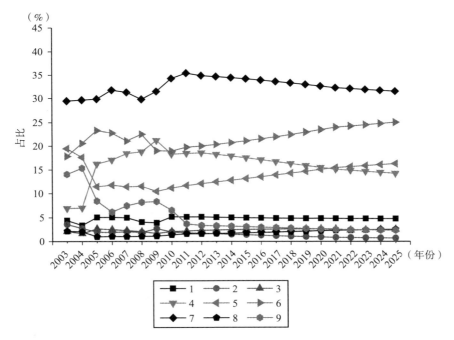

图 5.10　间接碳排放 II 中九个关联行业的碳排放占比

　　从碳排放强度的角度进行分析，模拟结果如图 5.11 所示。碳排放强度预测结果呈现下降趋势，但在 2011 年略有回升，这是因为总碳排放和建筑业产值均持续增长，但总碳排放增长速度更快。2020 年中国建筑业碳排放强度会达到 0.401063 千克/元，仅为 2005 年碳排放强度的 54.7% 。中国已经承诺 2020 年碳排放强度在 2005 年的水平上减少 40% ~ 45% ，由此看来，中国政府有可能完成减排目标。2021 ~ 2025 年间的碳排放强度基本保持不变，2025 年将达到 0.430133 千克/元，比 2005

年水平减少了41.3%。

（千克/元）

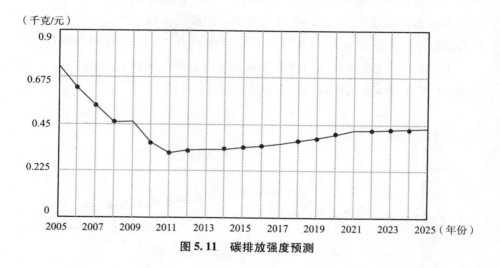

图 5.11　碳排放强度预测

5.2.3.2　模型检验

为了验证建立的系统动力学模型的有效性，确保模型能够反映现实情况，同时检验模型预测结果的精度，需进行历史性检验，即将模拟结果和历史数据对比检验，计算两者间绝对误差和平均相对误差值，误差计算公式通常可以表达为：

$$M = \frac{1}{h} \times \sum_{t=T+1}^{T+h} \left| \frac{(C_t - \underline{C}_t)}{C_t} \right| \tag{5.6}$$

式中，M 代表平均相对误差，C_t 和 $\underline{C}_t$ 分别代表第 t 年的历史值和模拟值，h 代表间隔的年数。

基于历史值和预测值之间的差值计算总碳排放的误差率，结果如表5.3所示。2003 ~ 2011 年的总碳排放平均相对误差仅为 1.885%，绝对误差都在6%以内。模型仿真结果和历史数据的误差较小，说明模型结构合理、精确性较高。该模型不只包含直接碳排放和间接碳排放两部分，而是将间接碳排放进一步细分，使得到的碳排放预测结果更精确。

表 5.3   **2003～2011 年总碳排放历史性检验结果**

年份	总碳排放（百万吨）		绝对误差（%）	平均相对误差（%）
	历史值	预测值		
2003	1119.26	1053.81	-5.848	
2004	1183.37	1189.58	0.525	
2005	2533.76	2505.27	-1.124	
2006	2646.74	2595.26	-1.945	
2007	2822.61	2765.66	-2.018	1.885
2008	2860.42	2835.04	-0.887	
2009	3535.73	3545.68	0.281	
2010	3495.76	3489.60	-0.176	
2011	3788.92	3631.15	-4.164	

5.2.4　情景模拟

5.2.4.1　情景设置

为了探究不同情景下建筑业的碳排放，本节考虑了建筑业的经济发展以及碳减排技术发展这两个影响因素，设计了三种碳排放情景，即基本情景、经济增长率情景和政策因子情景。

（1）基本情景。基本情景是当前发展状况的一般性延续，没有任何政策干预，这意味着基本情景中变量的变化符合各自的历史发展趋势。这一情景保持了当前的经济发展速度，并可作为其他情景的参考。

（2）经济增长率情景。冯博和王雪青（2015）运用 LMDI 模型探讨了驱动因素对中国建筑业碳排放变化的影响，指出行业规模是中国建筑业碳排放增加的最大贡献者。胡颖和诸大建（2015）进行了平行研究，确定经济因素对中国建筑业碳排放增加的贡献最大。很明显，经济因素对中国建筑业的碳排放有着重要的影响。因此，本节纳入了经济因素，即建筑业的经济增长率，考量经济增长对碳排放的影响。本节假设了保守的经济增长率（相对于基本情景水平减少1%和2%）和乐观的经济增长率（相对于基本情景水平增加

1% 和 2%），设计了四个经济增长率情景来模拟中国建筑业 2003～2025 年的碳排放表现。

（3）政策因子情景。为了解决建筑业经济和保护环境之间的矛盾，中国政府实施了一系列政策，如"应对气候变化国家方案""中国应对气候变化科技专项行动"和白皮书"中国应对气候变化的政策与行动"。为了减少碳排放，一些政策致力于发展碳减排技术，如碳捕捉技术。虽然通过脱碳减少排放的碳捕捉技术仍处于起步阶段，但中国政府已经采取了一些措施来发展碳捕捉技术。在本节中，我们考虑了中国碳捕捉技术水平的提高对中国建筑业碳排放的影响。因此，在系统动力学模型中加入了针对碳减排技术发展的政策因子。政策因子代表标准煤的二氧化碳排放系数下降的百分比。随着碳捕捉技术的不断发展，我们考虑了五个政策因子情景，其中政策因子设定为 1%、2%、3%、4% 和 5% 的水平，探讨不同的政策因子对碳排放的影响。值得注意的是，除经济增长率和政策因子外，经济增长率情景和政策因子情景的其他变量和参数的变化与基本情景相同。

（4）综合情景。综合情景是经济增长率情景与政策因子情景的整合。在综合情景中，不仅改变经济增长率（相对于基本情景水平减少 1% 和 2%、增加 1% 和 2%），同时，政策干预的程度也在不断增加（政策因子设定为 1%、2%、3%、4% 和 5%），因此，综合情景中总共有 30 种组合方式。

5.2.4.2 情景分析

（1）基本情景分析。基本情景分析即第 5.2.3.1 部分的内容，此处不再重复。

（2）不同经济增长率的情景分析。在基本情景的水平上，四个经济情景中的增长率相应被设定为：减少 1% 和 2%、增加 1% 和 2%。根据此情景设置，模拟了 2003～2025 年建筑业碳排放系统的表现，五个情景的建筑业碳排放和生产总值的预测结果如表 5.4 所示。+2% 增长率情景的建筑业总产值预计在 2025 年会达到 474576 亿元，该情景下总碳排放比 -2% 情景下总碳排放高出 11128.64 百万吨，其碳排强度在 2020 年将下降至 0.395864 千克/元，约为 2005 年的 54.0%。其他四个情景下 2020 年的碳排强度约为 2005 年的 54%～56%，下降了 44%～46%。另外，五个情景下的总碳排放绝对值存在显著差异。由此可知，快速的经济增长率可以降低碳排强度，然而高增长率会产生更多的碳排放。

表 5.4 不同经济增长率情景下的表现

情景	2025 年建筑业 GDP（十亿元）	2025 年总碳排放（百万吨）	2020 年碳排强度（千克/元）
基本	31153.9	13400.30	0.401063
+2%	47457.6	20080.00	0.395864
+1%	38485.6	16405.10	0.398241
−1%	25171.3	10948.40	0.404417
−2%	20298.6	8951.36	0.408411
2005	3455.2	2533.80	0.733316

（3）不同政策因子的情景分析。在政策情景中，政策因子被纳入建筑业碳排放模型中，表征标准煤的二氧化碳排放系数的减少。减少比例设定为1%、2%、3%、4%和5%，评估不同水平的政策干预对碳排放的影响，以此探究不同政策因子的减排潜力。五个政策情景的表现如表5.5所示。在5%的政策因子下，2025年的碳排放最小，为12750.50百万吨，与基本情景、1%政策因子情景相比，分别减少了649.80百万吨、519.80百万吨。1%政策因子情景中2020年碳排强度预计为0.397156千克/元，能够实现减排目标，其他四个情景2020年碳排强度与2005年相比，将减少46%~48%，表明促进碳减排技术发展的政策可以减少碳排放和碳排强度。

表 5.5 不同政策因子情景下的表现

情景	2025 年建筑业 GDP（十亿元）	2025 年总碳排放（百万吨）	2020 年碳排强度（千克/元）
基本	31153.9	13400.30	0.401063
1%	31153.9	13270.30	0.397156
2%	31153.9	13140.40	0.393248
3%	31153.9	13010.40	0.389341
4%	31153.9	12880.50	0.385434
5%	31153.9	12750.50	0.381526
2005 年	3455.2	2533.80	0.733316

（4）综合情景分析。通过综合情景分析，本节探讨了不同经济增长率情景下，碳减排技术政策对碳排放的影响。综合情景下总碳排放和碳排强度如表5.6和表5.7所示。结果表明，在综合情景的所有组合下，2016~2025年中国建筑业总碳排放呈现出持续增长趋势。在某一确定的行业经济增长率下，随着政策干预水平的提高，2025年总碳排放会不断下降，下降值从427.35百万吨到983.80百万吨不等。此外， -2%的经济增长率和5%政策因子的组合下碳排放最小，2025年仅达到8524.01百万吨。

表5.6 综合情景下2025年的总碳排放

总碳排放（百万吨）	基本	1%	2%	3%	4%	5%
+2%	20081.00	19884.20	19687.50	19490.70	19293.90	19097.20
+1%	16405.10	16245.10	16085.10	15925.10	15765.10	15605.10
基本	13400.30	13270.30	13140.40	13010.40	12880.50	12750.50
-1%	10948.40	10843.00	10737.50	10632.10	10526.70	10421.20
-2%	8951.36	8865.89	8780.42	8694.95	8609.48	8524.01

表5.7 综合情景下2020年的碳排强度

碳排强度（千克/元）	基本	1%	2%	3%	4%	5%
+2%	0.395864	0.391980	0.388096	0.384212	0.380328	0.376444
+1%	0.398241	0.394347	0.390452	0.386557	0.382663	0.378768
基本	0.401063	0.397156	0.393248	0.389341	0.385434	0.381526
-1%	0.404417	0.400495	0.396573	0.392650	0.388728	0.384806
-2%	0.408411	0.404471	0.400531	0.396591	0.392651	0.388710

在综合情景的所有组合下，2016~2025年中国建筑业碳排强度呈现下降趋势。当政策因子从1%~5%变化时，在某一确定的行业经济增长率下，2020年的碳强度变化与碳排放变化相似，变化范围为0.019420~0.019701千克/元。此外， -2%的经济增长率和5%政策因子的组合下碳排强度最小，2020年将减少为0.388710千克/元。所有组合的碳排强度大约占2005年的51%~56%，这个结果意味着综合情景的所有组合都可以实现减排目标，减

少比例范围为 44% ~ 49%。

研究结果表明，中国建筑业的碳减排潜力较大，可以在 2020 年实现中国政府宣布的减排目标，这与一些关于 2020 年碳强度目标在国家层面能否实现的研究得出的结论一致，这些研究均表明中国可以实现 2020 年的碳强度目标，因此，国家层面和行业层面都可以实现 2020 年的碳强度目标，本节的结果与其他研究结果互相印证，中国政府可以制定更宏大的减排目标，推进建筑业低碳发展。

5.3　本章小结

本章首先在 IPAT 模型的基础上去掉人口因子，引入能够表征产业结构以及科技技术水平的变量——劳动者报酬率，对 IPAT 模型进行改进。基于改进后的 IPAT 模型，预测建筑业的碳排放。其次，本章建立系统动力学仿真模型，对模型仿真结果进行检验，设置基本情景、经济情景和政策情景，对建筑业碳排放系统进行情景模拟，并探究建筑业能否实现 2020 年碳排强度的减排目标。主要得到以下结论：

（1）短期内中国建筑业碳排放增长缓慢，没有出现峰值的趋势，建筑业节能减排取得一定成效。

（2）建筑业总碳排放中间接碳排放占比很大，间接碳排放 II 中金属冶炼及压延加工业、非金属矿物制品业、化学原料及化学制品制造业以及石油加工、炼焦和核燃料加工业这四个关联行业减排潜力较大。

（3）经济增长率越高，碳排放越大，但碳排强度会减少，而针对碳减排技术发展的政策因子能同时减少碳排放和碳排强度，两者相比而言，碳减排技术能更有效地减排；所有情景的碳排强度都能实现碳减排目标。

为了减缓碳排放上升趋势，在制定减排政策时政府或决策者应考虑建筑业和其他行业的关联效应，通过推动关联行业的低碳发展促进建筑业的低碳发展，国家可以实施一系列政策，例如提高可再生能源的使用、发展低碳技术。另外，提高经济增长率和发展碳捕捉技术能有助于实现中国设定的碳减排目标，当经济增长到一定水平，可通过碳捕捉技术促进减排，所以政府可加大对碳捕捉等低碳技术的经济支持，出台相应的技术支持政策，实现建筑业绿色低碳发展。

第6章
中国建筑业碳减排政策探讨

本章基于中国 42 个行业部门投入产出数据构建经济—能源—环境可计算的一般均衡（computable general equilibrium，CGE）模型，对能源政策模块进行改动，选择能源使用量、碳排放强度、能源强度、碳排放、GDP 等具体参数作为衡量指标。针对建筑业，探讨能源结构调整下建筑业能源消耗、碳排放、行业产出的变化及其对宏观经济的影响，在此基础上设计减排政策组合方案，满足建筑业特定需求，进而深入分析建筑业减排政策的实施效果并提出减排政策建议，以期实现建筑业节能减排。

6.1 CGE 模型构建

CGE 模型描述了在一个经济系统中，对商品和要素的数量及价格进行的调整，实现瓦尔拉斯（Walras）一般均衡理论所描述的供需关系达到均衡的过程。该模型是用具体方程组来描述供给、需求以及供需关系的，在这些方程组中不仅商品和生产要素的数量是变量，价格也是变量，同时还需要一系列优化条件，如生产者利润最大化、消费者效用最大化、进口收益利润优化、出口成本优化等约束下求解这一方程组，得到各个市场都达到均衡时的一组价格和数量。

本章建立的经济—能源—环境 CGE 模型主要包括生产模块、收支模块、贸易模块、均衡闭合模块和能源政策模块。根据 2012 年 42 部门投入产出"基本流量表"，将其产业部门合并为 10 个，部门之间的对应关系如表 6.1 所示。

表 6.1   **CGE 模型部门划分**

序号	CGE 模型部门划分	2012 年 I/O 表中部门	I/O 表中部门编号
1	农业	农业，林业，狩猎和渔业	01
2	重工业	金属矿采选业、非金属矿及其他矿采选业、化学工业、非金属矿物制品业、金属冶炼及压延加工业、金属制品业、通用、专用设备制造业、交通运输设备制造业、电气机械及器材制造业、通信设备、计算机及其他电子设备制造业、仪器仪表及文化办公用机械制造业、工艺品及其他制造业、废品废料	04、05 12~24
3	轻工业	食品制造及烟草加工业、纺织业、纺织服装鞋帽皮革羽绒及其制造业、木材加工及家具制造业、造纸印刷及文教体育用品制造业、水的生产和供应业	06~10、27
4	建筑	建筑业	28
5	服务业	交通运输及仓储业、邮政业、信息传输、计算机服务和软件业、批发和零售业、住宿和餐饮业、金融业、房地产业、租赁和商务服务业、研究与试验发展业、综合技术服务业、水利、环境和公共设施管理业、居民服务和其他服务业、教育、卫生、社会保障和社会服务业、文化、体育和娱乐业、公共管理和社会组织	29~42
6	煤炭	煤炭开采和洗选业、炼焦业	02、11
7	石油	石油开采业、石油及核燃料加工业	03、11
8	天然气	天然气开采业、燃气	03、26
9	火电	电力、热力的生产和供应业	25
10	清洁电力	水电、核电、其他电力供应	25

6.1.1 生产模块

生产行为由五层常数替代弹性函数（constant elasticity of substitution，CES）进行描述，如图 6.1 所示。第一层为煤炭、石油和天然气按照 CES 函数合成为化石能源；同一层次火电和清洁电力按照 CES 函数合成为电力能源；第二层为化石能源和电力能源按照 CES 函数合成为能源合成束；第三层为资本和能源合成束按照 CES 函数合成为资本—能源合成束；第四层由资本—能源合成束与劳动投入的合成，即资本—能源—劳动力合成；第五层由非能源中间投入和资本—能源—劳动力束按照 CES 函数合成为部门总产出，其

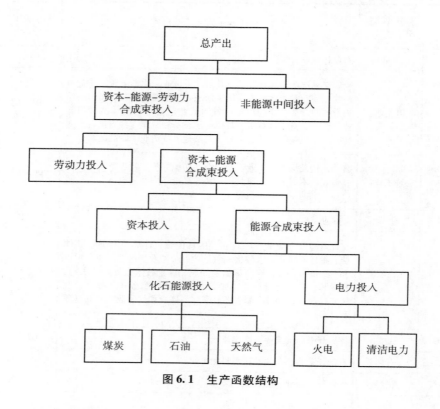

中非能源中间投入由各项中间投入按照列昂惕夫（Leontief）函数合成。

图 6.1 生产函数结构

（1）第一层生产函数。

$$QA_i = \alpha_i^q \left[\delta_i^{cel} CEL_i^{\rho_i^q} + (1 - \delta_i^{cel}) NES_i^{\rho_i^q} \right]^{\frac{1}{\rho_i^q}} \tag{6.1}$$

$$\frac{PCEL_i}{PNES_i} = \frac{\delta_i^{cel}}{1 - \delta_i^{cel}} \left(\frac{NES_i}{CEL_i} \right)^{1 - \rho_i^q} \tag{6.2}$$

$$PQA_i \times QA = PCEL_i \times CEL_i + PNES_i \times NES_i \tag{6.3}$$

式中，QA_i 指的是 i 部门总产出，α_i^q 指 i 部门产出的 CES 生产函数规模参数，δ_i^{cel} 指 i 部门资本—能源—劳动合成需求的 CES 份额参数，CEL_i 指 i 部门资本—能源—劳动投入合成量，NES_i 指 i 部门中间投入量，ρ_i^q 指 i 部门资本—能源—劳动合成与非能源中间投入量的替代弹性参数。

中间投入函数使用列昂惕夫函数，非能源中间投入合成按照固定比例。

$$NES_{j,i} = a_{j,i} \times NES_i \tag{6.4}$$

$$PNES_i = \sum_j a_{j,i} \times PQ_j \tag{6.5}$$

式中，$NES_{j,i}$ 指 i 部门生产需要 j 部门的投入量，$\alpha_{j,i}$ 指直接消耗系数，PQ_j 指商品 j 的价格。

（2）第二层生产函数。

$$CEL_i = \alpha_i^l \left[\delta_i^{ce} CE_i^{\rho_i^l} + (1 - \delta_i^{ce}) L_i^{\rho_i^l} \right]^{\frac{1}{\rho_i^l}} \tag{6.6}$$

$$\frac{PCE_i}{PL_i} = \frac{\delta_i^{ce}}{1 - \delta_i^{ce}} \left(\frac{L_i}{CE_i} \right)^{1 - \rho_i^l} \tag{6.7}$$

$$PCEL_i \times CEL_i = PCE_i \times CE_i + PL_i \times L_i \tag{6.8}$$

式中，α_i^l 指 i 部门资本—能源—劳动力的规模参数，δ_i^{ce} 指 i 部门资本—能源合成 CES 份额参数，CE_i 指 i 部门资本—能源投入合成量，L_i 指 i 部门劳动力投入量，ρ_i^l 指 i 部门资本—能源与劳动力投入间的替代弹性参数。

（3）第三层生产函数。

$$CE_i = \alpha_i^e \left[\delta_i^c C_i^{\rho_i^c} + (1 - \delta_i^c) E_i^{\rho_i^c} \right]^{\frac{1}{\rho_i^c}} \tag{6.9}$$

$$\frac{PC_i}{PE_i} = \frac{\delta_i^c}{1 - \delta_i^c} \left(\frac{E_i}{C_i} \right)^{1 - \rho_i^c} \tag{6.10}$$

$$PCE_i \times CE_i = PC_i \times C_i + PE_i \times E_i \tag{6.11}$$

式中，α_i^e 指 i 部门资本—能源规模参数，δ_i^c 指 i 部门资本投入的 CES 份额参数，C_i 指 i 部门资本投入量，E_i 指 i 部门能源投入合成量，ρ_i^c 指 i 部门资本投入与能源投入间的替代弹性参数。

（4）第四层生产函数。

$$E_i = \alpha_i^{te} \left[\delta_i^{fos} Efos_i^{\rho_i^e} + (1 - \delta_i^{fos}) Epow_i^{\rho_i^e} \right]^{\frac{1}{\rho_i^e}} \tag{6.12}$$

$$\frac{PEfos_i}{PEpow_i} = \frac{\delta_i^{fos}}{1 - \delta_i^{fos}} \left(\frac{Epow_i}{Efos_i} \right)^{1 - \rho_i^e} \tag{6.13}$$

$$PE_i \times E_i = PEfos_i \times Efos_i + PEpow_i \times Epow_i \tag{6.14}$$

式中，α_i^{te} 指 i 部门能源的规模参数，δ_i^{fos} 指 i 部门化石能源合成的 CES 份额参数，$Efos_i$ 指 i 部门化石能源投入合成量，$Epow_i$ 指 i 部门电力能源投入合成量，ρ_i^e 指 i 部门化石能源与电力投入间的替代弹性参数。

（5）第五层生产函数。

煤炭、石油、天然气投入：

$$Efos_i = \alpha_i^{fos} \left[\delta_i^{coal} Ecoal_i^{\rho_i^{fos}} + Eoil_i^{\rho_i^{fos}} + (1 - \delta_i^{coal} - \delta_i^{oil}) Egas_i^{\rho_i^{fos}} \right]^{\frac{1}{\rho_i^{fos}}} \quad (6.15)$$

$$\frac{PEcoal_i}{PEoil_i} = \frac{\delta_i^{coal}}{\delta_i^{oil}} \left(\frac{Eoil_i}{Ecoal_i} \right)^{1 - \rho_i^{fos}} \quad (6.16)$$

$$\frac{PEcoal_i}{PEgas_i} = \frac{\delta_i^{coal}}{1 - \delta_i^{coal} - \delta_i^{oil}} \left(\frac{Egas_i}{Ecoal_i} \right)^{1 - \rho_i^{fos}} \quad (6.17)$$

$$PEfos_i \times Efos_i = Ecoal_i \times PEcoal_i + Eoil_i \times PEoil_i + Egas_i \times PEgas_i \quad (6.18)$$

式中，α_i^{fos} 指 i 部门化石能源的规模参数，δ_i^{coal} 指 i 部门煤炭投入的 CES 份额参数，δ_i^{oil} 指 i 部门石油投入的 CES 份额参数，$Ecoal_i$ 指 i 部门煤炭投入量，$Eoil_i$ 指 i 部门石油投入量，$Egas_i$ 指 i 部门天然气投入量，ρ_i^{fos} 指 i 部门煤炭、石油、天然气之间的替代弹性参数。

火电、清洁电力投入：

$$Epow_i = \alpha_i^{pow} \left[\delta_i^{fpow} Efpow_i^{\rho_i^{pow}} + (1 - \delta_i^{fpow}) Ecpow_i^{\rho_i^{pow}} \right]^{\frac{1}{\rho_i^{pow}}} \quad (6.19)$$

$$\frac{PEfpow_i}{PEcpow_i} = \frac{\delta_i^{fpow}}{1 - \delta_i^{fpow}} \left(\frac{Ecpow_i}{Efpow_i} \right)^{1 - \rho_i^{pow}} \quad (6.20)$$

$$PEpow_i \times Epow_i = Efpow_i \times PEfpow_i + Ecpow_i \times PEcpow_i \quad (6.21)$$

式中，α_i^{pow} 指 i 部门电力的规模参数，δ_i^{fpow} 是指 i 部门火电投入的 CES 份额参数，$Efpow_i$ 指 i 部门火电投入量，$Ecpow_i$ 指 i 部门清洁电力投入量，ρ_i^{pow} 指 i 部门火电与清洁电力投入间的替代弹性参数。

6.1.2　收支模块

收支模块包含三个主体，分别为政府、企业和家庭。政府收入来源于直接税、间接税、关税，所有收入用于企业和家庭的转移支付和政府消费。家庭收入来自劳动工资、资本收入分配和转移支付，支出包括个人所得税和家庭消费。企业收入来自投资收入和政府转移支付，所有支出用于缴纳企业所得税、支付劳动者工资。政府收入包括对家庭和企业征收的各种税收，支出包括转移支付和购买商品。

$$YHT = WL \times QLS + shift_{hk} \times WK \times QKS + transfr_{hg} + transfr_{hent} \quad (6.22)$$

式中，WL 指劳动要素平均价格，QLS 指劳动力供给总量，$shift_{hk}$ 指家庭资本收入占总资本收入比例，WK 指资本要素平均价格，QKS 指总资本供给量，

$transfr_{hg}$指企业对家庭的转移支付，$transfr_{hent}$指政府对家庭的转移支付。

$$HD_i \times PQ_i = mpc \times (1 - ti_h) \times YHT \times shrh_i \qquad (6.23)$$

式中，HD_i指家庭对 i 商品的消费，PQ_i指阿明顿（Armington）组合商品价格，mpc指居民边际消费倾向，ti_h指所得税率，$shrh_i$指家庭对商品 i 的消费比率。

$$YET = shift_{entk} \times WK \times QKS + transfr_{entg} \qquad (6.24)$$

式中，YET指企业收入，$transfr_{entg}$指政府对企业的转移支付。

$$GINDTAX = \sum \tau_i^z \times PQA_i \times QA_i \qquad (6.25)$$

式中，$GINDTAX$指政府间接税收入，τ_i^Z指部门 i 的生产税。

$$GIRIFM = \sum \tau_i^m \times PM_i \times M_i \qquad (6.26)$$

式中，$GIRIFM$指政府关税收入，τ_i^m指商品 i 的进口税率，PM_i指进口商品 i 的当地价格，M_i指 i 部门商品进口量。

$$YGT = GINDTAX + GIRIFM + ti_h \times YHT + ti_{ent} \times YET \qquad (6.27)$$

式中，YGT指政府总收入，ti_{ent}指企业收入税。

$$EG = \sum PQ_i \times QG_i + transfr_{hg} + transfr_{entg} \qquad (6.28)$$

式中，EG指政府支出。

6.1.3 贸易模块

整个经济系统内，所有的产出品都用于本国和国外市场消费，按照企业利润最大化原则通过常数转移弹性参数（constant elasticity of transformation，CET）函数进行分配。根据阿明顿假定，本国商品需求由本国产品和进口商品组成，遵从 CES 函数的分配。在本模块中，假设本国只是世界经济中很小的一部分，而且本国商品价格不会影响国际市场价格。贸易模块结构，如图6.2 所示。

$$PM_i = PWM_i \times EXR \qquad (6.29)$$

式中，PM_i指进口商品 i 的国内价格，PWM_i指进口商品 i 的国外价格，EXR指外汇汇率。

$$PEX_i = PWE_i \times EXR \qquad (6.30)$$

式中，PEX_i指出口商品 i 的国内价格，PWE_i指出口商品 i 的国外价格。

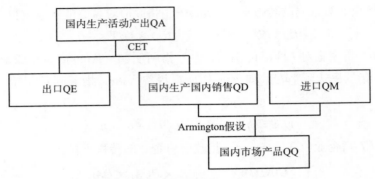

图 6.2　贸易模块结构

$$QQ_i = \alpha_i^e \left[\delta_i^e QD_i^{\rho_i^e} + (1 - \delta_i^e) QM_i^{\rho_i^e} \right]^{\frac{1}{\rho_i^e}} \tag{6.31}$$

式中，α_i^e 指阿明顿方程商品 i 国内供给与进口需求间转移参数，δ_i^e 指阿明顿方程商品 i 国内需求量的份额参数，QD_i 指商品 i 国内需求量，ρ_i^e 指 i 商品本国供给与进口间替代弹性参数。

$$\frac{PQD_i}{PM_i} = \frac{\delta_i^e}{1 - \delta_i^e} \left(\frac{QM_i}{QD_i} \right)^{1 - \rho_i^e} \tag{6.32}$$

$$QQ_i \times PQQ_i = QD_i \times PQD_i + QM_i \times PM_i \times (1 + \tau_i^m) \tag{6.33}$$

$$QA_i = \alpha_i^m \left[\delta_i^m QD_i^{\rho_i^m} + (1 - \delta_i^m) QE_i^{\rho_i^m} \right]^{\frac{1}{\rho_i^m}} \tag{6.34}$$

式中，α_i^m 指 CET 函数商品 i 国内供给与出口分配间转移参数，δ_i^m 指 CET 函数商品 i 的国内供应商品的份额参数，ρ_i^m 指 CET 函数商品 i 国内供给与出口间替代弹性参数。

$$\frac{PQD_i}{PEX_i} = \frac{\delta_i^m}{1 - \delta_i^m} \left(\frac{QE_i}{QD_i} \right)^{1 - \rho_i^m} \tag{6.35}$$

$$QA_i \times PQA_i \times (1 + \tau_i^z) = QD_i \times PQD_i + QE_i \times PEX_i \tag{6.36}$$

6.1.4　投资储蓄模块

投资储蓄模块包括家庭储蓄、企业储蓄、政府储蓄和国外储蓄，分别由各自的收入和支出决定。其中，国外储蓄是外生决定，由进口和出口差值界定。总投资等于各部门投资的加和。

$$SH = (1 - mpc) \times (1 - ti_h) \times YHT \tag{6.37}$$

$$SE = (1 - ti_{ent}) \times YET - transfr_{hent} \tag{6.38}$$

$$SG = YGT - EG \tag{6.39}$$

$$EINV = \sum QINV_i \tag{6.40}$$

6.1.5 均衡闭合模块

模型考虑了四种市场均衡原则，产品市场均衡、政府预算均衡、收支均衡和投资储蓄均衡。本章遵循新古典宏观闭合规则，根据新古典主义理论，所有价格包括要素价格和商品价格都是由模型内生决定，所有生产要素、劳动和资本得以充分利用，生产要素劳动和资本供应量充足而不受限制。具体地说，产品市场均衡要求商品供给平衡，劳动力和资本市场平衡，投资储蓄平衡，政府预算平衡和国际收支平衡。市场出清假设是说，无论劳动市场上的工资还是产品市场上的价格都具有充分的灵活性，可以根据供需情况迅速进行调整，使供给量与需求量相等。市场出清有两个原则，阿明顿组合商品的出清和要素市场的出清。前者表示所有阿明顿商品都用于家庭、政府消费、中间投入和储蓄；后者表示市场没有失业。

$$\sum PM_i \times M_i = \sum PEX_i \times EX_i + \overline{SF0} \times EXR \tag{6.41}$$

$$EINV = SH + SE + SG + \overline{SF0} \times EXR + VBIS \tag{6.42}$$

$$Q_i = HD_i + GD_i + QINV_i + \sum X_{i,j} \tag{6.43}$$

$$\sum L_i = QLS \tag{6.44}$$

$$\sum K_i = QKS \tag{6.45}$$

$$GDP_i = HD_i + QG_i + QINV_i + (QE_i - (1 + \tau_i^m)QM_i) \tag{6.46}$$

$$GDP = \sum GDP_i \tag{6.47}$$

式中，$\overline{SF0}$ 指国外储蓄，$VBIS$ 指检查投资储蓄的虚变量，GDP_i 指部门 i 国内生产总值，GDP 指国内生产总值。

6.1.6 能源政策模块

当能源效率提升后，其传递关系表现在以下三个方面：

6.1.6.1 能源效率提高对企业的影响

直接影响：能源效率提高后，直接减少企业生产过程对能源的消费。

间接影响：生产过程中对能源消费需求的减少将导致能源价格的降低，能源在本模型中作为中间投入，其价格的降低直接减少生产者的成本，增加生产者的利润，促使生产者扩大生产，表现为产出效应。同时产品的生产包括能源、资本和劳动力三种投入要素，由于能源与资本和劳动力之间存在着要素间替代关系，能源价格的降低将导致能源会部分替代资本和劳动力，表现为替代效应。从价格传递来看，能源价格的变化首先影响资本—能源合成品价格，然后影响资本—能源—劳动力合成品价格，进一步影响产品的产出价格、销售价格，最终影响到出口和进口。另外，企业收入的变化还会影响对居民的转移支付和企业向政府缴纳的间接税等间接变量。

6.1.6.2 能源效率提高对居民的影响

本模型中，居民的消费函数为线性支出函数，居民对各种商品的消费比例是固定的，因此不存在替代效应。但销售产品价格的降低直接导致消费者支出的减少，在储蓄一定的基础上使居民增加对商品的消费，表现为收入效应。同时也增加了居民对政府缴纳的直接税。

6.1.6.3 能源效率提高对政府的影响

在政府消费函数中同样采用线性支出函数，政府消费支出减少，政府净收入增加。在政府储蓄一定的基础上，政府会增加出口补贴、扩大对企业和居民的转移支付，反过来又影响企业和居民的经济活动。

通过以上分析，将能源效率引入原模型，由于存在煤炭、石油、天然气和电力等能源要素，因此在模型中分若干情况进行讨论。

本模型构建的经济—能源—环境宏观社会核算矩阵表包括活动、商品、劳动力、资本、居民、企业、政府、投资储蓄和国外 9 个账户。如表 6.2 所示，表中的数据来源于各类统计数据（《2012 年 42 部门投入产出基本流量表》《中国统计年鉴（2013）》《中国财政年鉴（2013）》等）。

表 6.2 经济—能源—环境 CGE 模型宏观 SAM 表

		1 活动	2 商品	3 要素 劳动力	4 要素 资本	5 居民	6 企业	7 政府	8 投资储蓄	9 国外	汇总
1	活动		1601627								1601627
2	商品	1064827				198537		73182	253226	136666	1726438
3	要素 劳动力	264134									264134
4	要素 资本	199060									199060
5	居民			264134			58452	12586			335172
6	企业				199060			11487			210547
7	政府	73606	2784			5820	19655			−10429	91436
8	投资储蓄					130815	132440	−5819		−4210	253226
9	国外		122027								122027
	合计	1601627	1726438	264134	199060	335172	210547	91436	253226	122027	

6.2 能源结构调整对建筑业碳减排的影响

能源结构调整作为实现节能减排的重要途径之一，已经成为能源经济领域的研究共识，如果不及时调整能源消费结构对环境的影响将越来越大。三大能耗产业之一的建筑业，其建设中能源消耗高、资源浪费严重、环境污染等问题较为突出，能源结构优化问题亟须解决。

目前，针对国家和省域层面的能源结构与减排关系研究较多，建筑业未有相关研究涉及。本节通过 CGE 模型分析研究能源结构调整对建筑业经济发展以及碳排放的冲击效果，并通过能源回弹效应评价能源结构调整后的经济和环境效果，在此基础上提出改善建筑业能源使用和环境现状的合理化建议，以期推动建筑业节能减排的发展。

6.2.1 建筑业能源使用结构及变动趋势分析

能源消费结构通常是指含碳能源如煤炭、焦炭、石油、天然气等在一次能源消费中的比例。近年来碳排放量不断增加，其主要原因是不合理的能源消费结构。根据本书第2.1节的建筑业碳排放核算，全国建筑业碳排放总量从2005年253578.50万吨增长到2015年的438956.40万吨，我国建筑业正处于工业化高速发展的关键时期，需要依赖更多的能源以支撑经济的持续发展。通过分析历年统计数据可以发现，建筑业能源消费总量具有增长迅猛的态势。本节结合2006～2016年《中国能源统计年鉴》数据，将能源整合为四类，煤炭（煤炭、炼焦）、石油（原油、汽油、煤油、柴油、燃料油）、天然气和电力。据此分析建筑业能源使用结构及变动趋势，如图6.3所示。

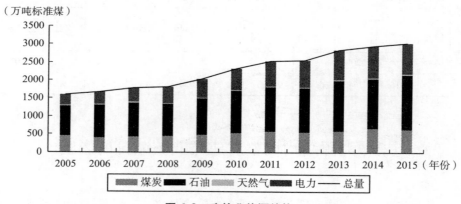

（万吨标准煤）

图例：煤炭　石油　天然气　电力 —— 总量

图6.3　建筑业能源结构

图6.3揭示了2005～2015年间，中国建筑业各年的能源消费总量及其变化情况。从图中可以看到，2005年以来，我国建筑业消费总量快速上升，2005～2008年间年增长率为4.39%，从2009年开始，建筑业能源消费呈急剧上升的态势，年增长率为12.40%，2011～2012经历了一次平稳期，2013年起又呈现出上升态势，增长率为6.31%。

目前，我国建筑业能源消费的特点是以石油为主，石油在建筑业能源消费结构中所占的比例基本保持在50%左右。煤炭和电力消费占比相反，2005～

2015 年建筑业的煤炭消费占比从 30% 降低到 20% 左右，电力消费从 20% 提升到 30% 。天然气消费量虽有提升，但由于能源整体消费持续增大，所占比例仍处较低水平。通过能源消费结构的对比，2005 年来天然气和电力等可再生能源消费量持续增加，煤炭和石油的消费比例仍然居高不下，整体能源消费仍在逐年递增。

根据第 2 章对建筑业直接碳排放的计算，可以看出能源结构对二氧化碳排放的影响主要体现在各种能源消耗在总能源消耗中所占的比重和各种能源的二氧化碳排放系数。

通过对建筑业各能源消费情况的调查分析，各种能源的消费所占总能源消费的比重差异过大，不可能实现单一的能源结构。故本章以能源二氧化碳排放系数（如表 6.3 所示）作为衡量不同能源对我国二氧化碳排放量影响指标。

表 6.3　　　　　　　　　七种能源的二氧化碳气体排放系数

能源类型	煤炭	焦炭	汽油	煤油	柴油	燃料油	天然气
排放系数（kgCO$_2$/kg）	1.9003	2.8604	2.9251	3.0179	3.0959	3.1705	2.1622

根据表 6.3 的数据显示，煤炭的排放系数较低，燃料油的排放系数最高。对各种能源的排放系数进行排序，由高到低分别为：燃料油、柴油、煤油、汽油、焦炭、天然气和煤炭。在非气体能源中煤炭是二氧化碳排放系数最小的能源。

表 6.4 主要反映出其中能源的折标准煤系数，其中煤炭的折标准煤系数相对较低，汽油和煤油的折标准煤系数相对较高，是煤炭折标准煤系数的一倍多。同时几种液体燃料的折标准煤系数差异不大。

表 6.4　　　　　　　　　七种能源折标准煤系数

能源类型	煤炭	焦炭	汽油	煤油	柴油	燃料油	天然气
折标煤系数（Tce/t）	0.7143	0.9714	1.4714	1.4714	1.4571	1.4286	1.3300

能源二氧化碳排放影响系数的计算如式（6.48）：

$$\rho_i = \chi_i \times \beta_i \qquad (6.48)$$

其中，ρ_i 表示第 i 种能源的二氧化碳排放影响系数；χ_i 表示第 i 种能源的二氧化碳排放系数；β_i 表示第 i 种能源的折标准煤系数。能源二氧化碳排放影响系数，如表 6.5 所示。

表 6.5　　　　　　　　　　能源二氧化碳排放影响系数

能源类型	煤炭	焦炭	汽油	煤油	柴油	燃料油	天然气
影响系数	1.3574	2.7786	4.3040	4.4405	4.5110	4.5294	2.8757

从表 6.5 中可以看出，能源二氧化碳排放影响系数从高到低分别为燃料油、柴油、煤油、汽油、天然气、焦炭和煤炭。其中煤炭的二氧化碳排放影响系数最小，是较为清洁的能源。而液体燃料的二氧化碳排放影响系数最大，应减少液体燃料的使用，有利于控制建筑业二氧化碳排放总量。建议多使用天然气、焦炭和煤炭这些能源影响系数较低的能源，电力能源的使用也有助于减排目标的完成，同时减少液体燃料，如燃料油和柴油的使用。

6.2.2　能源结构调整机理与情景设定

能源结构调整是一个长期的过程。如果能将化石能源与非化石能源使用效率提升，能源结构就会相应改变，针对经济和环境指标可为建筑业能源使用提供指导建议。本节对建筑业消耗大的几类能源分别进行模拟分析，探究不同能源使用效率提升对行业经济及环境方面的影响。根据以往相关研究，将能源效率设置为外生的，即不需要成本。在模型中，假设无成本的能源效率改进是 ε，并将 ε 纳入 CES 生产函数，表明在能源效率改进的情况下，相同的能源输入将影响生产并带来更多的产出。并选择四种能源：煤炭、石油、天然气和电力进行模拟，不同的情景如表 6.6 所示。

表 6.6　　　　　　　　　　模型情景设定

情景	情景 1	情景 2	情景 3
描述	各类能源使用效率提升 1%	各类能源使用效率提升 3%	各类能源使用效率提升 5%

6.2.3 结论展示

6.2.3.1 宏观经济影响和环境影响

将三种不同情景的模拟结果与基准情景作对比，如表 6.7 所示。表 6.7 显示了建筑业能源效率分别提升 1% 、3% 和 5% 模拟的宏观经济结果。表 6.8 表明能源效率的提升均会产生积极的环境影响。

表 6.7　　　　　　　　能源效率变动下宏观经济影响　　　　　　　　单位：%

能源类型	情景模拟	宏观经济影响			
		行业生产总值	进口	出口	投资
煤炭	情景 1	0.02023	− 0.03422	− 0.00035	− 0.02033
	情景 2	0.06166	− 0.10430	− 0.00103	− 0.06195
	情景 3	0.10444	− 0.17667	− 0.00167	− 0.10492
石油	情景 1	0.00730	− 0.01736	0.00659	− 0.00736
	情景 2	0.02210	− 0.05262	0.02003	− 0.02230
	情景 3	0.03718	− 0.08859	0.03382	− 0.03751
天然气	情景 1	0.11723	− 0.22942	0.03929	− 0.11797
	情景 2	0.35423	− 0.69086	0.11679	− 0.35646
	情景 3	0.59469	− 1.15610	0.19319	− 0.59842
电力	情景 1	0.09752	− 0.12141	− 0.05918	− 0.09771
	情景 2	0.29886	− 0.37153	− 0.18202	− 0.29943
	情景 3	0.50907	− 0.63191	− 0.31119	− 0.51004

表 6.8　　　　　　　　能源效率变动下环境影响　　　　　　　　单位：%

能源类型	情景模拟	环境影响			
		能源消耗	碳排放	能源强度	碳排放强度
煤炭	情景 1	− 0.08581	− 0.07787	− 0.06559	− 0.05765
	情景 2	− 0.26119	− 0.23676	− 0.19965	− 0.17520
	情景 3	− 0.44141	− 0.40020	− 0.33733	− 0.29607

能源类型	情景模拟	环境影响			
		能源消耗	碳排放	能源强度	碳排放强度
石油	情景 1	− 0.00785	− 0.00443	− 0.00055	0.00287
	情景 2	− 0.02390	− 0.01322	− 0.00180	0.00888
	情景 3	− 0.04030	− 0.02218	− 0.00313	0.01500
天然气	情景 1	− 0.10928	− 0.06153	0.00796	0.05577
	情景 2	− 0.32495	− 0.18235	0.02938	0.17250
	情景 3	− 0.53629	− 0.30035	0.05875	0.29610
电力	情景 1	− 0.16260	− 0.26878	− 0.06514	− 0.17142
	情景 2	− 0.49595	− 0.81784	− 0.19768	− 0.52054
	情景 3	− 0.84023	− 1.38297	− 0.33285	− 0.87837

模拟结果表明，不同类型的能源效率提升对减少能源消耗和碳排放都具有显著影响。对比三种情景，可得出碳排放的减少与能源效率的提高正相关，并且电力效率的提高对碳排放影响最为显著。在情景 3 中，四种能源的碳排放量分别减少了 0.4%，0.02%、0.3% 和 1.3%。此外，随着能源效率的提高，能源强度和碳强度普遍下降，说明提高煤炭效率对降低能源强度有着显著影响，石油和天然气使用效率的提升对于降低碳排放强度有着积极作用。

能源使用效率的提高不仅能够减少能源消耗及其相应的碳排放，同时对宏观经济也有一定的刺激作用。

首先，提高能源效率会进一步促进技术进步，从而对 GDP 产生积极影响，三种情景都印证了这一点。情景 3 对 GDP 的影响最为显著，这意味着能源效率在一定范围内的提升会促进行业经济增长。其中，石油使用效率的提升对建筑业经济增长的促进作用最为明显，这是由于建筑业对石油的需求最大，其占建筑业总能耗的 48%。由于天然气在建筑业中的使用较少，提升其使用效率对经济刺激并不显著。

其次，由于建筑业对能源的需求较大，能源效率的提升会导致出口与进口总额下降。当能源效率提高时，能源的需求将会减少，能源密集型产业变得更具竞争力，这将有助于建筑业减少进口能源及其他资源，石油和天然气除外。由于经济扩张，资本和劳动力变得更加昂贵，成本增加，因此出口也会减少。此外，三种情景下建筑业的投资都将在一定程度上减少，能源使用效率越高其影响更加显著。

6.2.3.2　能源结构调整效果评价

根据以上分析可知，能源结构的调整会导致能源使用及碳排放量相应减少，但是忽略了能源回弹效应的存在。能源回弹效应最早是由杰文斯在煤炭问题中提出的。他提出通过技术进步可以提高能源效率，减少煤炭使用，但由于回弹效应的存在，煤炭消耗不一定会减少，由于煤炭价格的下降可能导致更多的煤炭消耗。科兹姆（Khazzoom，1980）认为，技术进步导致的能源价格下降可能会改变消费者的消费习惯，从而导致能源使用增多。布鲁克斯（Brookes，2007）进一步得出结论，能源效率的提高可能会带来宏观经济的增长，而这种经济增长的反过来会刺激产生新的能源需求。

因此，建筑业在制定能效政策时需要考虑行业经济提升可能引起的新的能源需求，即能源回弹效应，如式（6.49）：

$$RE = \left[1 + \frac{\dot{E}}{\rho} \right] \times 100 \qquad (6.49)$$

其中，$\dot{E} = \frac{\Delta E}{E}$ 表示模拟的能效提升 ρ 引起的实际能源使用变化率，ρ 表示预期的能源效率提升。如果 $RE < 0$，由于实际的能源节约超过理论上的节约量。如果 $RE = 0$，表示不存在回弹效应，预期的能源节约等于实际的能源节约。当 $0 < RE < 1$ 时，表示能效政策起到了一定作用，但未达到预期效果。例如，如果预期的能源效率提高 5%，实际能源使用量减少 3%，回弹效应为 40%。$RE = 1$ 表示能效政策未能起到作用。当 $RE > 1$，这被称为"逆火效应"，即能源效率的提升会刺激经济增长从而导致更多的能源使用。

建筑业的能量回弹效应如图 6.4 所示。结果表明能效提升比例与回弹效应之间存在非线性关系。提高能源效率可以有效地降低建筑行业的能源使用量，回弹效应在 83.20% 和 99.22% 之间波动。不同能源类型之间的回弹效应差异较大，天然气效率提高引起的回弹效应最大，平均为 99.20%，电力效率的提升引起的回弹效应最小，平均为 83.47%。

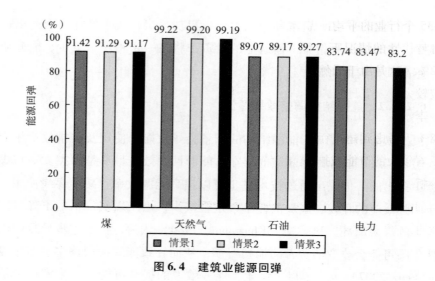

图 6.4　建筑业能源回弹

同时，二次能源（电力）的回弹效应小于一次能源（煤炭、天然气、石油）的回弹效应。一次能源占二次能源生产中间投入的很大一部分，在投入不变的情况下，提升其使用效率会增加二次能源的产量，由于建筑业对电力需求较为庞大，电力价格业相对较低，这会反过来促进一次能源需求。

同一种能源使用量变动导致的回弹效果并不显著。例如，当能源使用效率从1%提升到5%，电力的回弹效应变动最为显著，为 -0.54%。石油能源效率的提高会导致回弹效应增加，这表示在建筑业中，提高石油效率并不是一项好的节能措施。

6.2.3.3　结论分析

在建筑业中，能源结构的调整会对 GDP 产生积极影响，同时在一定程度上可以有效减少碳排放，但回弹效应显著存在。本书中回弹效应最小为83.2%，与国外研究相比回弹效应更为显著。考虑到中国城市化与工业化发展需要大量的能源消耗，同时节能技术仍处于起步阶段，因此能源结构调整并不能较好地实现节能减排目标。

电力回弹效应平均为83.5%，天然气效率提高的回弹效应最大，平均为99.2%。表明一次能源（煤、石油、天然气）的回弹效应大于二次能源（电力）回弹效应，陆盈盈等（2017）研究表明能源效率提高5%的情景下测算了 135 个行业的平均回弹效应。结论表明，在允许或不允许能源之间的燃料间可替代性的情况下，天然气效率改善在短期内具有最大的回弹效应，为51.2%。这是由于天然气与其他能源投入之间有较大的替代性，这是其回弹效应较大的主要原因。

李宏等（2017）经过研究发现中国能源投入的回弹系数约为 83.3% ~ 95.8%。考虑到建筑行业是中国三大重点能耗部门之一，庞大的能耗规模也预示着较大的节能减排潜力，但其回弹效应却十分显著。本书从以下方面进行分析：

（1）建筑业间接碳排放较大，产业关联性较强。根据第 2 章的统计，建筑业直接碳排放并不大，但建筑业的总排放量从 2005 年的 253575.5 万吨增加到 2015 年的 438956.4 万吨，行业的发展消耗了巨大的能源，表明建筑业对其他行业具有很强的产业拉动作用。因此，建筑业的能源效率提高会导致各个行业的能源消耗的增加。由于建筑业是产业网络中的重点产业，对其他行业的能源消耗变化较为敏感，从而自身也会消耗更多的能源。

（2）自 1998 年政府开始建造商品房以来，与房地产密切相关的建筑业发展迅速。建筑业的扩张增加了对能源的需求并促进了技术变革。虽然提高能源效率的建筑业技术变革在节能和减少碳排放中发挥了积极作用，但是作为国民经济的支柱产业，国家仍在加大对建筑业的投资力度。自 2005 年棚改政策提出以来，我国棚改工程越来越火热，在经济低迷时期，地方政府严重依赖房地产来发展当地经济，这进一步刺激了建筑市场的扩张与发展。另一原因是自 2008 年金融危机以来我国已投入市场 4 万亿元人民币，整体市场的发展进一步刺激了建筑业的发展。在这样的环境下，我国不能单纯依靠提高国家的能源效率来降低能源消耗和碳排放。相反，政府必须将能效政策与其他政策结合起来。

6.3 本章小结

能源消费结构的变化对节能减排有重要影响，面对建筑业巨大的能源消耗以及大量的碳排放，本章对建筑业能源结构进行了分析，提出了优化能源消费结构的建议；同时基于 CGE 模型的模拟，模拟分析不同能源消费比重变动下的减排效果以及宏观经济效果，采用能源回弹效应测度其实施效果，结论表明天然气效率的提升引起的能源回弹最大，平均为99.20%，电力效率提升引起的能源回弹最低，平均为83.47%。此外，一次能源（煤、石油、天然气）的回弹效应大于二次能源（电力）的回弹效应。我们的结论表明，提高建筑业主要能源的使用效率对GDP和减少碳排放产生了积极影响，且回弹效应存在显著，电力能源的效率提升对GDP和减排促进作用最显著。因此建议制定政策时应主要关注电力效率的提升。此外，通过取消化石燃料补贴和征收碳税在一定程度上可以减少回弹效应。

第7章
主要结论与思考

7.1 主 要 结 论

本书以低碳经济学、能源经济学、统计学、计量经济学和政策研究等相关理论为基础，采用定性分析和定量研究相结合的方法，在现有研究的基础上，以省级数据为依据，精准核算我国各省建筑业碳排放，并分析建筑业碳排放发展现状及时空特征；从多角度对建筑业碳排放增长影响因素进行描述，并分析影响因素的区域差异性；引入全要素分析视角，分别从静态与动态两个层面对建筑业碳排放效率进行评价，量化各省减排潜力；设定不同经济增长率和减排政策因子情景，模拟相应情景下碳排放表现，探讨建筑业减排目标实现的可能性；结合我国减排优化目标，构建能源—经济—环境 CGE 模型，模拟行业减排政策对建筑业碳排放的变动影响。

本书的主要结论如下：

（1）确定建筑业碳排放核算边界，基于碳排放系数法和投入产出法，全面考虑建筑业的产业关联关系，核算建筑业碳排放总量与碳排放强度；并进一步从"全国"、"区域"以及"省域"三个层面，探讨我国建筑业碳排放量及碳排放强度在时间上的演化特征，结合探索性空间数据分析、空间重心和标准差椭圆分析方法，描述我国建筑业碳排放的空间格局分布及差异特征，揭示碳排放空间动态演变格局。研究表明，由建筑经济活动产业关联产生的间接碳排放是建筑业碳排放的重要组成部分，碳排放量基本符合"东部较高，中部较低，西部居中"的规律，碳排放强度符合"东部较低，西部较高，中部居中"的规律；我国各省建筑业碳排放量在空间上存在一定的差异，碳排放强度空间集聚特征较为明显，由东向西呈现梯次变化趋势，碳排放重心位于我国中部偏北的地区势，碳排放强度与碳排放量的椭圆基本沿着顺时针的方向转动且逐年向西北方向偏移。

（2）基于 EKC 曲线和脱钩弹性理论模型，明确建筑业碳排放与行业发展之间的动态关系；引入 LMDI 分解模型，将建筑业碳排放分解为直接碳排占比、单位价值能耗、价值创造效应、间接碳排强度和产出规模效应五个因素，衡量各因素对碳排放的贡献程度，结果表明间接碳排强度是建筑业碳排放的主要负向影响因素，产出规模是最大的正向影响因素；充分考虑建筑业发展不均衡的客观事实，构建建筑业碳排放地理加权回归模型，探究不同因素对碳排放影响的空间异质性，结果表明各因素影响程度由大到小依次为劳动效率、能源强度、劳动力投入，并进一步对异质性产生的原因进行探讨与分析。

（3）运用包含非期望产出的三阶段 SBM – DEA 模型与 ML 指数模型，从静态与动态角度评价建筑业碳排放效率，明确各省减排潜力。研究表明，碳排放效率较高的地区减排潜力较低。其中，东部地区建筑业碳排放效率明显高于其他地区，更接近生产前沿，而中、西部地区建筑业碳排放效率较低、减排潜力较大，建筑业低碳化发展面临多种问题。进一步通过 Tobit 模型探索静态效率的影响因素，发现产业带动、城镇化率与能源结构是全国建筑业碳排放效率增长的主要驱动因素。

（4）引入劳动者报酬率对 IPAT 模型进行改进，预测建筑业碳排放发展趋势，研究发现短期内碳排放增长缓慢，没有出现峰值的趋势，建筑业节能减排取得一定成效；进一步构建建筑业碳排放系统动力学模型，对不同经济增长率和针对碳减排技术的政策因子情景下的碳排放进行分析，并探讨建筑业实现 2020 年碳排强度的减排目标的可能性，研究表明：经济增长率越高，碳排放越大，但碳排强度会减少，而针对碳减排技术发展的政策因子能同时减少碳排放和碳排强度，两者相比而言，碳减排技术能更有效地减排；所有情景的碳排强度都能实现碳减排目标。

（5）通过建立静态可计算一般均衡（CGE）模型，探讨能源回弹效应对建筑业节能减排效果的阻碍作用，并结合结论分析提出能源结构调整的政策建议。建筑行业的能源消耗量排序为煤炭，石油，天然气和电力，因此本书模拟四种能源结构调整对能源消耗、碳排放及宏观经济的影响。结论表明天然气使用量效率提高引起的能源回弹效应最大，电力使用效率提升的节能效果最好。此外，一次能源（煤、石油、天然气）的反弹效应普遍大于二次能源（电力）的回弹效应，提高建筑业主要能源的使用效率对 GDP 增长和碳排放减少产生了积极影响，其中，电力能源的效率提升对减排的促进作用最为显著。

7.2 建筑业可持续发展的一些思考

建筑业作为我国国民经济的支柱性产业之一，其产业关联度较高，对上、下游产业部门具有较强的拉动与辐射作用。为充分发挥建筑业在产业网络中的影响力和控制力，带动其他产业部门协同减排，本节首先明确建筑业与其他产业部门的碳排放关联关系，识别碳排放波及路径；此外，在"创新、协调、绿色、开放、共享"五大发展理念背景下，建筑业要实现高质量发展，必须彻底改变以往的粗放型发展模式，向绿色化、工业化方向进军。因此，本节就建筑业未来低碳发展提出了一些思考。

7.2.1 关联产业网络中建筑业碳排放

在国民经济活动中，产业部门之间会发生广泛且复杂的经济技术方面的联系，被称之为产业关联，在此过程中各部门能源消耗产生的碳排放会随着产业间供求关系的变动而发生改变，从而形成产业部门间碳排放的关联关系。为明确建筑业部门在碳排放关联网络中所处的地位以及与其他产业部门的碳排放关联关系，本节以我国产业部门为研究对象，利用社会网络分析法，构建了产业部门碳排放关联网络，通过对网络不同层级指标的测算，明确建筑业碳传导特征，进而为建筑业相应减排措施的制定提供参考依据，有助于节能减排工作的进一步开展。

7.2.1.1 产业部门碳排放关联特征

处于国民经济上游的产业部门会与下游产业部门发生后向的碳排放关联，当上游产业部门能源消耗量发生变化时，不仅会使自身行业产生的碳排放量发生变化，这种影响还会波及与之相关联的下游产业部门。当某能源的价格发生变动时，位于产业链上游的产业部门会根据生产成本对该行业的产品数量进行调整，当上游部门的产品供给量发生变化时，会影响到下游产业部门对这種产品的需求，进而对下游产业部门的能源消耗量产生影响，从而使该产业部门的碳排放量发生变化。而这种后向关联会一直在产业链中传递下去，影响到位于该产业链的各个产业部门。同理，当上游产业部门使用某项新技术后，会在该部门达到节能减排的效果，这种信息经过后向传递后会带动下游产业部门积极引进该项技术以降低生产成本，从而降低了能源消耗量和碳排放量。

处于国民经济下游的产业部门会与上游产业部门发生前向的碳排放关联，当下游产业部门对能源的消耗量发生变化时，不仅会影响该产业部门的碳排放量，同时也会波及上游产业部门的碳排放量。当下游部门的产业规模发生变化时，会导致其对上游产业的中间投入产品需求减少，进而对上游产业部门的生产规模造成影响，使该产业部门对能源的需求量和碳排放量产生相应的变化。当下游产业部门产品的价格发生变化时，会对上游产业部门提供的中间产品的价格产生影响，在考虑到成本这一重要影响因素后，上游产业部门会做出相应的生产调整，从而使能源消耗量和碳排放量发生变化，并将这种影响扩散到产业链的其他产业部门中。在这种前后向的碳排放关联关系中，有些产业部门之间的影响是直接发生的，有些产业部门之间的相互作用必须通过其他产业部门的"中介"作用间接发生。

我国产业部门数量众多，各产业部门之间存在着交叉复杂的产业关联关系，进而导致产业部门之间的碳排放关联也是错综复杂的，而这种复杂关系恰好形成网络的结构。因此将产业部门及其关联关系置于网络中进行分析，可以得到更加全面合理的结果。产业部门碳排放关联网络是探究产业部门之间相互关系的集合。整个产业体系可视为一个网络，网络的节点为各产业部门，节点之间的联系即为产业部门之间的关联关系。

（1）产业部门碳排放关联关系确定。

1）模型构建。

产业碳排放关联关系的确定基于产业部门间的碳排放拉动量，根据投入产出表提供的投入产出数据，通过第 2 章给出的碳排放核算方法，可以计算出各产业部门间的碳排放拉动量。本书将产业部门间"碳排放拉动系数"作为产业部门碳排放关联网络的边。产业部门间"碳排放拉动系数"定义如下：

$$p_{ij} = C_{Dj}/X_j \times y_{ij} \tag{7.1}$$

式中，p_{ij} 为 i 产业部门对 j 产业部门的碳排放拉动系数，C_{Dj} 为 j 产业部门的直接碳排放量，X_j 为 j 产业部门的生产总值，y_{ij} 为 i 产业部门对 i 产业部门的直接消耗系数。

　　各产业部门间碳排放拉动系数形成产业部门间碳排放拉动系数矩阵 $B = B_{ij}$，按照以下定义，将矩阵 B 转换为产业部门有效碳排放关联邻接矩阵 P。

　　取产业部门间碳排放拉动系数矩阵 B 的各行平均值作为该行的"行阈值"，若该行产业部门间碳排放拉动系数大于行阈值，则记为 1，表示对应的两个产业部门间存在有效的碳排放关联关系，若该行产业部门间碳排放拉动系数小于行阈值，则记为 0，表示对应的两个产业部门间不存在有效碳排放拉动关系，即：

$$P_{ij} = \begin{cases} 1, & p_{ij} > k_i \\ 0, & p_{ij} \le k_i \end{cases} \qquad (7.2)$$

　　基于上式最终构建出产业部门间碳排放关联网络的邻接矩阵 P。需要说明的是，因为通过计算得到的碳排放拉动系数矩阵是不对称的，因此产业部门间碳排放关联网络的邻接矩阵 P 是一个有向关联矩阵。

　　2）计量分析。

　　通过各产业部门间碳排放拉动量计算，得出 2005～2015 年各产业部门间碳排放拉动系数，并构成产业部门间碳排放拉动系数矩阵。令 1 为有效关联，0 为无效关联，对各年碳排放拉动系数矩阵进行二值化处理，可得出产业部门间碳排放关联非对称矩阵，如图 7.1 所示。

　　通过图 7.1 可直观地看出各年各产业部门之间是否存在有效关联关系，以及这种有效关联关系随年份变动的情况。根据黑色区域的面积大小，还可以对产业部门碳排放关联数目的变化进行判断，黑色区域面积大，说明产业部门之间关联关系多，显然，2005～2015 年，产业部门之间的有效关联数目呈现先增后减的趋势，2013～2014 年，其有效关联数目显著降低。

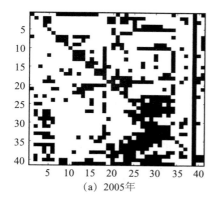
(a) 2005年

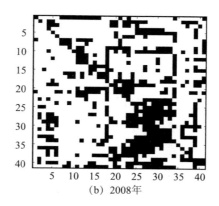
(b) 2008年

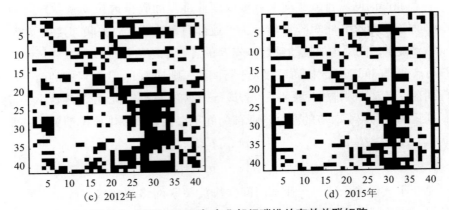

图7.1　2005～2015年产业部门碳排放有效关联矩阵

注：图中黑色表示有效关联的产业对，横坐标与纵坐标均为产业代码。

（2）整体网络特征分析指标。

1）模型构建。

产业碳排放关联网络的整体特征通过网络密度来表征。网络密度是网络中各节点之间实际拥有的关联数量与最多可能拥有的关联数量的比值，刻画了一个网络中各节点成员之间的联系紧密程度。网络密度越大，说明网络中节点成员之间的联系越紧密。产业部门碳排放关联网络密度的计算公式如下：

$$D = \frac{\sum L_w}{g \times (g - 1)} \tag{7.3}$$

式中，D 为产业碳排放关联网络整体密度，L_w 为网络中实际存在的有效碳排放关联数目，即网络的连接边数，g 为网络中的产业部门个数。

在产业部门碳排放关联网络中，若网络密度越大，说明产业部门之间产生的有效碳排放关联数目越多，其碳排放关联关系越紧密。

2）计量分析。

根据各年中产业部门之间的碳排放拉动强度构建的产业部门碳排放关系0～1矩阵，运用UCINET软件可以绘制出2005～2015年我国产业部门碳排放关联图，如图7.2所示。从图中可以看出，各年产业部门碳排放之间存在着复杂的连接关系，具有典型的网络关联特征。图中节点的位置可以直观地看出各产业部门在产业部门体系中的地位，各年产业部门之间的关联关系是动态变化的过程。

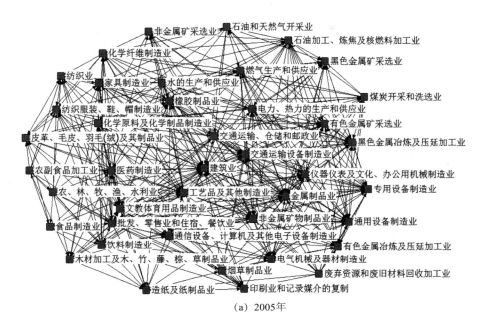

（a）2005年

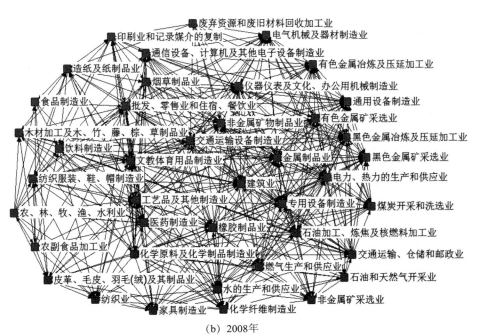

（b）2008年

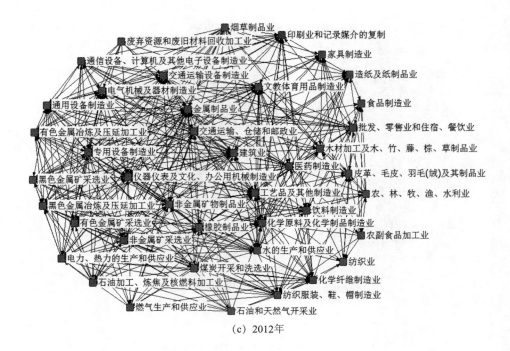

(c) 2012年

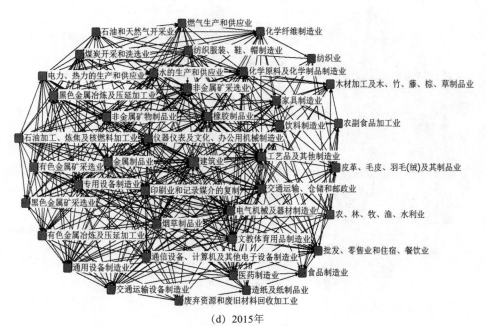

(d) 2015年

图7.2 产业部门碳排放关联网络图

　　图 7.3 展示了 2005～2015 年产业部门碳排放关联网络的密度和关系数目变化情况，2005 年产业部门碳排放关联网络的密度为 0.3030，2006～2009 年密度值上升且稳定在 0.33 左右，2010～2012 年密度值略有下降，分别为 0.3091、0.3012 和 0.3183，2013 和 2014 年这一数值下降至 0.2622 和 0.2604，2015 年密度再次上升至 0.3134。与之相对应，2005 年产业部门碳排放之间的关联数目为 497 个，2009 年达到最大关联数目为 562 个，2013 年关联数目下降到 430 个，2015 年关联数目再次上升至 552 个。

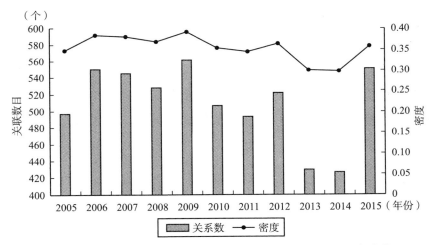

图 7.3　2005～2015 年产业部门碳排放关联网络密度及关系数变化

　　产业部门碳排放关联网络密度可以表征产业部门之间整体关联关系的强弱，密度越大说明产业部门碳排放之间关联关系越密切，各部门生产活动中对中间投入的流动配置没有达到优化的效果，产业部门之间普遍存在的联系使得中心产业的地位无法突出，不利于有针对性地制定减排政策。而产业部门碳排放关联网络密度过小则意味着部门之间的关联关系较弱，与中心产业之间的关联关系也较少，同样不利于发挥减排措施的协同效应。因此产业部门碳排放网络的密度值应该保持在一个相对合理的范围内。从图 7.3 中可以看出，碳排放关联网络的密度虽然出现了波动，但是总体水平保持在 0.3 附近，表明我国产业部门碳排放关联网络的密度值并不高，处在一个相对比较成熟的阶段，且在 2013 年出现了下降，这样的产业碳排放关联网络有利于减少节能减排进程中的交易费用，但是也要注意维持相对稳定的网络结构，使行业间的减排机制更加有效地运行。

（3）网络节点特征分析指标。

产业部门碳排放关联网络中各节点在网络中所处的地位可以通过中心性指标进行衡量，如果一个节点在网络中越接近相对中心的位置，那么该节点在整个网络中就越具有影响力和控制力。中心性指标包括度数中心度，接近中心度和中介中心度。

1）度数中心度。

① 模型构建。

度数中心度是衡量网络中各节点直接联系强度的指标，表示在网络中与某个节点直接相连的节点个数。若一个节点与其他节点的连线越多，说明该节点在网络中的地位越高，对其他节点的影响和控制程度越大。由于本章研究的产业部门碳排放关联网络是有向网络，因此各点的度数中心度分为点入度和点出度。点入度表示指向该节点的其他点的个数，点出度表示该节点指向的其他点的个数。点入度和点出度的计算公式如下：

$$C_D = d_I(n_i) = \sum_{j=1}^{g} x_{ji} \tag{7.4}$$

式中，$d_I(n_i)$ 表示产业部门 n_i 的点入度，x_{ji} 为产业部门 n_j 关联至产业部门 n_i 的有效连接，g 为网络中产业部门的个数。

$$C_{DO} = d_O(n_i) = \sum_{j=1}^{g} x_{ij} \tag{7.5}$$

式中，$d_O(n_i)$ 表示产业部门 n_i 的点出度，x_{ij} 为产业部门 n_i 关联至产业部门 n_j 的有效连接。

考虑到产业部门关联网络的规模，中心度的标准化形式表示为：

$$C_D'(n_i) = d(n_i)/(g-1) \tag{7.6}$$

在不考虑方向的情况下，可以用相对度数中心度指标对产业部门的地位进行衡量，其计算公式如下：

$$C_{RD}'(n_i) = (C_{DI} + C_{DO})/(2n-2) \tag{7.7}$$

核心节点对于网络整体等级结构的影响可以通过网络向某个点集中的程度来进行衡量，定义为网络的中心势。度数中心势的计算公式如下：

$$C_{RD} = \sum_{i=1}^{n} (C_{RD\max} - C_{RDi})/(n-2) \tag{7.8}$$

在产业部门碳排放关联网络中，某个节点的度数中心度表示与该产业部门产生有效碳排放关联的产业部门数量。节点的点入度表示受该产业部门影响产生拉动碳排放量的产业部门数量（拉动效应），节点的点出度表示拉动该产业部门产生拉动碳排放量的产业部门数量（溢出效应）。通过对网络各节点中心度的计算，可以得出各产业部门在碳排放网络中的地位，若某产业部门处于网络的中心地位，则说明该产业部门对其他部门的控制和影响力较强。

② 计量分析。

由于产业部门碳排放关联网络之间的关系是具有方向的，因此对于度数中心度的分析分为点入度和点出度。点入度表示指向某产业部门并与该产业部门有直接联系的产业部门个数，点出度表示由某产业部门发出并与该产业部门有直接联系的产业部门的个数。表 7.1 为各年度数中心度排名前八位的产业部门的点出度、点出度及标准化数值。

表 7.1　　　　　　　　产业部门碳排放关联网络度数中心度计算结果

年份	产业部门	度数中心度（出度）	产业部门	度数中心度（入度）
2005	批发、零售业和住宿、餐饮业	60.0	建筑业	100.0
	交通运输、仓储和邮政业	50.0	金属制品业	60.0
	水的生产和供应业	47.0	交通运输设备制造业	55.0
	工艺品及其他制造业	45.0	专用设备制造业	50.0
	建筑业	45.0	文教体育用品制造业	50.0
	金属制品业	42.5	工艺品及其他制造业	47.5
	电力、热力的生产和供应业	42.5	橡胶制品业	47.5
	仪器仪表及文化、办公用机械制造业	42.5	电气机械及器材制造业	47.5
2008	批发、零售业和住宿、餐饮业	55.0	金属制品业	65.0
	医药制造业	52.5	建筑业	62.5
	烟草制品业	47.5	橡胶制品业	57.5
	工艺品及其他制造业	47.5	文教体育用品制造业	57.5
	交通运输、仓储和邮政业	47.5	电气机械及器材制造业	52.5
	仪器仪表及文化办公用机械制造业	45.0	交通运输设备制造业	52.5
	金属制品业	45.0	专用设备制造业	52.5
	专用设备制造业	42.5	工艺品及其他制造业	50.0

年份	产业部门	度数中心度（出度）	产业部门	度数中心度（入度）
2012	医药制造业	57.0	金属制品业	62.5
	交通运输、仓储和邮政业	57.0	通用设备制造业	60.0
	烟草制品业	55.0	仪器仪表及文化、办公用机械制造业	60.0
	建筑业	50.0	金属制品业	57.5
	批发、零售业和住宿、餐饮业	50.0	专用设备制造业	57.5
	仪器仪表及文化、办公用机械制造业 18	45.0	电气机械及器材制造业	55.0
	金属制品业	45.0	交通运输设备制造业	55.0
	文教体育用品制造业	45.0	建筑业	52.5
2015	交通运输、仓储和邮政业	55.0	工艺品及其他制造业	62.5
	建筑业	52.5	印刷业和记录媒介的复制	60.0
	医药制造业	50.0	通用设备制造业	60.0
	烟草制品业	50.0	电气机械及器材制造业	57.5
	批发、零售业和住宿、餐饮业	47.5	金属制品业	57.5
	金属制品业	45.0	交通运输设备制造业	55.0
	文教体育用品制造业	42.5	仪器仪表及文化、办公用机械制造业	55.0
	煤炭开采和洗选业	40.0	专用设备制造业	55.0

由表 7.1 可以看出，产业部门的度数中心度值处于一个动态变化的过程，个别产业部门的度值会出现较大波动，但是相近年份之间产业部门排名较为相似。2005～2015 年批发、零售业和住宿、餐饮业始终占有较高的点出度，2005 年与之产生直接碳排放联系的产业部门有 24 个，尽管 2015 年这一数目下降至 19 个，该产业部门仍为推动性较强的产业部门。同属于第三产业的交通运输、仓储和邮政业也基本位于各年排名的前三位，与其产业直接前向关联关系的产业部门平均为 21 个。此外，2005～2012 年仪器仪表及文化、办公用机械制造业、烟草制造业、医药制造业等制造业相关部门也高频率出现在点出度排名前八位中，表明这些产业部门受到较多部门的拉动，而产生较

多的碳排放溢出。2013 ~ 2015 年，煤炭开采和洗选业等能源型产业排名上升，体现了其对国民经济发展较强的推动或制约作用，考虑到这些产业部门的碳排放量相对较多，在碳减排工作中应对其持续保持关注。纵向分析可知，各产业部门之间的点出度差异逐渐减小，且点出度值有逐年下降的趋势，说明产业部门之间的直接联系正在减弱。

2005 ~ 2015 年，从点入度的标准值可以看出，点入度相对较高的产业部门几乎均与网络中半数以上的产业部门产生了直接的碳排放联系，排名靠前的产业部门有建筑业、交通运输设备制造业、电气机械及器材制造业、专用设备制造业、通用设备制造业、金属制品业等。结合建筑业自身行业特点，其在生产过程中对其他产业部门具有较强的依赖性，因此对其他部门的碳排放的溢出较多。而装备制造业作为制造业的核心组成部分，其快速发展带动了相关产业部门的发展，也使该产业部门对其他产业部门的需求进一步加大，对于碳排放的拉动能力也进一步增强。总体来说，以建筑业和制造业为代表的第二产业更容易受到其他部门的碳排放的溢出。

将各部门的点入度值与点出度值相比较，可将各产业部门划分为碳排放推动型产业部门和碳排放拉动型产业部门，推动型产业部门的点出度值显著高于点入度值，对其他部门的碳排放强度溢出较多；拉动型产业部门的点入度值显著高于点出度值，受到其他部门带来的碳排放强度溢出较多。根据各年度数中心度计算结果可知，交通运输仓储和邮政业、批发零售业和住宿餐饮业、水的生产和供应业、农林牧渔水利业、石油加工炼焦及核燃料加工业、烟草制品业、废弃资源和废旧材料回收加工业和农副食品加工业均属于碳排放推动型产业部门；交通运输设备制造业、专用设备制造业、通用设备制造业、通用设备制造业和电气机械及器材制造业等产业部门属于拉动型产业部门。

产业部门度数中心势的变化可以判断各年度数中心度的集中程度，如图 7.4 所示。可以看出，2005 ~ 2015 年，点出度的度数中心势较高，说明产业部门间点出度的差异明显，某些部门的碳排放推动作用十分显著。2013 ~ 2014 年度数中心势明显下降，说明产业部门之间的点出度差值减小，主要起推动作用的中心产业地位不突出。点入度的度数中心势变化明显，2005 年、2013 ~ 2015 年度数中心势远大于其他年份，说明这四年某些产业部门碳排放拉动作用十分显著，其点入度的中心地位突出，与其他产业部门点入度差值较大，而 2006 ~ 2012 年各产业部门间关联数目较为均衡，没有突出的中心产业。

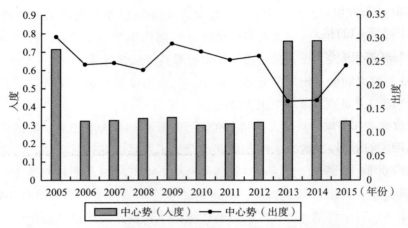

图 7.4　2005~2015 年产业部门碳排放关联网络度数中心势变化情况

2）接近中心度。

① 模型构建。

接近中心度从一个节点与其他节点之间距离的角度进行中心性分析，衡量网络中某节点与其他节点的接近程度。如果某节点的接近中心度高，说明该节点到达网络中所有其他节点的距离小，那么该节点受网络中其他节点的控制程度度低，在网络中的中心地位相对较高。接近中心度的标准化计算公式如下：

$$C_c(n_i) = g - / \sum_{j=1}^{g} d(n_i, n_j) \tag{7.9}$$

式中，$d(n_i, n_j)$ 表示从节点 n_i 到节点 n_j 的最短路径。

接近中心势的计算公式如下：

$$C_C = \frac{\sum_{i=1}^{n} (C_{RCmax} - C_{RCi})}{(n-2) \times (n-1)}(2n-3) \tag{7.10}$$

在产业部门碳排放网络中，节点的接近中心度表示某产业部门与其他产业部门能够快速产生碳排放关联的能力。某节点的接近中心度高，说明该部门在与其他产业部门产生碳排放关联时所需要经过的产业部门少，与其他各部门之间的连接"距离"短，能快速地与其他产业部门发生碳排放联系。而接近中心度高，说明该产业部门与其他各部门之间的连接"距离"长，无法快速地对其他产业部门的碳排放影响。

② 计量分析。

产业部门的接近中心度从"距离"的角度分析了各产业部门之间的联系，与度数中心度相比，接近中心度同时考虑到间接相连的产业部门之间的碳排放关联关系。表 7.2 展示了各年接近中心度排名前八位的产业部门及其标准化度值。工艺品及其他制造业、金属制品业、橡胶制品业、文教体育用品制造业、化学原料及化学制品制造业等制造业相关部门均位于各年接近中心度排名的前列，其标准化度值均在 75 以上。较高的接近中心度度值说明相应的产业部门在碳排放网络中能够更加快速地与其他部门产生碳排放联系，而不需要经过过多的中间部门，因此在网络中处于相对中心的位置。接近中心度较低的产业部门有食品制造业、农副食品加工业、纺织业、木材加工及木竹藤棕草制品业和废弃资源和废旧材料回收加工业等，表明这些产业部门在与其他产业部门发生碳排放联系时，需要经过更长的"距离"，容易受到其他产业部门的控制，在网络中也处于靠近边缘的位置。

表 7.2   产业部门碳排放关联网络接近中心度计算结果

年份	产业部门	接近中心度	年份	产业部门	接近中心度
2005	建筑业	100.000	2012	橡胶制品业	80.000
	工艺品及其他制造业	78.431		金属制品业	78.431
	批发、零售业和住宿、餐饮业	76.923		化学原料及化学制品制造业	78.431
	金属制品业	74.074		工艺品及其他制造业	78.431
	橡胶制品业	74.074		仪器仪表及文化办公用机械制造	78.431
	文教体育用品制造业	74.074		文教体育用品制造业	78.431
	交通运输设备制造业	74.074		专用设备制造业	75.472
	化学原料及化学制品制造业	72.727		交通运输、仓储和邮政业	75.472
2008	建筑业	80.000	2015	橡胶制品业	85.106
	工艺品及其他制造业	80.000		工艺品及其他制造业	80.000
	文教体育用品制造业	76.923		印刷业和记录媒介的复制	78.431
	金属制品业	76.923		文教体育用品制造业	78.431
	交通运输设备制造业	76.923		仪器仪表及文化办公用机械制造	76.923
	橡胶制品业	75.472		化学原料及化学制品制造业	75.472
	批发、零售业和住宿、餐饮业	75.472		金属制品业	75.472
	化学原料及化学制品制造业	75.472		建筑业	75.472

网络的接近中心势如图 7.5 所示，2006～2012 年，产业部门碳排放网络的接近中心势较低，且趋于平稳，表明这几年产业部门的接近中心度差值不大，度数分布较为均衡，没有十分突出的中心产业部门。而2005 年、2013 年和 2014 年网络的接近中心势较高，说明这三年碳排放网络向某些产业部门的集中程度高，各产业之间的接近中心度差值较大，中心产业部门地位突出，2015 年网络的接近中心势再次下降，各产业地位相对平等。

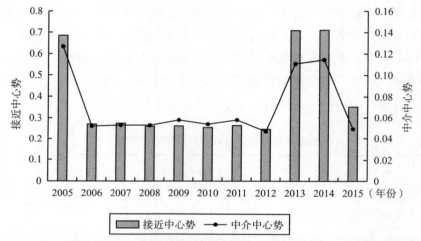

图 7.5　2005～2015 年产业部门碳排放关联网络接近中心势、中介中心势变化情况

3）中介中心度。

① 模型构建。

中介中心度是衡量某节点对其他不相邻节点关联关系控制程度的指标。节点的中介中心度越高，说明该节点对其他节点对的控制能力越强，在网络中所处的中心地位就越显著。中介中心度通过节点处于最短路径的概率来进行计算，其标准化形式如下：

$$C_B(n_i) = \frac{\sum_{j<k} g_{jk}(n_i)/g_{jk}}{(g-1)\times(g-2)/2} \tag{7.11}$$

式中，g_{jk} 表示 j，k 两产业部门之间碳排放关联最短路径的数目，$g_{jk}(n_i)$ 表示连接 j，k 产业部门碳排放最短路径上包含产业部门 i 的个数。

中介中心势的计算公式如下：

$$C_B = \sum_{i=1}^{n} (C_{RB\max} - C_{RBi})/(n-1) \qquad (7.12)$$

在产业部门碳排放关联网络中，中介中心度反映了某个产业部门在多大程度上能够控制其他产业部门之间的碳排放关联关系。中介中心度越高则说明该产业部门对其他产业部门之间碳排放关联关系控制能力越强，能够起到"桥梁"和中介的作用，那么该产业部门的中心地位就越显著。中介中心度低说明该产业部门对其他产业部门之间碳排放关联关系控制能力弱，没有处于关键的连接位置。

② 计量分析。

中介中心度衡量了产业部门在碳排放网络中充当"桥梁"和中介作用的能力，即对其他产业部门之间碳排放流动的控制能力。表 7.3 展示了各年中介中心度排名前八位的产业部门及其度值。由表中可以看出，各年中介中心度排名靠前的部门均有所不同。建筑业、医药制造业、文教体育用品制造业、化学原料及化学制品制造业、金属制造业、交通运输设备制造业、专用设备制造业等产业部门排名靠前，属于中介作用较强的产业部门，对其他产业部门碳排放具有较强控制作用。批发零售业和住宿餐饮业在2008 年以前拥有较高的中介度，2008 年以后该部门中介度下降，说明其在网络中对其他产业部碳排放流动的控制作用减弱。2005 年、2013 年和2014 年出现了中介中心度最高的产业部门（建筑业、煤炭开采和洗选业）与排名第二的产业部门（医药制造业、交通运输设备制造业）之间度数相差较大的情况，说明在这三个年份，建筑业、煤炭开采和洗选业对于整个网络的控制能力强，使产业网络结构的稳定性不足。这一现象可通过图7.5 更加直观地表现出来，2006 ~ 2012 年中介中心势较低且趋于平稳，说明这些年份各产业部门之间的中介中心度差值不大，网络中各产业部门之间的联系比较广泛，网络的连通性较好。而 2005 年、2013 年和 2014 年，产业部门碳排放网络的中介中心势明显偏高，2015 年再次下降至 2008 年水平。

表7.3 产业部门碳排放关联网络中介中心度计算结果

年份	产业部门	中介中心度	年份	产业部门	中介中心度
2005	建筑业	14.326	2012	文教体育用品制造业	6.562
	医药制造业	5.902		化学原料及化学制品制造业	5.086
	工艺品及其他制造业	5.752		交通运输、仓储和邮政业	5.061
	化学原料及化学制品制造业	5.550		仪器仪表及文化办公用机械制造业	4.996
	文教体育用品制造业	5.476		建筑业	4.628
	批发、零售业和住宿、餐饮业	5.06		纺织服装、鞋、帽制造业	4.817
	金属制品业	3.433		印刷业和记录媒介的复制	4.263
	交通运输、仓储和邮政业	2.977		专用设备制造业	4.233
2008	医药制造业	7.097	2015	印刷业和记录媒介的复制	6.824
	文教体育用品制造业	6.182		文教体育用品制造业	5.062
	建筑业	5.917		建筑业	4.958
	工艺品及其他制造业	5.640		医药制造业	4.626
	批发、零售业和住宿、餐饮业	4.59		仪器仪表及文化办公用机械制造业	4.534
	交通运输设备制造业	4.489		交通运输、仓储和邮政业	4.437
	化学原料及化学制品制造业	4.241		纺织服装、鞋、帽制造业	4.320
	金属制品业	3.607		专用设备制造业	4.072

4）影响指数。

① 模型构建。

产业部门碳排放关联网络中各产业部门的影响力可用卡兹影响指数进行衡量，相比于传统的影响力分析方法，卡兹影响指数通过对矩阵的幂次进行计算，不仅考虑了产业部门间碳排放数据直接关系，同时考虑了数据间的间接关系。

令产业部门间碳排放拉动系数矩阵为 C，则产业部门碳排放影响指数计算公式如下：

$$t = \left(\frac{1}{a}I - C'\right)^{-1} s \tag{7.13}$$

$$s = C'u \tag{7.14}$$

式中，t 为卡兹影响指数，C' 为产业部门间碳排放拉动系数矩阵的转置矩阵，

a 为接近矩阵 C 最大特征向量的整数，u 为元素均为 1 的列向量，s 为影响指数。通过卡兹影响指数的计算，不仅可以得出各产业部门在碳排放网络中的碳排放拉动能力和碳排放溢出能力，同时可以通过各产业部门间的影响力指数，识别受各产业部门影响程度最大的相关产业部门。

② 计量分析。

产业部门碳排放加权影响力系数和感应度系数是基于属性数据进行计算的，尽管所采用的数据为产业部门间碳排放拉动强度，在进行处理时只考虑了数据间的直接关系。在产业部门碳排放关联网络中，我们通过对关系数据的处理，利用 UCINET 软件对各产业部门的卡兹影响力指数进行了计算，这种计算方法不仅考虑了产业部门间的直接关系，同时考虑了间接关系对影响力的影响。通过计算我们可以得到每个产业部门之间的影响力指数矩阵，将各行各列影响力指数相加可得到各产业部门的影响力指数，其计算结果如表 7.4 所示，在这里我们将其定义为产业部门碳排放拉动系数和溢出系数。

表 7.4　　2005 年和 2015 年各产业部门碳排放拉动系数和溢出系数

产业部门	2005 年		2015 年	
	拉动系数	溢出系数	拉动系数	溢出系数
农、林、牧、渔、水利业	0.254	2.397	0.229	2.050
煤炭开采和洗选业	2.113	2.199	1.728	2.863
石油和天然气开采业	0.944	1.575	0.686	2.041
黑色金属矿采选业	2.845	1.238	2.706	1.532
有色金属矿采选业	2.881	2.073	3.207	2.345
非金属矿采选业	1.715	0.883	2.861	2.407
农副食品加工业	0.331	1.799	0.402	1.413
食品制造业	0.538	1.084	0.728	1.113
饮料制造业	0.816	1.641	1.311	2.258
烟草制品业	0.302	2.459	0.981	3.360
纺织业	1.015	1.253	0.239	1.124
纺织服装、鞋、帽制造业	1.205	1.605	1.445	2.015
皮革、毛皮、羽毛（绒）及其制品业	1.276	1.399	1.314	0.684
木材加工及木、竹、藤、棕、草制品业	1.182	1.148	1.215	1.192

续表

产业部门	2005 年		2015 年	
	拉动系数	溢出系数	拉动系数	溢出系数
家具制造业	1.970	1.848	2.089	0.997
造纸及纸制品业	0.735	1.437	0.287	1.435
印刷业和记录媒介的复制	0.755	1.774	3.711	2.471
文教体育用品制造业	3.159	2.7100	2.520	3.194
石油加工、炼焦及核燃料加工业	1.624	2.478	1.112	2.753
化学原料及化学制品制造业	2.299	2.068	2.394	1.793
医药制造业	1.501	2.115	0.944	3.467
化学纤维制造业	1.682	1.222	1.317	1.342
橡胶制品业	3.013	2.232	3.074	2.779
非金属矿物制品业	2.738	2.139	3.355	2.434
黑色金属冶炼及压延加工业	3.227	1.933	3.858	1.870
有色金属冶炼及压延加工业	2.227	1.805	1.636	2.038
金属制品业	4.206	2.805	4.491	3.090
通用设备制造业	3.656	2.040	4.841	2.401
专用设备制造业	3.943	1.624	4.611	2.568
交通运输设备制造业	3.949	1.915	4.466	1.798
电气机械及器材制造业	3.616	2.081	4.526	1.860
通信设备、计算机及其他电子设备制造业	2.887	1.279	3.214	1.090
仪器仪表及文化、办公用机械制造业	3.165	2.818	4.669	2.743
工艺品及其他制造业	2.843	2.894	4.365	2.345
废弃资源和废旧材料回收加工业	0.053	1.942	0.053	2.223
电力、热力的生产和供应业	1.578	2.711	1.703	2.864
燃气生产和供应业	1.930	1.946	1.007	2.058
水的生产和供应业	0.000	2.906	1.579	2.713
建筑业	6.214	3.123	3.631	3.772
交通运输、仓储和邮政业	1.479	3.178	1.924	3.706
批发、零售业和住宿、餐饮业	1.416	3.513	0.741	2.967

　　根据计算结果可知，2005 年产业部门碳排放拉动系数排名前三位的产业部门分别为建筑业、金属制品业和交通运输设备制造业，其拉动系数分别为

6.214、4.206 和 3.949。2005 年产业部门碳排放溢出系数排名前三位的产业部门分别为批发零售业和住宿餐饮业、交通运输仓储和邮政业、建筑业，其溢出系数分别为 3.513、3.178 和 3.123。拉动系数明显高于溢出系数的产业部门有建筑业、专用设备制造业和交通运输设备制造业，说明这些产业部门对其他部门发出的影响远大于其受到的影响。溢出系数明显高于拉动系数的产业部门有水的生产和供应业、烟草制品业和农林牧渔水利业，说明这些产业部门收到其他部门的影响远大于其发出的影响。

2015 年产业部门碳排放拉动系数排名前三位的产业部门分别为通用设备制造业、仪器仪表及文化、办公用机械制造业和专用设备制造业，其拉动系数分别为 4.841、4.669 和 4.611。2015 年产业部门碳排放溢出系数排名前三位的产业部门分别为建筑业、交通运输设备制造业和医药制造业，其溢出系数分别为 3.772、3.706 和 3.467。拉动系数明显高于溢出系数的产业部门有电气机械及器材制造业、专用设备制造业和交通运输设备制造业等，溢出系数明显高于拉动系数的产业部门有石油和天然气开采业、医药制造业、烟草制品业和农林牧渔水利业，说明第一、第三产业的相关部门主要表现为碳排放的溢出效应，而其自身对其他部门的拉动能力较弱。与 2005 年相比，2015 年大多数产业部门的拉动系数和溢出系数均有所下降，说明碳排放网络中各产业部门之间的影响程度降低。

7.2.1.2 建筑业碳传导关联

作为国民经济的三大支柱产业之一，建筑业在我国产业结构中占有举足轻重的地位，与其他产业部门之间存在着复杂的关联关系。在制定碳减排政策时，如果仅仅考虑建筑业单个部门的能耗及碳排放量，会忽略其与其他产业部门之间存在的内在联系，使得研究结果缺乏分析价值。因此，本节在进行属性数据计算的基础上，着重考虑建筑业与其他部门之间的联系，将产业部门碳排放之间的关系数据作为研究对象，将产业关联理论与产业碳排放相结合，形成产业碳排放关联机制，利用投入产出模型进行产业部门关联碳排放计算，在此基础上，选取社会网络分析法对产业碳排放关联网络进行分析，从网络结构层面可以对建筑业在产业部门碳排放体系中的地位进行更加有效的识别，明确我国建筑业与其他产业部门碳排放之间的关联情况，有助于节能减排工作的进一步开展。在我国产业部门碳排放关联图基础上着重标记建筑业，如图 7.6 所示，识别与建筑业有关联的产业。

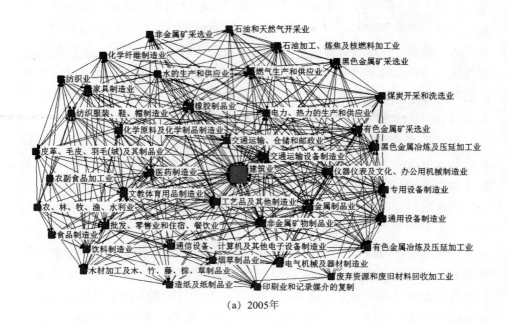

(a) 2005年

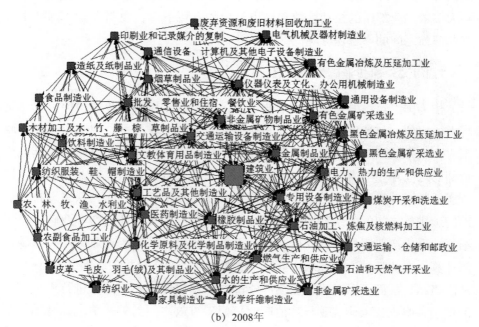

(b) 2008年

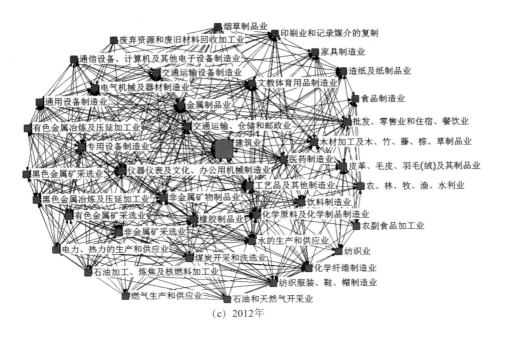

(c) 2012年

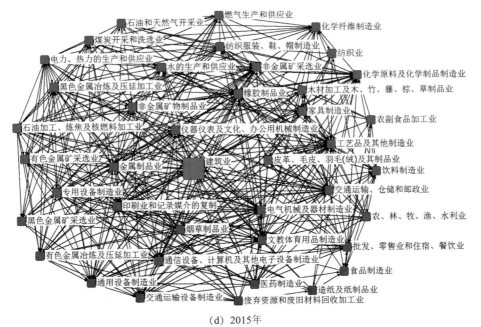

(d) 2015年

图7.6 建筑业碳排放关联网络图

本节从度数中心度、中介中心度、影响指数等不同角度识别建筑业碳排放的特点，计算结果如表 7.5 所示。由表 7.5 可以看出，2005～2015 年，建筑业的点入度排名靠前，几乎均与网络中半数以上的产业部门产生了直接的碳排放联系。结合建筑业自身行业特点，其在生产过程中对其他产业部门具有较强的依赖性，因此对其他部门的碳排放的溢出较多。总体来说，以建筑业和制造业为代表的第二产业更容易受到其他部门的碳排放的溢出，说明建筑业与其他产业部门表现出最多的关联关系，位于碳排放网络的中心，但是其中心程度出现下降。

表 7.5　2005～2015 年建筑业碳排放关联网络度数、接近、中介中心度及拉动、溢出系数

年份	度数中心度（出度）	度数中心度（入度）	接近中心度	中介中心度	拉动系数	溢出系数
2005	18	14	100.000	14.326	6.214	3.123
2006	15	25	80.000	5.490	5.460	3.286
2007	15	25	80.000	5.575	5.348	3.235
2008	14	25	80.000	5.917	4.999	2.851
2009	16	26	80.000	5.227	5.979	3.714
2010	19	20	74.074	4.628	3.587	3.181
2011	16	19	72.727	3.202	3.271	2.646
2012	20	21	74.074	4.817	4.136	3.554
2013	13	40	100.000	7.086	4.801	1.718
2014	13	40	100.000	7.136	4.760	1.696
2015	21	19	75.472	4.958	3.631	3.772

考虑到间接相连的产业部门之间的碳排放关联关系可以发现，建筑业并不是各年均位于接近中心度排名的前列，其值有波动情况。说明建筑业在碳排放网络中能够较为快速地与其他部门产生碳排放联系，不需要经过过多的中间部门，相对不是十分容易受到其他产业部门的控制，因此在网络中处于较为中心的位置。2005 年、2013 年和 2014 年建筑业的接近中心势最高，说明这三年碳排放网络向建筑业集中，且 2005 年与排名第二产业的接近中心度存在较大差值，说明这几年建筑业中心产业部门地位突出。2006～2012 年以及 2015 年，建筑业接近中心势较低，且与排名接近的产业接近中心度差值不

大，说明这几年建筑业并没有处于十分突出的中心产业位置。

考虑建筑业对其他产业部门之间碳排放流动的控制能力可以发现，各年中介中心度排名靠前的部门均有所不同。建筑业排名靠前，属于中介作用较强的产业部门，对其他产业部门碳排放具有较强控制作用。建筑业是 2005年、2013 年和 2014 年中介中心度最高的产业部门，与排名第二的产业部门（医药制造业、交通运输设备制造业）之间度数相差较大的情况，说明在这三个年份，建筑业对于整个网络的控制能力强，使产业网络结构的稳定性不足。而在 2006 ~ 2012 年以及 2015 年，建筑业中介中心势较低且趋于平稳，说明这些年份建筑业对网络的控制能力有所减弱，中心地位不再突出。

计算建筑业碳排放拉动系数和溢出系数可知，2005 年建筑业的产业部门碳排放拉动系数排名第一，为 6.214，碳排放溢出系数排名第三，为 3.123，拉动系数明显高于溢出系数。2015 年建筑业的产业部门碳排放拉动系数排名下降至第九，拉动系数为 3.631；溢出系数排名第一，为 3.772，拉动系数几乎与溢出系数一致，说明建筑业对其他部门发出的影响逐年变小，直至与其受到的影响相一致。与 2005 年相比，2015 年建筑业的拉动系数有所下降，说明其对碳排放网络中各产业部门的影响程度有所降低，而溢出系数相对平稳，略有上升，说明其受碳排放网络中各产业部门的影响变化不大。

7.2.2 建筑业未来发展探讨

在习近平新时代中国特色社会主义思想和中共十九大精神的指导下，我国加快推动建筑业改革发展，改革创新，开拓进取，建筑业发展质量和效益不断提升，全国建筑业企业建筑业总产值同比增长 9.88%，竣工产值同比增长 3.42%。

近年来，随着建筑业高速发展，低碳发展理念受到广泛关注。继续发挥建筑业支柱产业作用，需要将改革发展放在国家经济社会发展大局中思考，明确自身定位、把握改革方向、抓住发展机遇，在新征程中实现新作为。从根本上说，建筑业深化改革的必然性，建立在经济、社会需求的深刻变化之上。"创新、协调、绿色、开放、共享"五大发展理念，决定了建筑业必须转变发展方式、改变生产方式、调整产业结构、改革劳务用工模式。建筑业要实现高质量发展，必须彻底改变以往的粗放型发展模式，向绿色化、工业化方向进军。结合目前建筑业发展现状与信息化时代背景，绿色建筑、工业化建筑与智能建筑成为建筑业低碳发展的主要趋势。

7.2.2.1 绿色建筑

我国现处于工业化、城镇化和新农村建设的关键时期，推广绿色建筑有助于加快城乡建设模式和建筑业发展方式的转变，是实现我国节能减排、改善民生和培育新兴产业的重大举措。国务院发布的《建筑节能与绿色建筑发展"十三五"规划》中，提出到 2020 年全国城镇新建建筑中绿色建筑面积比重超过 50%，绿色建材应用比重超过 40%，既有居住建筑中节能建筑所占比例超过 60%。在这一要求下，发展绿色建筑、推动节能改造对实现可持续发展目标具有重要意义。

（1）内涵。

绿色建筑是指在选址、设计、施工、运营、管理和报废过程中充分利用资源，为人们提供健康、舒适和高效的使用空间，实现人与建筑之间的生态和谐，又称生态建筑、低碳建筑或可持续建筑。现阶段，以"高收入、高能耗、高排放"为特征的传统粗放式建造方式忽视了资源环境成本，带来了严重的生态环境问题。为应对气候变化，促进环境改善，提高居民生活质量，加大对绿色建筑的投入十分必要。

绿色建筑施工过程中必须严格、全面地分析建筑冷却和供热系统所消耗的能源，积极寻求可再生能源作为新能源，以确保建筑物在实现各种功能的同时，符合节能减排要求。例如，在建筑采暖和通风项目中推广使用太阳能，并通过科学设计不断提高其应用效果，最大限度地降低能耗、减少温室气体排放。除此以外，可通过自然通风的方式快速转换建筑物的室内气体，实现建筑物的加热和通风的节能减排目标。为解决施工过程中传热介质的问题，需要严格控制建筑管道装置，增强外壳的隔热性，尽可能减少管网的长度。合理安排建筑物的采暖通风管网，避免管道内碎屑堵塞的影响，保证管道的清洁，达到降低建筑采暖和通风工程系统能耗的目的。同时，为了提高采暖和通风工程系统的控制水平，必须根据温度、湿度、风速等对其进行实时调试，从而为居住者提供舒适宜居的环境，实现建筑节能减排目标。

（2）发展现状。

20 世纪 90 年代我国引入绿色建筑的概念，2001 年开始进行探索性了解和研究，相继出台多个绿色建筑相关标准，开展绿色建筑评价标识工作，启动"100 项绿色建筑示范工程与 100 项低能耗建筑示范工程"，在标准体系建设、技术研发、示范推广等方面都取得了积极进展。据统计，截至 2015 年底，全国累计绿色建筑面积超过 10 亿平方米，共 4071 个项目获得绿色建筑评价标识，建筑面积超过 4.7 亿平方米。与此同时，绿地西安生态科技馆、万科零碳中心、湖北武汉中心、上海世博中心等低碳示范工程陆续建成并投入使用，起到了良好的示范带动作用，推动我国绿色建筑发展。

从目前已获得绿色建筑星级评价标识的项目情况看，绿色建筑能够将增量成本控制在可负担范围内，且资源节约效果显著。在增量成本方面，一星级绿色住宅项目的增量成本平均在 60 元/平方米左右，一星级公共建筑项目的增量成本平均不到 30 元/平方米；二星级绿色住宅项目的增量成本平均在 120 元/平方米左右，二星级公共建筑项目的增量成本平均不到 230 元/平方米；三星级绿色住宅项目的增量成本平均在 300 元/平方米左右，三星级公共建筑项目的增量成本平均不到 370 元/平方米。在资源节约效果方面，平均绿化率大于 38%，节能率大于 58%，节水率大于 15.2%，可循环材料大于 7.7%，碳减排大于等于 28.2 千克/平方米。

整体而言，我国绿色建筑发展还处于起步阶段，总量少，且地域发展不平衡，存在南方快、北方慢，东部快、西部慢等问题，与大规模推广绿色建筑的要求差距较大。但近年来，我国绿色建筑发展呈现加快的趋势，住房和城乡建设部在 2019 年工作要点中明确提出了要积极推进绿色建造，促进建筑业技术进步。同时，自 2019 年 8 月 1 日起，《绿色建筑评价标准》（GB/T 50378 – 2019）开始实施，该标准以"安全耐久、健康舒适、生活便利、资源节约、环境宜居、提高与创新"作为新时代绿色建筑评价指标，倡导人与自然和谐共生的绿色建筑发展理念。一系列扶持政策与技术标准的出台促进了绿色建筑技术的进步与应用，为绿色建筑在我国的实施奠定了理论基础。此外，随着技术优先建筑理念的不断深入，已有许多成本低、地域适应性好、技术成熟的创新技术不断应用于绿色建筑行业，绿色建筑的成本逐年降低，并逐渐被市场所接受。

（3）发展展望。

随着我国绿色建筑推广力度的加大，按照 2020 年的推广比例目标，绿色建筑标准将用于全国半数工程项目，数量庞大；一些地方采用立法、规范性文件等举措实现了绿色建筑标准的强制执行（以设计标准为主），标准效力和应用得到加强。绿色建筑将成为建筑提升品质与性能、丰富优化供给的主要手段，并成为全产业链升级转型和生态圈内跨界融合的促成要素，是城乡建设践行绿色发展理念的重要基础和抓手。

绿色建筑区域化发展。目前我国许多城市提出了新建建筑 100% 达到绿色建筑标准的目标。绿色建筑集中连片推广，带动了区域绿色产业的全面发展，促成绿色建筑向"绿色生态城区"的延伸。在单体建筑绿色化发展的基础上，通过优化城区空间布局，围绕城区基础设施、低碳交通、生态体系、产业发展等方面，按照资源节约环境友好的要求进行城区的规划、建设和运营，实现区域性绿色发展。当前我国绿色生态城区发展态势良好，通过建立指标体系，完善生态规划，健全绿色建筑标准体系，逐步落实绿色生态城区总体目标。随着城市信息模型（city information modeling，CIM）技术的提出，绿色生态城区也将实现信息化建设和发展，构建和共享城市绿色生态大数据平台已成为支撑绿色建筑发展的必要途径。

绿色建筑工业化发展。建筑工业化是建造方式的重大变革，是建筑业转型升级的重要举措。当前我国《绿色建筑评价标准》（GB/T 50378–2019）中也包含了建筑工业化发展的相关条文，鼓励绿色建筑采用钢结构、木结构等形式，实现节能、节水、节材、节地和环境保护。随着我国建筑工业化发展的不断推进，绿色建筑与建筑工业化的结合点将会越来越多，两者相互促进，推动建筑业向更节约、更低碳的方向发展。目前绿色建筑和建筑工业化的理念已得到很好的推广，但我国在建筑标准化研究、绿色建筑材料革新、绿色施工发展、建筑构配件、制品和设备的生产以及相关专业技术人才培育等方面仍需加强投入。

绿色建筑智慧化发展。未来的绿色建筑应有更加人性化的建筑服务方案和更加良好的入住体验。发展智慧型绿色建筑，对于落实"以人为本"的绿色理念，实现人、建筑、环境的协调发展具有重大意义。伴随新建城区中智慧城区理念逐步深入，智慧化、信息化技术手段逐步普及，智慧型绿色建筑具有重要发展前景。该建筑形式坚持"安全、互动、可持续、共享"的智慧建筑理念，综合运用大数据智能处理技术、物理信息感知技术、人机交互技术、物联网技术等智慧城市技术手段，促进"四节一环保"要求更好地落实，提升绿色建筑运营效果。

绿色建筑健康化发展。健康建筑是城镇化建设领域响应健康中国战略的重要构成单元，也是人们追求健康生活的途径之一。当前大气污染、水质污染等环境问题突出，人们迫切需要一种健康的生活方式，一个健康、舒适的环境。健康建筑是依托绿色建筑所提出的理念，在绿色建筑的基础上，对于室内外环境、健身、人文等方面给予更多的关注，为健康生活方式的实现提供了空间载体。相对于绿色建筑来说，健康建筑增加了建筑与人的互动交流，促使建筑更好地为居住者提供服务，引导建筑实现自我调节和自我生长，推动建筑向更高品质提升。

7.2.2.2　工业化建筑

从建筑行业的发展趋势来看，传统的建筑方式存在工期长，能耗高，污染严重的弊端，给城市建设、生态环境以及建筑产业结构发展造成了消极的影响。由于传统建筑业项目地点分散、建造方式低效、建筑垃圾排放不规范，使我国的建筑能耗占到全国总能耗的 46%，而发达国家只占 30%～40%。随着城镇化的快速发展，我国早期的建筑供应总量达到饱和，建筑能耗却居高不下，推动建筑领域深化改革成为"十三五"规划的重要任务之一。工业化建筑迎来发展的机遇期，成为各级政府推动工程建设领域发展的重要战略。2016 年 2 月，《中共中央、国务院关于进一步加强城市规划建设管理工作的若干意见》指出建设国家级装配式建筑生产基地，力争用 10 年左右时间，使装配式建筑占新建建筑的比例达到 30%，既有的装配式建筑占全国建筑总量实现 2% 到 30% 的突破。政策的大力扶持将对我国工业化建筑的发展带来挑战和机遇。

（1）内涵。

建筑工业化，指通过现代化的制造、运输、安装和科学管理的生产方式，来代替传统建筑业中分散的、低水平的、低效率的手工业生产方式。1974 年，联合国出版的《政府逐步实现建筑工业化的政策和措施指引》将"建筑工业化"定义为：按照大工业生产方式改造建筑业，使之逐步从手工业生产转向社会化大生产的过程。它的基本途径是建筑标准化，构配件生产工厂化，施工机械化和组织管理科学化，并逐步采用现代科学技术的新成果，以提高劳动生产率，加快建设速度，降低工程成本，提高工程质量。建筑工业化在一个国家或地区的发展程度，受到当地社会、经济、技术及建筑产品自身条件的影响。

建筑工业化可以分为产品工业化和过程工业化。前者侧重于生产技术，涉及标准化、场外预制、机械化施工等内容；后者侧重于生产关系，涉及项目采购方式的变革，也就是各方当事人之间责权利关系的变化。无论是产品工业化还是过程工业化，它们在带来收益的同时也会产生必要的成本。建筑工业化的发展水平和实际成效取决于产品工业化和过程工业化之间的匹配，以及成本和收益之间的平衡。20 世纪五六十年代在东欧和德国、美国、英国、法国等国家盛行的住宅工业化之所以没有取得预期的效果，最终导致 70 年代向传统模式的"回归"，原因在于没有处理好满足客户需求、减少交付时间和降低工程成本三者之间的关系。

（2）发展历程。

20 世纪中期，随着国家发展需要，建设任务逐渐增多，我国开始大力发展工业化建筑体系。截至目前，国内的工业化建筑发展大致分为三个阶段：

第一阶段（1949～1978 年）：建筑工业化发展初期。20 世纪 50 年代，我国建筑业尚处于基础差、技术装备落后的阶段，在组织领导和管理制度方面都存在诸多问题，无法满足新中国成立初期巨大的建设需求。基于此，国务院在 1956 年 5 月发布了《关于加强和发展工业化建筑的决定》，明确指出要实行工厂化、机械化施工，完成对建筑工业的技术改造，逐步完成向工业化建筑的过渡。此后，欧洲和美国、日本等发达地区先进的住宅工业化理念和技术被大量引进国内，住宅建筑结构体系和技术的研究工作也陆续展开。1978 年，国家再次明确建筑业"三化一改"发展方针，即设计标准化、构件生产工厂化、施工机械化以及墙体改革，为我国建筑工业化体系发展奠定基础。

第二阶段（1979～1998 年）：建筑工业化发展探索期。20 世纪八九十年代，随着我国住宅建设规模不断扩大，转变住宅建设方式、促进产业结构调整升级、满足居民对住宅品质的要求势在必行，在新形势下建筑业发展亟须又一轮技术革新。1995 年，国家发布《工业化建筑发展纲要》，明确工业化是我国建筑业的发展方向，要以技术为先导，采用先进、适用的技术和装备，在建筑标准化的基础上，发展建筑构配件、制品和设备的生产，培育技术服务体系和市场的中介机构，使建筑业生产、经营活动逐步走上专业化、社会化道路。为了进一步加强建筑工业化技术在我国建筑领域的应用，大量城市对工业化建筑体系及砖混建筑体系做了试验和探索，不断引进新技术、新工艺、新材料，推动了工业化建筑技术的发展，保障了新型建筑工业化在我国建设项目中的应用与实践。

第三阶段（1999 年至今）：建筑工业化发展提升期。20 世纪末，社会资源环境意识的整体加强促进了我国建筑业从观念到技术各方面的巨变，建筑业体系进一步调整，工业化建筑产业也得到了迅速发展。1999 年，住建部等部委发布了《关于推进住宅产业现代化，提高住宅质量的若干意见》，详细阐述了我国发展建筑工业化的目标与行动指南。2001 年，住建部批准建立的"国家住宅产业化基地"开始试行。2006 年，颁布《国家住宅产业化基地试行办法》，正式启动我国住宅产业化基地建设，以点带面，全面推进住宅产业现代化。2014 年，国务院发布《2014～2015 年节能减排低碳发展行动方案》，明确提出要从建筑工业化出发，聚焦其在住宅建筑中的应用，大力推进工业化部品在我国建筑领域的应用，进一步促进我国建筑产业化的发展。

近年来，我国工业化建筑规模呈现扩大趋势。据我国住房和城乡建设部调查显示，2015 年，我国新增装配式建筑面积达 7260 万平方米，占城镇新增建筑面积的 2.7%；2016 年，我国新增装配式建筑面积上升至 1.14 亿平方米，同比 2015 年增长 57%，占城镇新增建筑面积比例也上升至 4.9%；2017 年，我国新增装配式建筑面积 1.27 亿平方米，同比 2015 年增长了 75%。在政府政策和市场力量的双重引导下，工业化建筑在我国蓬勃发展，并逐渐成为行业主流。

（3）发展展望。

今后我国工业化建筑体系发展主要聚焦于以下三个方面：

第一，政策层面。国内外发展建筑工业化的经验表明，在建筑工业化发展初期，政府需要颁布各种激励政策来加强工业化的落实。完善的政策体系是建筑工业化发展的外部支撑，因此需要补充制定一系列发展规定及扶持政策以指导建筑工业化健康、有序地发展。建筑工业化政策体系可以划分为三种类型：一是对建筑工业化发展起引导作用的政策，称之为"引导型政策"，这类政策多为发展规划与指导文件，从全局的角度对建筑工业化进行指导；二是用来规定具体组织实施的政策法规，称之为"规则制定型政策"；三是对建筑工业化生产施工过程中进行监督管理的政策文件，称之为"监管型政策"。

第二，建筑工业化标准体系层面。完善的标准体系是确保建筑工业化顺利实施的重要支撑。建设管理部门应加速制定工业化建筑相关配套技术规范、标准和地方图集，充分利用示范项目优势，将新技术、新标准在示范项目中进行大胆尝试，逐步完善我国建筑工业化的技术标准体系。同时，鼓励工业化技术领先的企业加快制定自身企业标准或参与行业标准的制定。

第三，建筑工业化技术体系层面。建筑工业化的快速推进离不开科学技术的进步。因此应积极创建国家级建筑产业现代化研发推广展示中心，加强建管部门同高校与企业之间的联系，深度推进产学研合作。鼓励企业对部品部件集成技术、绿色节能技术等关键性技术的研发，加快科学技术成果的转化，努力促进企业间先进技术的交流与共享。加大对建筑信息模型（BIM）等信息化软件的推广力度并组织相关机构对绿色建筑材料和工业化建造技术的认定推广，充分提高科学技术在建筑工业化发展中的应用水平。

7.2.2.3 智慧建筑

（1）内涵。

智慧建筑是以建筑物为主体，集其架构、系统、应用、管理及优化组合为一体的综合信息应用平台，具有感知、传输、记忆、推理、判断和决策等属性。智慧建筑是一种人、建筑与环境相互协调的整合体，符合安全、绿色及可持续发展的要求，与我国"创新、协调、绿色、开放、共享"的发展理念相一致，智慧建筑的普及将体现我国城市的智慧化。

近年来，我国高度重视智慧建筑发展，通过政策引导、科学研究、工程实践等举措，在智慧设计、智慧工地、智慧管理方面取得了显著的成效。其中智慧设计可以有效提升设计效率和品质，智慧工地将物联网技术引入传统数字工地，提高了建设项目的交互性与可控性，智慧管理则有助于构建智能化的企业基础平台。上述举措推动了 BIM 技术应用和智慧工地建设，使建筑工业化与智慧建造有机结合起来，为建筑全生命周期融入全产业链提供了可能性。在工程实践中，智慧建造相关技术已在一批大型建筑和基础设施项目中得到较好应用，如雄安新区首个重大建设项目——市民服务中心、拥有全球建筑面积最大的单体建筑等八项"世界之最"的深圳国际会展中心项目等。

（2）发展历程。

目前，我国建筑信息智慧化发展还存在诸多问题，如缺乏系统全面的标准、模型，系统相互之间独立封闭，信息孤岛现象严重；建筑发展缺乏针对用户体验的提升；智能系统方案缺乏可复制性；信息系统建设成本及后期维护成本过高；缺少行业云平台、系统性生态环境和社会化创新环境，导致资源无法高效共享和快速推广，阻碍驱动群体智能实现快速创新。

建筑的发展按照其智慧化程度分为三个阶段：传统建筑阶段、智能建筑阶段和智慧建筑阶段。智能建筑多关注技术层面的发展和应用，智慧建筑则强调绿色节能环保、用户个人体验及环境友好和谐。此外，智慧建筑还注重在云计算、大数据下的"机器学习""自适应"等智慧处理能力，涉及观念、制度等非物质或非物理的范畴，具有动态演化的特质。

现如今，产业政策、行业标准、用户体验是建筑智慧升级的主要驱动力。建筑智慧化程度的提高对整个产业链工作人员提出了更高的要求，需要一批具有多学科背景融合和综合素养高的人才加入，由此所促成的产品迭代更新才能使得智慧建筑推广度提高。

（3）发展展望。

我国经济已进入了高质量发展的新时代，对处于新时代的中国建筑业来说，其健康发展需通过数字智能建造等手段来实现，这也将成为建筑施工转型升级的发展方向。为更好地满足转型升级的需求、实现建筑业可持续发展，我国将以 BIM、大数据、物联网、人工智能为代表的信息技术应用到建筑行业生产活动中，为建筑业的转型升级和跨越式发展提供强大的动力，促进现代信息技术与先进制造技术的深度融合。信息化与工业化有机结合的智慧建造是建筑业未来发展的基本方向，同时以节能环保为核心的绿色建造改变了传统污染较高的建造方式，智慧建造和绿色建造的推广使建筑业朝着"绿色化、工业化、信息化"的趋势发展。结合目前现状和未来发展趋势，可以从以下四个方面加快推进智慧建造发展：

以重点领域集成创新为主导，推动智慧设计、智慧工地和智慧企业发展，打造优势。探索新型设计组织方式、流程和管理模式，构建智慧设计基础平台和集成系统；加强"互联网＋"环境下的新型施工组织方式、流程和管理模式探索，构建智慧工地基础平台和集成系统，进一步普及智能移动终端的应用，推动施工机器人的发展；以服务用户（业主）需求为导向，开发"互联网＋"的工程总承包项目多参与方协同工作平台，拉通建造全生命期和全产业链，开拓"平台＋服务"的工程建造新模式。

以关键软件的突破为支撑，补齐短板。从政府、科研院所、企业等层面，加大基础平台的研发投入，重点解决三维图形引擎等关键技术，建立国家标准，加快突破智慧建造自主发展的技术瓶颈。

以服务智慧城市建设为方向，拓宽领域。通过现代科技的集成创新，将建筑各基本要素优化重组，实现更高效率、更优性能、更加智能、更加绿色，开拓智慧建筑、智慧社区等新产业。加强智慧城市的规划与设计，推进智慧交通、智慧环保等各类智慧基础设施的开发，促进智慧建造新领域的发展。

以强化政产学研合作为机制，凝聚合力。需要政府在基础创新层面给予政策引导和支持，在战略目标、技术路线、推进步骤等方面强化顶层设计，加大推广应用的激励力度，各方紧密协作，形成合力。

参 考 文 献

［1］安瓦尔·买买提明，张小雷，杨德刚. 阿图什市城市化过程的大气环境污染效应［J］. 干旱区地理，2011，34（4）：635-641.

［2］蔡富强. 降低建筑行业碳排放的策略研究［J］. 中国电子商务，2010（6）：226.

［3］曹飞. 中国碳排放的组合预测与减排缺口分析［J］. 工业技术经济，2014，33（12）：88-93.

［4］曹洪刚，陈凯，佟昕. 中国省域碳排放的空间溢出与影响因素研究——基于空间面板数据模型［J］. 东北大学学报（社会科学版），2015，17（6）：573-578+586.

［5］曹俊文，姜雯昱. 基于LMDI的电力行业碳排放影响因素分解研究［J］. 统计与决策，2018，34（14）：128-131.

［6］查冬兰，周德群. 基于CGE模型的中国能源效率回弹效应研究［J］. 数量经济技术经济研究，2010，12：39-53.

［7］柴麒敏，徐华清. 基于IAMC模型的中国碳排放峰值目标实现路径研究［J］. 中国人口·资源与环境，2015，25（6）：37-46.

［8］陈安，赵曦. 中部六省市域经济发展时空差异演变研究［J］. 华中师范大学学报（自然科学版），2015，49（5）：778-785+791.

［9］陈邦丽，徐美萍. 中国碳排放影响因素分析——基于面板数据STIRPAT-Alasso模型实证研究［J］. 生态经济，2018，34（1）：20-24+48.

［10］陈钢，祁神军，张云波，等. 广义数据包络法的建筑业碳排放效率评价［J］. 生态经济（中文版），2017，33（5）：69-74.

［11］陈钢，祁神军，张云波，等. 三阶段DEA的区域建筑业碳排放效率评价［J］. 华侨大学学报（自然科学版），2016，37（5）：564-569.

[12] 陈光春，刘宏楠，于世海．收入差距约束下西南边境地区全要素生产率测度分析——基于 Malmquist – Luenberger 指数 [J]．广西师范大学学报（哲学社会科学版），2016，52（6）：54 – 62.

[13] 陈国庆，王辉艳，龙云安．基于 IOWGA 算子的中国碳排放量的组合预测 [J]．工业经济论坛，2017，4（5）：33 – 41.

[14] 陈亮，王金泓，何涛，等．基于 SVR 的区域交通碳排放预测研究 [J]．交通运输系统工程与信息，2018，18（2）：13 – 19.

[15] 陈雯．基于三阶段 DEA 模型的电力能源效率评价研究 [D]．合肥：合肥工业大学，2018.

[16] 陈晓红，易国栋，刘翔．基于三阶段 SBM – DEA 模型的中国区域碳排放效率研究 [J]．运筹与管理，2017，26（3）：115 – 122.

[17] 陈跃，王文涛，范英．区域低碳经济发展评价研究综述 [J]．中国人口·资源与环境，2013，23（4）：124 – 130.

[18] 程叶青，王哲野，张守志，等．中国能源消费碳排放强度及其影响因素的空间计量 [J]．地理学报，2013（10）：1418 – 1431.

[19] 程云鹤，齐晓安，汪克亮，等．基于技术差距的中国省际全要素 CO_2 排放效率研究 [J]．软科学，2012，26（12）：64 – 68.

[20] 储诚山，陈洪波．建筑业节能减排对策研究 [J]．城市管理，2011：63 – 67.

[21] 丛建辉，朱婧，陈楠，等．中国城市能源消费碳排放核算方法比较及案例分析——基于"排放因子"与"活动水平"数据选取的视角 [J]．城市问题，2014（3）：5 – 11.

[22] 崔和瑞，尤丽君．河北省碳排放的环境库兹涅茨曲线实证研究 [J]．华北电力大学学报（社会科学版），2014（1）：11 – 14.

[23] 邓吉祥，刘晓，王铮．中国碳排放的区域差异及演变特征分析与因素分解 [J]．自然资源学报，2014，29（2）：189 – 200.

[24] 邓小乐，孙慧．基于 STIRPAT 模型的西北五省区碳排放峰值预测研究 [J]．生态经济，2016，32（9）：36 – 41.

[25] 邓玉勇，杜铭华，雷仲敏．基于能源—经济—环境（3E）系统的模型方法研究综述 [J]．甘肃社会科学，2006（3）：209 – 212.

[26] 董锋，刘晓燕，龙如银，等．基于三阶段 DEA 模型的我国碳排放

效率分析 [J]. 运筹与管理, 2014, 23 (4): 196 – 205.

[27] 杜强, 陈乔, 杨锐. 基于 Logistic 模型的中国各省碳排放预测 [J]. 长江流域资源与环境, 2013, 22 (2): 143 – 151.

[28] 杜强, 陆欣然, 冯新宇, 等. 中国各省建筑业碳排放特征及影响因素研究 [J]. 资源开发与市场, 2017, 33 (10): 1201 – 1208.

[29] 杜强, 张诗青, 张智慧. 建筑业碳排放与经济增长脱钩及影响因素研究——以陕西省为例 [J]. 环境工程, 2016, 34 (4): 172 – 176.

[30] 杜强, 张诗青. 中国建筑业能源碳排放环境库兹尼茨曲线与影响脱钩因素分析 [J]. 生态经济, 2015, 31 (12): 59 – 69.

[31] 段福梅. 中国二氧化碳排放峰值的情景预测及达峰特征——基于粒子群优化算法的 BP 神经网络分析 [J]. 东北财经大学学报, 2018, 5: 19 – 27.

[32] 樊鹏飞, 冯淑怡, 苏敏, 等. 基于非期望产出的不同职能城市土地利用效率分异及驱动因素探究 [J]. 资源科学, 2018, 40 (5): 946 – 957.

[33] 范俊韬, 李俊生, 罗建武, 等. 我国环境污染与经济发展空间格局分析 [J]. 环境科学研究, 2009, 6: 742 – 746.

[34] 方德斌, 董博. 基于 GPR 模型的中国 "十三五" 时期碳排放趋势预测 [J]. 技术经济, 2015, 34 (6): 106 – 113.

[35] 冯博, 王雪青. 中国各省建筑业碳排放脱钩及影响因素研究 [J]. 中国人口·资源与环境, 2015, 25 (4): 28 – 34.

[36] 冯博. 建筑业二氧化碳排放及能源环境效率测算分析研究 [D]. 天津: 天津大学, 2015.

[37] 付春平, 王立章, 钟家波, 等. 宝鸡市经济增长和污染排放关系 [J]. 环境科学与技术, 2014, 37 (S1): 315 – 318.

[38] 付云鹏, 马树才, 宋琪. 中国区域碳排放强度的空间计量分析 [J]. 统计研究, 2015 (6): 67 – 73.

[39] 高长春, 刘贤赵, 李朝奎, 等. 近 20 年来中国能源消费碳排放时空格局动态 [J]. 地理科学进展, 2016, 35 (6): 747 – 757.

[40] 高宏霞, 杨林, 王节. 经济增长与环境污染关系的研究——基于环境库兹涅茨曲线的实证分析 [J]. 云南财经大学学报, 2012 (2): 70 – 77.

[41] 高鸣, 宋洪远. 中国农业碳排放绩效的空间收敛与分异——基于 Malmquist – Luenberger 指数与空间计量的实证分析 [J]. 经济地理, 2015, 35

（4）：142 - 148.

[42] 高振宇，王益. 我国生产用能源消费变动的分解分析 [J]. 统计研究，2007，24 (3)：52 - 57.

[43] 郭炳南，林基. 基于非期望产出 SBM 模型的长三角地区碳排放效率评价研究 [J]. 工业技术经济，2017，36 (1)：108 - 115.

[44] 郭嘉铭，金良，董锁成. 呼和浩特市环境库兹涅茨曲线与环境影响因素分析 [J]. 干旱区资源与环境，2015，29 (4)：143 - 148.

[45] 郭四代，仝梦，郭杰，等. 基于三阶段 DEA 模型的省际真实环境效率测度与影响因素分析 [J]. 中国人口·资源与环境，2018，28 (3)：106 - 116.

[46] 郭芯羽. 中国建筑业碳排放效率的空间差异及收敛性研究 [D]. 西安：西安建筑科技大学，2018.

[47] 郭正权，郑宇花，张兴平. 基于 CGE 模型的我国能源—环境—经济系统分析 [J]. 系统工程学报，2014，29 (5)：581 - 591.

[48] 国家统计局国民经济行业分类 GB/T 4754 - 2002 注释 [M]. 北京：中国统计出版社，2002.

[49] 国家统计局国民经济行业分类 GB/T 4757 - 2011 注释 [M]. 北京：中国统计出版社，2011.

[50] 国家统计局国民经济行业分类注释 [M]. 北京：中国统计出版社，2011.

[51] 国家统计局中国 2007 年投入产出表编制方法 [M]. 北京：中国统计出版社，2009.

[52] 韩楠. 基于供给侧结构性改革的碳排放减排路径及模拟调控 [J]. 中国人口·资源与环境，2018，28 (8)：47 - 55.

[53] 韩玉军，陆旸. 经济增长与环境的关系——基于对 CO_2 环境库兹涅茨曲线的实证研究 [J]. 经济理论与经济管理，2009 (3)：5 - 11.

[54] 何小钢，张耀辉. 中国工业碳排放影响因素与 CKC 重组效应——基于 STIRPAT 模型的分行业动态面板数据实证研究 [J]. 中国工业经济，2012 (1)：26 - 35.

[55] 何旭波. 补贴政策与排放限制下陕西可再生能源发展预测——基于 MARKAL 模型的情景分析 [J]. 暨南学报（哲学社会科学版），2013，35 (12)：1 - 8 + 157.

［56］何艳秋，陈柔，吴昊玥，等.中国农业碳排放空间格局及影响因素动态研究［J］.中国生态农业学报，2018，26（9）：1269－1282.

［57］贺菊煌，沈可挺，徐嵩龄.碳税与二氧化碳减排的 CGE 模型［J］.数量经济技术经济研究，2002，19（10）：39－47.

［58］贺三维，王伟武，曾晨，等.中国区域发展时空格局变化分析及其预测［J］.地理科学，2016，36（11）：1622－1628.

［59］胡林林，贾俊松.基于组合 ESARIMA 模型的江西旅游业碳排放预测［J］.北京第二外国语学院学报，2014，36（1）：34－38.

［60］胡艳兴，潘竞虎，李真，等.中国省域能源消费碳排放时空异质性的 EOF 和 GWR 分析［J］.环境科学学报，2016，5：1866－1874.

［61］胡颖，诸大建.中国建筑业 CO_2 排放与产值、能耗的脱钩分析［J］.中国人口·资源与环境，2015，25（8）：50－57.

［62］胡宗义，刘亦文，唐李伟.低碳经济背景下碳排放的库兹涅茨曲线研究［J］.统计研究，2013，2：73－79.

［63］惠明珠，苏有文.中国建筑业碳排放效率空间特征及其影响因素［J］.环境工程，2018，36（12）：182－187.

［64］纪广月.基于灰色关联分析的 BP 神经网络模型在中国碳排放预测中的应用［J］.数学的实践与认识，2014，44（14）：243－249.

［65］姜宏，李俊明.中国发展低碳建筑的困境与对策［J］.中国人口·资源与环境，2010，20（12）：72－75.

［66］姜鸿炜.沈阳地区混合式住区碳排放计算［J］.现代物业（中旬刊），2018，425（6）：240－241.

［67］金柏辉，李玮，张荣霞，等.中国建筑业碳排放影响因素空间效应分析［J］.科技管理研究，2018，38（24）：238－245.

［68］柯孔林，冯宗宪.中国商业银行全要素生产率测度及其影响因素分析［J］.商业经济与管理，2008，9：29－35.

［69］李国志，李宗植.中国二氧化碳排放的区域差异和影响因素研究［J］.中国人口资源与环境，2010，5：22－27.

［70］李建豹，黄贤金，吴常艳，等.中国省域碳排放的空间格局预测分析［J］.生态经济，2017，33（3）：46－52.

［71］李建豹，黄贤金.基于空间面板模型的碳排放影响因素分析——以

长江经济带为例 [J]. 长江流域资源与环境, 2015, 24 (10): 1665 - 1671.

[72] 李健, 田丽, 王颖. 考虑非期望产出的区域物流产业效率空间效应分析 [J]. 干旱区资源与环境, 2018, 32 (8): 67 - 73.

[73] 李兰兰, 徐婷婷, 李方一, 等. 中国居民天然气消费重心迁移路径及增长动因分解 [J]. 自然资源学报, 2017, 32 (4): 606 - 619.

[74] 李青松, 邓素君, 郭子龙, 等. 基于库兹涅茨曲线的濮阳市经济与环境间关系研究 [J]. 河南农业大学学报, 2015 (1): 101 - 106.

[75] 李爽, 陶东, 夏青. 基于扩展 STIRPAT 模型的我国建筑业碳排放影响因素研究 [J]. 管理现代化, 2017, 37 (3): 96 - 98.

[76] 李卫东, 余晶晶. 基于面板数据的中国城镇化对碳排放影响的实证分析 [J]. 北京交通大学学报 (社会科学版), 2017, 16 (2): 50 - 56.

[77] 李新运, 吴学锰, 马俏俏. 我国行业碳排放量测算及影响因素的结构分解分析 [J]. 统计研究, 2014, 31 (1): 56 - 62.

[78] 厉以宁, 朱善利, 罗来军, 等. 低碳发展作为宏观经济目标的理论探讨——基于中国情形 [J]. 管理世界, 2017 (6): 1 - 8.

[79] 梁中, 徐蓓. 中国省域碳压力空间分布及其重心迁移 [J]. 经济地理, 2017, 37 (2): 179 - 186.

[80] 林伯强, 孙传旺. 如何在保障中国经济增长前提下完成碳减排目标 [J]. 中国社会科学, 2011 (1): 64 - 76

[81] 林伯强, 姚昕, 刘希颖. 节能和碳排放约束下的中国能源结构战略调整 [J]. 中国社会科学, 2010 (1): 58 - 71.

[82] 刘炳春, 符川川, 李健. 基于 PCA - SVR 模型的中国 CO_2 排放量预测研究 [J]. 干旱区资源与环境, 2018, 32 (4): 56 - 61.

[83] 刘畅. 基于 LMDI 和 MV 模型碳排放因素与预测的低碳城市建设研究 [D]. 北京: 华北电力大学, 2013.

[84] 刘晨跃, 高志刚. 资源型城市碳排放库兹涅茨曲线研究——以乌鲁木齐为例 [J]. 资源与产业, 2014 (5): 1 - 7.

[85] 刘广为, 赵涛, 米国芳. 中国碳排放强度预测与煤炭能源比重检验分析 [J]. 资源科学, 2012, 34 (4): 677 - 687.

[86] 刘佳骏, 史丹, 汪川. 中国碳排放空间相关与空间溢出效应研究 [J]. 自然资源学报, 2015, 30 (8): 1289 - 1303.

[87] 刘金培，葛海霞，王怡然，等．中国省域碳排放效率动态评价研究——基于交叉效率 DEA 模型 [J]．资源开发与市场，2017，33（9）：1041 – 1045．

[88] 刘菁，赵静云．基于系统动力学的建筑碳排放预测研究 [J]．科技管理研究，2018，403（9）：226 – 233．

[89] 刘荣茂．经济增长与环境质量：来自中国省际面板数据的证据 [J]．经济地理，2006（3）：374 – 377．

[90] 刘贤赵，高长春，张勇，等．中国省域能源消费碳排放空间依赖及影响因素的空间回归分析 [J]．干旱区资源与环境，2016，30（10）：1 – 6．

[91] 刘晓婷，陈闻君．基于 ESDA – GIS 的新疆能源碳排放空间差异动态演化分析 [J]．干旱区地理，2016，39（3）：678 – 685．

[92] 刘娅萍．省际建筑业能源效率的测度、影响因素及节能潜力研究 [D]．杭州：浙江财经大学，2018．

[93] 刘亦文，胡宗义．中国碳排放效率区域差异性研究——基于三阶段 DEA 模型和超效率 DEA 模型的分析 [J]．山西财经大学学报，2015，37（2）：23 – 34．

[94] 刘云枫，冯姝婷，葛志远．基于结构分解分析的 1980 ~ 2013 年中国二氧化碳排放分析 [J]．软科学，2018，32（6）：53 – 57．

[95] 娄峰．碳税征收对我国宏观经济及碳减排影响的模拟研究 [J]．数量经济技术经济研究，2014，31（10）：84 – 96．

[96] 卢娜，冯淑怡，陆华良．中国城镇化对建筑业碳排放影响的时空差异 [J]．北京理工大学学报（社会科学版），2018，20（3）：8 – 17．

[97] 陆菊春，张瑞雪，胡凯．中国建筑业低碳行为的效率分析 [J]．武汉大学学报（工学版），2015，48（6）：809 – 813．

[98] 陆宁，杨文君，丁荣，等．2008 ~ 2012 年中国 30 个省域建筑业碳排效率评价 [J]．资源开发与市场，2013，35（12）：1 – 8 + 157．

[99] 吕炜．美国产业结构演变的动因与机制——基于面板数据的实证分析 [J]．经济学动态，2010，8：131 – 135．

[100] 马大来．中国农业能源碳排放效率的空间异质性及其影响因素——基于空间面板数据模型的实证研究 [J]．资源开发与市场，2018，34（12）：1693 – 1700 + 1765．

［101］聂锐，张涛，王迪. 基于 IPAT 模型的江苏省能源消费与碳排放情景研究［J］. 自然资源学报，2010，25（9）：1557-1564.

［102］牛鸿蕾，刘志勇. 基于动态空间杜宾面板模型中国建筑业碳排放的影响因素研究［J］. 生态经济，2017，33（8）：74-80.

［103］潘华，郑芳，高杨杨. 基于序列 Malmquist-Luenberger 指数的碳排放约束下的全要素能源效率［J］. 上海电力学院学报，2017，33（3）：251-257.

［104］齐宝库，赵璐. 建筑业经济发展与碳排放脱钩测度研究［J］. 沈阳建筑大学学报（社会科学版），2014，16（1）：38-41.

［105］祁神军，田丝女，张云波，等. 基于 RAS 及 I-O 的建筑业隐含碳排放趋势及减排责任分担研究［J］. 生态经济，2016，32（12）：43-48.

［106］祁神军，张云波. 中国建筑业碳排放的影响因素分解及减排策略研究［J］. 软科学，2013，27（6）：39-43.

［107］乔健，吴青龙. 中国碳排放强度重心演变及驱动因素分析［J］. 经济问题，2017（8）：63-67.

［108］冉启英，王倍倍，周辉. 碳排放约束下农业全要素能源效率增长及收敛分析——基于 Malmquist-Luenberger 指数分解［J］. 生态经济，2018，34（2）：47-53.

［109］荣培君，张丽君，杨群涛，等. 中小城市家庭生活用能碳排放空间分异——以开封市为例［J］. 地理研究，2016，35（8）：1495-1509.

［110］桑军，孙洋洲，郭廓. 国内碳排放政策浅析及对策探讨［J］. 现代化工，2018，38（4）：5-7.

［111］尚春静，储成龙，张智慧. 不同结构建筑生命周期的碳排放比较［J］. 建筑科学，2011，27（12）：66-70.

［112］尚梅，王刚刚，邹绍辉，等. 省域建筑业低碳发展路径［J］. 科技管理研究，2018，38（13）：235-242.

［113］宋杰鲲，张宇. 基于 BP 神经网络的我国碳排放情景预测［J］. 科学技术与工程，2011，11（17）：4108-4111+4116.

［114］宋金昭，苑向阳，王晓平. 中国建筑业碳排放强度影响因素分析［J］. 环境工程，2018，36（1）：178-182.

［115］苏芳. 产业集聚与环境影响关系的库兹涅茨曲线检验［J］. 生态经济，2015（2）：20-23.

[116] 孙红淼.美国与《京都协议书》[J].中国科技画报,2001(8):
56-57.

[117] 孙慧,邓小乐.产业视角下中国区域碳生产率收敛研究[J].经
济问题探索,2018(1):167-175.

[118] 孙强.中国建筑业碳排放空间格局演变与空间趋同效应研究
[D].西安:长安大学,2018.

[119] 孙秀梅,张慧,綦振法,等.我国东西地区的碳排放效率对比及
科技减排路径研究——基于三阶段 DEA 和超效率 SBM 模型的分析[J].华东
经济管理,2016,30(4):74-79.

[120] 孙艳芝,沈镭,钟帅,等.中国碳排放变化的驱动力效应分析
[J].资源科学,2017,39(12):2265-2274.

[121] 谭丹.产业结构与能源消费结构协同研究[J].中国工业经济,
2009(4):41-43.

[122] 谭显东.电力可计算一般均衡模型的构建及应用研究[J].中国
工业经济,2008(11):33-36.

[123] 滕欣,李健,刘广为.中国碳排放预测与影响因素分析[J].北
京理工大学学报(社会科学版),2012,14(5):11-18.

[124] 佟昕,李学森,佟琳,等.中国碳排放空间格局的时空演化——
基于动态演化及空间集聚的视域[J].东北大学学报(自然科学版),2016,
37(11):1668-1672.

[125] 王冰,程婷.我国中部城市环境全要素生产率的时空演变——基
于 Malmquist - Luenberger 生产率指数分解方法[J].长江流域资源与环境,
2019,28(1):48-59.

[126] 王长建,张小雷,张虹鸥,等.基于 IO - SDA 模型的新疆能源消
费碳排放影响机理分析[J].地理学报,2016,71(7):1105-1118.

[127] 王会娟,夏炎.中国居民消费碳排放的影响因素及发展路径分析
[J].中国管理科学,2017,25(8):1-10.

[128] 王江涛.基于三阶段 DEA 模型的西部地区生态效率研究[D].
贵阳:贵州财经大学,2018.

[129] 王凯风,吴超林.中国城市绿色全要素生产率的时空演进规律——基
于 Global Malmquist - Luenberger 指数和 ESDA 方法[J].管理现代化,2017,

37（5）：33－36.

［130］王凯风.环境与资源约束下城市全要素生产率的测算与分解——基于方向性距离函数和 Global Malmquist－Luenberger 指数［J］.科技与经济，2017，30（6）：16－20.

［131］王利娟.基于结构分解模型的江苏省碳排放实证分析［J］.经济研究导刊，2014（2）：196－198.

［132］王陆军，范拴喜，白慧莉.基于环境库兹涅茨模型对铜川市近几年经济与环境特征分析［J］.干旱区地理，2015（5）：1031－1039.

［133］王敏，黄滢.中国的环境污染与经济增长［J］.经济学，2015，14（2）：557－578.

［134］王群伟，周鹏，周德群.我国二氧化碳排放绩效的动态变化、区域差异及影响因素［J］.中国工业经济，2010（1）：45－54.

［135］王少剑，苏泳娴，赵亚博.中国城市能源消费碳排放的区域差异、空间溢出效应及影响因素［J］.地理学报，2018，73（3）：414－428.

［136］王宪恩，王泳璇，段海燕.区域能源消费碳排放峰值预测及可控性研究［J］.中国人口·资源与环境，2014，24（8）：9－16.

［137］王雪莹，方兰.基于非期望产出的农业环境效率研究——以陕西省为例［J］.环境与发展，2018，30（7）：1－4＋7.

［138］王雅楠，赵涛.基于 GWR 模型中国碳排放空间差异研究［J］.中国人口·资源与环境，2016，26（2）：27－34.

［139］王艳旭.基于系统聚类与 BP 神经网络的世界碳排放预测模型及应用研究［D］.南昌：南昌大学，2016.

［140］王勇，贾雯，毕莹.效率视角下中国 2030 年二氧化碳排放峰值目标的省区分解——基于零和收益 DEA 模型的研究［J］.环境科学学报，2017，37（11）：4399－4408.

［141］吴贤荣，张俊飚，田云.中国省域农业碳排放：测算、效率变动及影响因素研究——基于 DEA－Malmquist 指数分解方法与 Tobit 模型运用［J］.资源科学，2014，36（1）：129－138.

［142］吴玉鸣，田斌.省域环境库兹涅茨曲线的扩展及其决定因素——空间计量经济学模型实证［J］.地理研究，2012（4）：627－640.

［143］吴振信，石佳.基于 STIRPAT 和 GM（1，1）模型的北京能源碳排

放影响因素分析及趋势预测 [J]. 中国管理科学, 2012, 20 (S2): 803 - 809.

[144] 席细平, 谢运生, 王贺礼, 等. 基于 IPAT 模型的江西省碳排放峰值预测研究 [J]. 江西科学, 2014, 32 (6): 768 - 772.

[145] 相天东. 我国区域碳排放效率与全要素生产率研究——基于三阶段 DEA 模型 [J]. 经济经纬, 2017, 1: 20 - 25.

[146] 谢锐, 王振国, 张彬彬. 中国碳排放增长驱动因素及其关键路径研究 [J]. 中国管理科学, 2017, 25 (10): 119 - 129.

[147] 熊宝玉. 住宅建筑全生命周期碳排放量测算研究 [D]. 深圳: 深圳大学, 2015.

[148] 胥敬华, 杜娟. 规模收益可变下中国环境全要素生产率变化——基于改进的 Malmquist - Luenberger 指数 [J]. 中国管理科学, 2016, 24 (S1): 883 - 889.

[149] 徐建华. 计量地理学 [M]. 北京: 高等教育出版社, 2006.

[150] 徐盈之, 王书斌. 碳减排是否存在空间溢出效应?——基于省际面板数据的空间计量检验 [J]. 中国地质大学学报 (社会科学版), 2015, 15 (1): 41 - 50.

[151] 许广月, 宋德勇. 中国碳排放环境库兹涅茨曲线的实证研究——基于省域面板数据 [J]. 中国工业经济, 2010 (5): 37 - 47.

[152] 许俊杰, 王海霞, 张小力. 二氧化碳排放的国际比较及对我国低碳经济发展的启示 [J]. 中国人口·资源与环境, 2011, 21 (S1): 501 - 504.

[153] 晏为谦, 佘立中, 钟式玉, 等. 广东省建筑业碳排放库兹涅茨曲线实证研究 [J]. 土木工程与管理学报, 2018, 35 (2): 189 - 194.

[154] 杨骞, 刘华军. 中国二氧化碳排放的区域差异分解及影响因素——基于 1995 ~ 2009 年省际面板数据的研究 [J]. 数量经济技术经济研究, 2012, 29 (5): 36 - 49 + 148.

[155] 杨青林, 赵荣钦, 丁明磊, 等. 中国城市碳排放的空间格局及影响机制——基于 285 个地级市截面数据的分析 [J]. 资源开发与市场, 2018, 34 (9): 1243 - 1249.

[156] 尹伟华, 张亚雄, 李继峰, 等. 基于投入产出表的中国八大区域碳排放强度分析 [J]. 资源科学, 2017, 39 (12): 2258 - 2264.

[157] 于博. 基于空间计量模型的中国省际建筑业碳排放强度研究 [D].

天津：天津大学，2017.

［158］余敦涌.基于随机前沿分析方法的碳排放效率分析［J］.中国人口·资源与环境，2015，183（S2）：21－24.

［159］袁长伟，张帅，焦萍，等.中国省域交通运输全要素碳排放效率时空变化及影响因素研究［J］.资源科学，2017，39（4）：687－697.

［160］苑向阳.我国建筑产业碳排放强度影响因素及减排策略研究［D］.西安：西安建筑科技大学，2018.

［161］岳超，胡雪洋，贺灿飞，等.1995～2007年我国省区碳排放及碳强度的分析——碳排放与社会发展Ⅲ［J］.北京大学学报（自然科学版），2010（4）：510－516.

［162］岳超，王少鹏，朱江玲，等.2050年中国碳排放量的情景预测——碳排放与社会发展Ⅳ［J］.北京大学学报（自然科学版），2010，46（4）：517－524.

［163］张翠菊，覃明锋.基于空间效应的中国区域碳排放强度收敛分析［J］.生态经济，2017，33（11）：14－20.

［164］张峰，殷秀清，董会忠.组合灰色预测模型应用于山东省碳排放预测［J］.环境工程，2015，33（2）：147－152.

［165］张红.山东省经济发展与能源结构的优化调整［J］.科学与管理，2005，25（5）：44－45.

［166］张金灿，仲伟周.基于随机前沿的我国省域碳排放效率和全要素生产率研究［J］.软科学，2015（6）：105－109.

［167］张倩.我国建立碳交易制度对建筑业的影响研究［D］.重庆：重庆大学，2017.

［168］张诗青，王建伟，郑文龙.中国交通运输碳排放及影响因素时空差异分析［J］.环境科学学报，2017，37（12）：4787－4797.

［169］张士强.山东省能源结构优化调整与可持续发展研究［D］.济南：山东师范大学，2004.

［170］张涑贤，吴珺华.省际建筑业碳排放空间非均衡及影响因素研究［J］.工业安全与环保，2018，44（11）：101－106.

［171］张为付，周长富.我国碳排放轨迹呈现库兹涅茨倒U型吗?——基于不同区域经济发展与碳排放关系分析［J］.经济管理，2011（6）：14－23.

［172］张小平，高苏凡，傅晨玲．基于 STIRPAT 模型的甘肃省建筑业碳排放及其影响因素 ［J］. 开发研究，2016 （6）：171 - 176.

［173］张艳平，张丽君，崔盼盼，等．中国居民碳排放时空特征及影响因素研究 ［J］. 干旱区地理，2018，41 （2）：401 - 408.

［174］张珍花，方勇，侯青．我国碳排放水平的区域差异及影响因素分析 ［J］. 经济问题探索，2011 （11）：90 - 97.

［175］张治会，李全新．基于解构模型的 2000 ~ 2014 年甘肃省碳排放核算与分析 ［J］. 江苏农业科学，2018，46 （5）：257 - 260.

［176］张智慧，刘睿劼．基于投入产出分析的建筑业碳排放核算 ［J］. 清华大学学报（自然科学版），2013 （1）：53 - 57.

［177］赵成柏，毛春梅．基于 ARIMA 和 BP 神经网络组合模型的我国碳排放强度预测 ［J］. 长江流域资源与环境，2012，12 （1）：58 - 63.

［178］赵建安，郑宗强，曹植，等．中国水泥生产碳排放系数省区空间差异性及成因分析 ［J］. 资源科学，2016，38 （9）：1791 - 1800.

［179］赵巧芝，闫庆友，赵海蕊．中国省域碳排放的空间特征及影响因素 ［J］. 北京理工大学学报（社会科学版），2018，20 （1）：9 - 16.

［180］赵爽，江心英．基于三阶段 DEA 和 Malmquist 指数的长江经济带工业碳排放绩效研究 ［J］. 财经理论研究，2018 （4）：68 - 77.

［181］周建国，王颖雪．中国 CO_2 排放量变权组合预测研究 ［J］. 华东电力，2012，40 （10）：1680 - 1685.

［182］周洁．山西省碳排放效率及其影响因素研究 ［J］. 知识经济，2016 （7）：20 - 21.

［183］朱勤，彭希哲，陆志明，等．人口与消费对碳排放影响的分析模型与实证 ［J］. 中国人口·资源与环境，2010，20 （2）：98 - 102.

［184］邹非，朱庆华，王菁．中国建筑业二氧化碳排放的影响因素分析 ［J］. 管理现代化，2016 （4）：24 - 28.

［185］Acquaye A. A stochastic hybrid embodied energy and CO_2-eq intensity analysis of building and construction processes in ireland ［D］. Dublin Institute of Technology，2010.

［186］Acquaye A. A stochastic hybrid embodied energy and CO_2 eqintensity analysis of building and construction processes in Ireland ［J］. Dublin Institute of

Technology，2010.

［187］ Aigner D J，Lovell C A K，Schmidt P J. Formulation and estimation of stochastic frontier production models ［J］. Journal of Econometrics，1977，6：21 –37.

［188］ Akhundjanov S B，Devadoss S，Luckstead J. Size distribution of national CO_2 emissions ［J］. Energy Economics，2017，66：182 – 193.

［189］ Amorim F，Pina A，Gerbelová H，et al. Electricity decarbonisation pathways for 2050 in Portugal：a TIMES（The Integrated MARKAL – EFOM System）based approach in closed versus open systems modelling ［J］. Energy，2014，69：104 – 112.

［190］ Ang B W. Decomposition analysis for policymaking in energy：which is the preferred method? ［J］ Energy Policy，2004，32（9）：1131 – 139.

［191］ Ang B W. Is the energy intensity a less useful indicator than the carbon factor in the study of climate change ［J］. Energy Policy，1999，27（15）：943 –946.

［192］ Anselin L，Rey S. Properties of tests for spatial dependence in linear regression models ［J］. Geographical Analysis，1991，23（2）：112 – 131.

［193］ Anselin L. Spatial Econometrics：Methods and Models ［M］. Dordrecht：Kluwer Academic Publishers，1988.

［194］ Anselin L. Spatial externalities，spatial multipliers and spatial econometrics ［J］. International Regional Science Review，2003，26（2）：153 – 166.

［195］ Ates S A. Energy efficiency and CO_2 mitigation of the Turkish iron and steel industry using the LEAP（long-range energy alternatives planning）system ［J］. Energy，2015，90：417 –428.

［196］ Ayodeji E O，Clinton O A，Samkeliso A D. Carbon emission trading in South African construction industry ［J］. Energy Procedia，2017，142：2371 –2376.

［197］ Banker R D，Charnes A，Copper W W. Some moodels for estimating technical and scale inefficiencies in data envelopment analysis ［J］. Mandgement Science，1984，30（9）：1078 – 1092.

［198］ Bao Q，Tang L，Zhang Z X，et al. Impacts of border carbon adjustments on China's sectoral emissions：Simulations with a dynamic computable general equilibrium model ［J］. China Economic Review，2013，24：77 –94.

［199］ Barisa A，Romagnoli F，Blumberga A，et al. Future biodiesel policy designs and consumption patterns in Latvia: a system dynamics model [J]. Journal of Cleaner Production, 2015, 88: 71 – 82.

[200] Battese G E, Corra G S. Estimation of a production frontier model: with application to the pastoral zone of eastern australia [J]. Australian Journal of Agricultural & Resource Economics, 1977, 21 (3): 169 – 179.

[201] Begum R A, Sohag K, Abdullah S M S, et al. CO_2 emissions, energy consumption, economic and population growth in Malaysia [J]. Renewable and Sustainable Energy Reviews, 2015, 41: 594 – 601.

[202] Bhattacharyya S C, Matsumura W. Changes in the GHG emission intensity in EU – 15: Lessons from a decomposition analysis [J]. Energy, 2010, 35 (8): 3315 – 3322.

[203] Bowman A W, Hall P, Titterington D M. Cross-validation in nonparametric estimation of probabilities and probability densities [J]. Biometrika, 1984, 71 (2): 341 – 351.

[204] Boyd G A. Estimating the changes in the distribution of energy efficiency in the U. S. automobile assembly industry [J]. Energy Economics, 2014, 42: 81 – 87.

[205] Brock W A, Taylor M S. The green Solow model [J]. Journal of Economic Growth, 2010, 15: 127 – 153.

[206] Brookes L. The greenhouse effect: the fallacies in the energy efficiency solution [J]. Energy Policy, 2007, 18 (2): 199 – 201.

[207] Burniaux J M, Nicoletti G, Martin S J. Green: a global model for quanifying the cost of policies to curb CO_2 eissions [J]. OECD Economic Stydies, 1992, 19: 49 – 90.

[208] Burniaux J M, Nicoletti G, Martin S J. Green: a global model for quanifying the cost of policies to curb CO_2 emissions [J]. OECD Economic Stydies, 1992, 19: 49 – 90.

[209] Cansino J M, Román R, Ordóñez M. Main drivers of changes in CO_2 emissions in the Spanish economy: a structural decomposition analysis [J]. Energy Policy, 2016, 89: 150 – 159.

[210] Cao Y, Zhao Y H, Wang H X, et al. Driving forces of national and

regional carbon intensity changes in China: temporal and spatial multiplicative structural decomposition analysis [J]. Journal of Cleaner Production, 2019, 213: 1380 – 1410.

[211] Casals X G. Analysis of building energy regulation and certification in Europe: their role, limitations and differences [J]. Energy and Buildings, 2006, 38: 381 – 392.

[212] Caves D W, Christensen L R, Diewert W E. Multilateral comparisons of output, input, and productivity using superlative index numbers [J]. Economic Journal, 1982, 92 (365): 73 – 86.

[213] Charnes A, Copper W W, Rhodes E. Measuring the efficiency of decision-making units [J]. European Journal of Operation Research, 1978, 3 (4): 339 – 338.

[214] Chen C, Zhao T, Yuan R, et al. A spatial-temporal decomposition analysis of China's carbon intensity from the economic perspective [J]. Journal of Cleaner Production, 2019, 215: 557 – 569.

[215] Chen J, Shen L, Song X, et al. An empirical study on the CO_2 emissions in the Chinese construction industry [J]. Journal of Cleaner Production, 2017, 168: 645 – 654.

[216] Chen J, Shi Q, Shen L, et al. What makes the difference in construction carbon emissions between China and USA [J]. Sustainable Cities and Society, 2019, 44: 604 – 613.

[217] Choi Y, Zhang N, Zhou P. Efficiency and abatement costs of energy-related CO_2 emissions in China: a slacks-based efficiency measure [J]. Applied Energy, 2012, 98 (5): 198 – 208.

[218] Chung Y H, Färe R, Grosskopf S. Productivity and undesirable outputs: a directional distance function approach [J]. Microeconomics, 1997, 51 (3): 229 – 240.

[219] Cui Q, Li Y. The evaluation of transportation energy efficiency: an application of three-stage virtual frontier DEA [J]. Transportation Research Part D Transport & Environment, 2014, 29 (6): 1 – 11.

[220] Cullenward D, Wilkerson J T, Wara M, et al. Dynamically estimating

the distributional impacts of U. S. climate policy with NEMS: a case study of the Climate Protection Act of 2013 [J]. Energy Economics, 2016, 55: 303 – 318.

[221] Davidsdottir B, Fisher M. The odd couple: the relationship between state economic performance and carbon emissions economic intensity [J]. Energy Policy, 2011, 39 (8): 4551 – 4562.

[222] Development W B C F S. World Resources Institute. The greenhouse gas protocol: a corporate accounting and reporting standard [M]. World Resources Institute, 2004.

[223] Du J, Chen Y, Huang Y. A modified Malmquist – Luenberger productivity index: assessing environmental productivity performance in China European [J]. Journal of Operational Research, 2018, 269: 171 – 187.

[224] Du K, Lu H, Yu K. Sources of the potential CO_2, emission reduction in China: A nonparametric metafrontier approach [J]. Applied Energy, 2014, 115 (4): 491 – 501.

[225] Du Q, Li Y, Bai L B. The energy rebound effect for the construction industry: empirical evidence from China [J]. Sustainability, 2017, 9 (5): 803.

[226] Du Q, Xu Y, Wu M, et al. A network analysis of indirect carbon emission flows among different industries in China [J]. Environmental Science & Pollution Research, 2018, 25 (4): 24469 – 24487.

[227] Ehrlich P, Holden J. Impact of population growth [J]. Science, 1971, 171: 1212 – 1217.

[228] Ehrlich P R, Holdren J P. Impact of population growth [J]. Science, 1971, 171 (3977): 1212 – 1217.

[229] Emodi N V, Emodi C C, Murthy G P, et al. Energy policy for low carbon development in Nigeria: a LEAP model application [J]. Renewable and Sustainable Energy Reviews, 2017, 68 (Part1): 247 – 261.

[230] Emrouznejad A, Yang G L. A framework for measuring global Malmquist – Luenberger productivity index with CO_2 emissions on Chinese manufacturing industries [J]. Energy, 2016, 115: 840 – 856.

[231] Ezcurra R. Is there cross-country convergence in carbon dioxide emissions [J]. Energy Policy, 2007, 35: 1363 – 1372.

[232] Fan J S, Zhou L. Impact of urbanization and real estate investment on carbon emissions: evidence from China's provincial regions [J]. Journal of Cleaner Production, 2019, 209: 309 – 323.

[233] Fare R, Lovell C A K. Measuring the technical efficiency of production [J]. Journal of Economic Theory, 1978, 19 (1): 100 – 162.

[234] Farrell M J. The measurement of productive efficiency [J]. Journal of the Royal Statistical Society, 1957, 120 (3): 253 – 290.

[235] Feng B, Wang X. Research on carbon decoupling effect and influence factors of provincial construction industry in China [J]. China Population, Resources and Environment, 2015, 25: 28 – 34.

[236] Ferrante A, Cascella M T. Zero energy balance and zeroon-site CO_2 emission housing development in the mediterranean climate [J]. Energy and Buildings, 2011, 43 (8): 2002 – 2010.

[237] Färe R, Grosskpf S. Malmquist indexes and fisher ideal indexes [J]. The Economic Journal, 1992, 102 (1): 158 – 160.

[238] Fried H O, Lovell C A K, Schmidt S S, et al. Accounting for environmental effects and statistical noise in data envelopment analysis [J]. Journal of Productivity Analysis, 2002, 17 (1): 157 – 174.

[239] Gottinger H W. Greenhouse gas economics and computable general equilibrium [J]. Journal of Policy Modeling, 1998, 20 (5): 537 – 580.

[240] Goulder L H. Effects of carbon taxes in an economy with prior tax distortions: an intertemporal general equilibrium analysis [J]. Journal of Environmental Economics and Management, 1995, 29 (3): 271 – 297.

[241] Grossman G M, Krueger A B. Environmental impacts of a North American Free Trade Agreement [J]. Social Science Electronic Publishing, 1991, 8 (2): 223 – 250.

[242] Grote M, Williams I, Preston J. Direct carbon dioxide emissions from civil aircraft [J]. Atmospheric Environment, 2014, 95: 214 – 224.

[243] Guo L L, Qu Y, Wu C Y, et al. Identifying a pathway towards green growth of Chinese industrial regions based on a system dynamics approach [J]. Resources, Conservation and Recycling, 2016, 128: 143 – 154.

[244] Guo Z, Zhang X, Zheng Y, et al. Exploring the impacts of a carbon tax on the Chinese economy using a CGE model with a detailed disaggregation of energy sectors [J]. Energy Economics, 2014, 45: 455 – 462.

[245] Gürkan Selçuk Kumbaroğlu. Environmental taxation and economic effects: a computable general equilibrium analysis for turkey [J]. Journal of Policy Modeling, 2003 (25): 795 – 810.

[246] Halkos G E, Tzeremes N G. Exploring the existence of Kuznets curve in countries environmental efficiency using DEA window analysis [J]. Ecological Economics, 2009, 68 (7): 2168 – 2176.

[247] Hanley N, Mcgregor P G, Swales J K, et al. Do increases in energy efficiency improve environmental quality and sustainability? [J]. Ecological Economics, 2009, 68 (3): 692 – 709.

[248] Hanley N D, McGregor P G, Swales J K, Turner K. The impact of a simulus to energy efficiency on the economy and the environment: a regional computable general equilibrium analysis [J]. Renewable Energy, 2006, 31 (2): 161 – 171.

[249] He J, Richard P. Environmental Kuznets curve for CO_2 in Canada [J]. Ecological Economics, 2010, 69 (5): 1083 – 1093.

[250] Hickman R, Ashiru O, Banister D. Transport and climate change: simulating the options for carbon reduction in London [J]. Transport Policy, 2010, 17 (2): 110 – 125.

[251] Huang B, Wu B, Barry T. Geographically and temporally weighted regression for spatio-temporal modeling of house prices [J]. International Journal of Geographical Information Science, 2010, 24 (3): 383 – 401.

[252] IEA: International Energy Statistics: Carbon Dioxide Emissions from Fuel Combustion [M]. IEA Publication, 2015.

[253] Iftikhar Y, He W, Wang Z. Energy and CO_2, emissions efficiency of major economies: A non-parametric analysis [J]. Journal of Cleaner Production, 2016, 139: 779 – 787.

[254] IPCC. Climatechange2014synthesisreport [R]. Copenhagen: Intergovernmental Panel on Climate Change, 2014.

［255］ IPCC. Fourth Assessment Report： Climate Change ［R］. Cambridge：Intergovernmental Panel on Climate Change，2007.

［256］ Javid M，Sharif F. Environmental Kuznets curve and financial development in Pakistan ［J］. Renewable and Sustainable Energy Reviews，2016，54：406 – 414.

［257］ Jobert T，Karan F，Tykhonenko A. Convergence of per capita carbon dioxide emissions in the EU： legend or reality ［J］. Energy Economics，2010，32：1364 – 1373.

［258］ Kainuma M，Matsuoka Y，Morita T. The AIM/end-use model and its application to forecast Japanese carbon dioxide emissions ［J］. European Journal of Operational Research，2000，122 （2）：416 – 425.

［259］ Karmellos M，Kopidou D，Diakoulaki D. A decomposition analysis of the driving factors of CO_2 （Carbon dioxide） emissions from the power sector in the European Union countries ［J］. Energy，2016，94 （9）：680 – 692.

［260］ Kaya Y，Yokobori K. Global environment，energy and economic development ［R］. United Nations University，1993，10：25 – 27.

［261］ Kendrick J W. Productivity trends in the United States ［M］. Productivity trends in the United States. Princeton University Press，1961.

［262］ Khazzoom J D. Economic Implications of Mandated Efficiency in Standards for Household Appliances ［J］. The Energy Journal，1980，volume 1 （4）：21 – 40.

［263］ Kim Y，Worrell E. International comparison of CO_2 emission trends in the iron and steel industry ［J］. Energy Policy，2002，30 （6）：827 – 838.

［264］ Kong Y，Zhao T，Yuan R，et al. Allocation of carbon emission quotas in Chinese provinces based onequality and efficiency principles ［J］. Journal of Cleaner Production，2019，211：222 – 232.

［265］ Kopidou D，Diakoulaki D. Decomposing industrial CO_2 emissions of Southern European countries into production-and consumption-based driving factors ［J］. Journal of Cleaner Production，2017，167：1325 – 1334.

［266］ Kraft J，Kraft A. On the relationship between energy ANP ［J］. Energy development，1978，3：401 – 403.

[267] Kucukvar M, Tatari O. Towards a triple bottom-line sustainability assessment of the U. S. construction industry [J]. International Journal of Life Cycle Assessment, 2013, 18 (5): 958 – 972.

[268] Lau E T, Yang Q, Forbes A B, et al. Modelling carbon emissions in electric systems [J]. Energy Conversion and Management, 2014, 80: 573 – 581.

[269] Leibenstein H. Allocative Efficiency vs. "X – Efficiency" [J]. American Economic Review, 1966, 56 (3): 392 – 415.

[270] Leontief W W. The Structure of American Economy, 1919 – 1939: An Empirical Application of Equilibrium Analysis [M]. International Arts and Sciences Press White Plains, 1951.

[271] Liang Q M, Wei Y M. Distributional impacts of taxing carbon in China: results from the CEEPA model [J]. Applied Energy, 2012, 92: 545 – 551.

[272] Li H, Bao Q, Ren X, et al. Reducing rebound effect through fossil subsidies reform: a comprehensive evaluation in China [J]. Journal of Cleaner Production, 2017, 141: 305 – 314.

[273] Li J, Colombier M. Managing carbon emissions in China through building energy efficiency [J]. Journal of Environmental Management, 2009: 2436 – 2447.

[274] Li K, Zhang N, Liu Y. The energy rebound effects across China's industrial sectors: an output distance function approach [J]. Applied Energy, 2016, 184: 1165 – 1175.

[275] Lin B, Fei R. Regional differences of CO_2 emissions performance in China's agricultural sector: a Malmquist index approach [J]. European Journal of Agronomy, 2015, 70: 33 – 40.

[276] Li Q, Zhang W, Li H, et al. CO_2 emission trends of China's primary aluminum industry: a scenario analysis using system dynamics model [J]. Energy Policy, 2017, 105: 225 – 235.

[277] Liu D, Xiao B. Can China achieve its carbon emission peaking? A scenario analysis based on STIRPAT and system dynamics model [J]. Ecological Indicators, 2018, 93: 647 – 657.

[278] Liu G, Gu T, Xu P, et al. A production line-based carbon emission assessment model for prefabricated components in China [J]. Journal of Cleaner

Production, 2019, 209: 30 – 39.

[279] Liu X, Mao G, Ren J, et al. How might China achieve its 2020 emissions target? A scenario analysis of energy consumption and CO_2 emissions using the system dynamics model [J]. Journal of Cleaner Production, 2015, 103: 401 –410.

[280] Liu X, Ma S, Tian J, et al. A system dynamics approach to scenario analysis for urban passenger transport energy consumption and CO_2 emissions: a case study of Beijing [J]. Energy Policy, 2015, 85: 253 –270.

[281] Li Y, Cai M, Wu K, et al. Decoupling analysis of carbon emission from construction land in Shanghai [J]. Journal of Cleaner Production, 2019, 210: 25 –34.

[282] Long Y, Yoshida Y, Fang K, et al. City-level household carbon footprint from purchaser point of view by a modified input-output model [J]. Applied Energy, 2019, 236: 379 –387.

[283] Lu X, Xu C. The difference and convergence of total factor productivity of inter-provincial water resources in China based on three-stage DEA – Malmquist index model [J]. Sustainable Computing: Informatics and Systems, 2018, 18: 310 –379.

[284] Lu Y, Cui P, Li D. Carbon emissions and policies in China's building and construction industry: Evidence from 1994 to 2012 [J]. Building and Environment, 2016, 95: 94 –103.

[285] Ma H, Oxley L, Gibson J, et al. China's energy economy: technical change, factor demand and interfactor/interfuel substitution [J]. Energy Economics, 2008, 30 (5): 2167 –2183.

[286] Malmquist S. Index numbers and indifference surfaces [J]. Trabajos de Estadistica, 1953, 4 (2): 209 –242.

[287] Meeusen W, Julien V D B. Efficiency Estimation from Cobb – Douglas Production Functions with Composed Error [J]. International Economic Review, 1977, 18 (2): 435.

[288] Meng F, Su B, Thomson E, et al. Measuring China's regional energy and carbon emission efficiency with DEA models: A survey [J]. Applied Energy, 2016, 183: 1 –21.

［289］ Mielnik O, Goldemberg J. Communication The evolution of the "carbonization index" in developing countries ［J］. Energy Policy, 1999, 27 (5): 307 –308.

［290］ Mousavi B, Lopez N S A, Biona J B M, et al. Driving forces of Iran's CO_2 emissions from energy consumption: an LMDI decomposition approach ［J］. Applied Energy, 2017, 206: 804 –814.

［291］ Nordhaus W D, Stavins R N, Weitzman M L. Lethal model 2: the limits to growth revisited ［J］. Brookings Papers on Economic Activity, 1992, 2: 1 –59.

［292］ Nordhaus W D. Regional dynamic general equilibrium model of alternative climate Change strategies ［J］. American Economic Review, 1996, 86: 741 –765.

［293］ Nwaobi, Godwin Chukwudum. Emission policies and the Nigerian economy: simulations from a dynamic applied general equilibrium model ［J］. Energy Economics, 2004, 5: 921 –936.

［294］ Oliveira Carla, Antunes C H. A multiple objective model to deal with economy-energy-environment interactions ［J］. European Journal of Operational Research, 2004, 153: 370 –385.

［295］ Oliver J E. Intergovernmental Panel in Climate Change (IPCC) ［J］. Encyclopedia of Energy Natural Resource & Environmental Economics, 2013, 26 (2): 48 –56.

［296］ Onat N C, Egilmez G, Tatari O. Towards greening the U. S. residential building stock: A system dynamics approach ［J］. Building and Environment, 2014, 78: 68 –80.

［297］ Pachauri R K, Allen M, Barros V, et al. Climate Change 2014: Synthesis Report. Contribution of Working Groups Ⅰ, Ⅱ and Ⅲ to the Fifth Assessment Report ［R］. Copenhagen: Intergovernmental Panel on Climate Change, 2014.

［298］ Pan W, Pan W, Shi Y, et al. China's inter-regional carbon emissions: an input-output analysis under considering national economic strategy ［J］. Journal of Cleaner Production, 2018, 197: 794 –803.

［299］ Peng J, Chen S, Lv H L, et al. Spatiotemporal patterns of remotely sensed PM2. 5 concentration in China from 1999 to 2011 ［J］. Remote Sensing of

Environment, 2016, 174: 109 – 121.

[300] Perez K, González – Araya M C, Iriarte A. Energy and GHG emission efficiency in the Chilean manufacturing industry: Sectoral and regional analysis by DEA and Malmquist indexes [J]. Energy Economics, 2017, 66: 290 – 302.

[301] Rios V, Gianmoena L. Convergence in CO_2 emissions: a spatial economic analysis with cross-country interactions [J]. Energy Economics, 2018, 75: 222 – 238.

[302] Roach T. A dynamic state-level analysis of carbon dioxide emissions in the United States [J]. Energy Policy, 2013, 59 (5): 931 – 937.

[303] Roy Boyd, Maria E. Ibarraran. Costs of compliance with the Kyoto Protocol: a developing country perspective [J]. Economics, 2002, 24 (1): 21 – 39.

[304] Sattary S, Thorpe D. Potential carbon emission reductions in Australian construction systems through bioclimatic principles [J]. Sustainable Cities and Society, 2016, 3: 105 – 113.

[305] Shahbaz M, Khraief N, Uddin G S, et al. Environmental Kuznets curve in an open economy: a bounds testing and causality analysis for Tunisia [J]. Renewable and Sustainable Energy Reviews, 2014, 34: 325 – 336.

[306] Shahbaz M, Loganathan N, Muzaffar A T, et al. How urbanization affects CO_2 emissions in Malaysia? The application of STIRPAT model [J]. Renewable and Sustainable Energy Reviews, 2016, 57: 83 – 93.

[307] Shi Q, Chen J, Shen L. Driving factors of the changes in the carbon emissions in the Chinese construction industry [J]. Journal of Cleaner Production, 2017, 166: 615 – 627.

[308] Shi Y, Matsunaga T, Yamaguchi Y, et al. Long-term trends and spatial patterns of PM2. 5-induced premature mortality in South and Southeast Asia from 1999 to 2014 [J]. Science of The Total Environment, 2018, 631: 1504 – 1514.

[309] Solaymani S. CO_2 emissions patterns in 7 top carbon emitter economies: the case of transport sector [J]. Energy, 2019, 168: 989 – 1001.

[310] Solow R M. The economics of resources or the resources of economics [J]. American Economic Review, 2000, 257 – 276.

[311] Solow R. Technical change and the aggregate production function [J].

Review of Economics and Statistics, 1957, 39: 554 - 562.

[312] Song M, Zheng W, Wang S. Measuring green technology progress in large-scale thermoelectric enterprises based on Malmquist – Luenberger life cycle assessment [J]. Resources, Conservation and Recycling, 2017, 122: 261 - 269.

[313] Song X, Hao Y, Zhu X. Analysis of the environmental efficiency of the Chinese transportation sector using an undesirable output slacks-based measure data envelopment analysis model [J]. Sustainability, 2015, 7 (7): 9187 - 9206.

[314] Stern D I, Jotzo F. How ambitious are China and India's emissions intensity targets? [J]. Energy Policy, 2010, 38 (11): 6776 - 6783.

[315] Stewart Fotheringham A, Charlton M, Brunsdon C. The geography of parameter space: an investigation of spatial non-stationarity [J]. International Journal of Geographical Information Systems, 1996, 10 (5): 605 - 627.

[316] Stokey N L. Are there limits to growth? [J]. International Economic Review, 1998, 39 (1): 1 - 31.

[317] Tapio P. Towards a theory of decoupling: degrees of decoupling in the EU and the case of road traffic in finland between 1970 and 2001 [J]. Transport Policy, 2005, 12 (2): 137 - 151.

[318] Thepkhun P, Limmeechokchai B, Fujimori S, et al. Thailand's low-carbon scenario 2050: the AIM/CGE analyses of CO_2 mitigation measures [J]. Energy Policy, 2013, 62: 561 - 572.

[319] Tinbergen J. Zur Theorie der langfristigen Wirtschaftsentwicklung [J]. Weltwirtschaftliches Archiv, 1942, 55: 511 - 549.

[320] Tiwari A K, Shahbaz M, Adnan H Q M. The environmental Kuznets curve and the role of coal consumption in India: Cointegration and causality analysis in an open economy [J]. Renewable and Sustainable Energy Reviews, 2013, 18: 519 - 527.

[321] Tone K. A slacks-based measure of efficiency in data envelopment analysis [J]. European Journal of Operational Research, 2001, 130 (3): 498 - 509.

[322] Tone K. A slacks-based measure of super-efficiency in data envelopment analysis [J]. European Journal of Operational Research, 2002, 143 (1):

32 – 41.

［323］ Tone K. Dealing with Undesirable Outputs in DEA: A Slacks-based Measure (SBM) Approach ［J］. 日本オペレーションズ・リサーチ学会春季研究発表会アブストラクト集, 2003: 44 – 45.

［324］ Tsai M S, Chang S L. Taiwan's 2050 low carbon development road-map: an evaluation with the MARKAL model ［J］. Renewable and Sustainable Energy Reviews, 2015, 49: 178 – 191.

［325］ Turner K. Negative rebound and disinvestment effects in response to an improvement in energy efficiency in the UK economy ［J］. Sire Discussion Papers, 2009, 31 (5): 648 – 666.

［326］ UNDESASD. International Standard industrial classification of all economic activities (ISIC), Rev. 4 ［R］. United Nations, 2008.

［327］ Wallhagen M, Glaumann M, Malmqvist T. Basic building life cycle calculations to decrease contribution to climate change – Case study on an office building in Sweden ［J］. Building and Environment, 2011, 2 (3): 1 – 9.

［328］ Wang H, He X, Ma J. The analysis of the energy efficiency and its influence factors in Tian Jin ［J］. Energy Procedia, 2011, 5 (1): 1671 – 1675.

［329］ Wang K, Yu S, Zhang W. China's regional energy and environmental efficiency: A DEA window analysis based dynamic evaluation ［J］. Mathematical & Computer Modelling, 2013, 58 (5): 1117 – 1127.

［330］ Wang S, Fang C, Guan X, et al. Urbanisation, energy consumption, and carbon dioxide emissions in China: a panel data analysis of China's provinces ［J］. Applied Energy, 2014, 136: 738 – 749.

［331］ Wang Y, Zhao T, Wang J, et al. Spatial analysis on carbon emission abatement capacity at provincial level in China from 1997 to 2014: an empirical study based on SDM model ［J］. Atmospheric Pollution Research, 2019, 10 (1): 97 – 104.

［332］ Wang Y P, Li J. Spatial spillover effect of non-fossil fuel power generation on carbon dioxide emissions across China's provinces ［J］. Renewable Energy, 2019, 136: 317 – 330.

［333］ Wang Z, Yang L. Delinking indicators on regional industry development and carbon emissions: Beijing – Tianjin – Hebei economic band case [J]. Ecological Indicators, 2015, 48: 41 – 48.

[334] Wei C, Ni J L, Shen M H. Empirical analysis of provincial energy Efficiency in China [J]. China & World Economy, 2009, 17 (5): 88 – 103.

[335] Welty Lefever D. Measuring geographic concentration by means of the stand deviational ellipse [J]. The American Journal of Sociology, 1926, 1: 88 – 94.

[336] Wu Y, Chau K W, Lu W, et al. Decoupling relationship between economic output and carbon emission in the Chinese construction industry [J]. Environmental Impact Assessment Review, 2018, 71: 60 – 69.

[337] Xiao B, Niu D, Guo X. Can China achieve its 2020 carbon intensity target? A scenario analysis based on system dynamics approach [J]. Ecological Indicators, 2016, 71: 99 – 112.

[338] Xu L, Chen N, Chen Z. Will China make a difference in its carbon intensity reduction targets by 2020 and 2030? [J]. Applied Energy, 2017, 203: 874 – 882.

[339] Xu Y, Szmerekovsky J. System dynamic modeling of energy savings in the US food industry [J]. Journal of Cleaner Production, 2017, 165: 13 – 26.

[340] Yahoo M, Othman J. Employing a CGE model in analysing the environmental and economy-wide impacts of CO_2 emission abatement policies in Malaysia [J]. Science of the Total Environment, 2017, 584: 234 – 243.

[341] Yang L, Wang K L. Regional differences of environmental efficiency of China's energy utilization and environmental regulation cost based on provincial panel data and DEA method [J]. Mathematical & Computer Modelling, 2013, 58 (5): 1074 – 1083.

[342] Yang Y, Zhou Y N, Poon J, et al. China's carbon dioxide emission and driving factors: A spatial analysis [J]. Journal of Cleaner Production, 2019, 211: 640 – 651.

[343] Yan H, Shen Q P, Fan L C H, et al. Greenhouse gas emissions in building construction: A case study of One Peking in Hong Kong [J]. Building and Environment, 2010, 45 (4): 949 – 955.

[344] Yan J. Spatiotemporal analysis for investment efficiency of China's rural

water conservancy based on DEA model and Malmquist productivity index model [J]. Sustainable Computing: Informatics and Systems, 2019, 21: 56 – 71.

[345] Yanmei L, Jianfeng Z, Guangsheng L. Decomposition Analysis of Carbon Emissions Growth of Tertiary Industry in Beijing [J]. Journal of Resources and Ecology, 2015, 6 (5): 324 – 330.

[346] Yao X, Zhou H, Zhang A, et al. Regional energy efficiency, carbon emission performance and technology gaps in China: A meta-frontier non-radial directional distance function analysis [J]. Energy Policy, 2015, 84: 142 – 154.

[347] Yeh S, Yang C, Gibbs M, et al. A modeling comparison of deep greenhouse gas emissions reduction scenarios by 2030 in California [J]. Energy Strategy Reviews, 2016, 13: 169 – 180.

[348] Ying H U, Zhu Da – Jian. Disconnect analysis between CO_2 emission output value and energy consumption of China construction [J]. China Population, Resources and Environment, 2015, 25: 50 – 57.

[349] You F, Hu D, Zhang H, et al. Carbon emissions in the life cycle of urban building system in China – A case study of residential buildings [J]. Ecological Complexity, 2011, 8 (2): 201 – 212.

[350] Zaim O, Taskin F. Environmental efficiency in carbon dioxide emissions in the OECD: a non-parametric approach [J]. Journal of Environmental Management, 2000, 58 (2): 95 – 107.

[351] Zhang N, Zhou P, Kung C C. Total-factor carbon emission performance of the Chinese transportation industry: a bootstrapped non-radial Malmquist index analysis [J]. Renewable & Sustainable EnergyReviews, 2015, 41: 584 – 593.

[352] Zhou P, Ang B W, Han J Y. Total factor carbon emission performance: a Malmquist index analysis [J]. Energy Economics, 2010, 32 (1): 194 – 201.

[353] Zhu B, Ye S, Jiang M, et al. Achieving the carbon intensity target of China: A least squares support vector machine with mixture kernel function approach [J]. Applied Energy, 2019, 233: 196 – 207.

[354] Zilio M, Recalde M. GDP and environment pressure: the role of energy in Latin America and the Caribbean [J]. Energy Policy, 2011, 39 (12):

7941 – 7949.

[355] Zofío J L, Prieto A M. Environmental efficiency and regulatory stand-
ards: the case of CO_2 emissions from OECD industries [J]. Resource & Energy
Economics, 2001, 23 (1): 63 – 83.